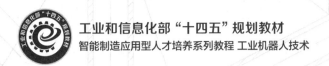
工业和信息化部"十四五"规划教材
智能制造应用型人才培养系列教程 工业机器人技术

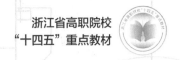
浙江省高职院校
"十四五"重点教材

工业机器人集成系统
数字化设计与仿真

微课版

张伟 张海英／主编

陈先进 姚露萍／副主编

ELECTROMECHANICAL

人民邮电出版社

北 京

图书在版编目（CIP）数据

工业机器人集成系统数字化设计与仿真：微课版 /
张伟，张海英主编. -- 北京：人民邮电出版社，2023.9
智能制造应用型人才培养系列教程. 工业机器人技术
ISBN 978-7-115-61789-7

Ⅰ. ①工… Ⅱ. ①张… ②张… Ⅲ. ①工业机器人—
计算机辅助设计—教材 Ⅳ. ①TP242.2

中国国家版本馆CIP数据核字(2023)第085676号

内 容 提 要

  本书以 NX、PS（Process Simulate）、TIA 博途 3 款软件为平台，以工业机器人应用编程 1+X 考证平台为任务载体，介绍工业机器人集成系统的数字化建模、运动仿真以及虚拟调试的方法和技巧。

  本书主要内容包括工业机器人集成系统概述、工业机器人集成系统三维设计、基于 PS 软件的工业机器人集成系统仿真、TIA 博途与 PS 软件联合虚拟调试、工业机器人应用编程 1+X 考证平台仿真与调试、工业机器人焊接集成系统仿真、其他工业机器人集成系统仿真等。本书采用项目化的编写方式，将多个典型案例融合到知识讲解和项目实施中，满足理实一体化、线上线下混合教学的需求。

  本书可作为职业院校工业机器人、机电一体化、机械制造与自动化等专业的教材，也可作为从事工业机器人集成系统设计、应用工作的工程技术人员的参考书或培训用书。

◆ 主　　编　张　伟　张海英

  副 主 编　陈先进　姚露萍

  责任编辑　王丽美

  责任印制　王　郁　焦志炜

◆ 人民邮电出版社出版发行　北京市丰台区成寿寺路 11 号

  邮编　100164　电子邮件　315@ptpress.com.cn

  网址　https://www.ptpress.com.cn

  山东百润本色印刷有限公司印刷

◆ 开本：787×1092　1/16

  印张：18.75　　　　　　　2023 年 9 月第 1 版

  字数：581 千字　　　　　　2023 年 9 月山东第 1 次印刷

定价：69.80 元

读者服务热线：**(010)81055256**　印装质量热线：**(010)81055316**
反盗版热线：**(010)81055315**
广告经营许可证：京东市监广登字 20170147 号

前言

工业机器人集成系统是集机械、电子、控制、传感、材料、人工智能等领域先进技术于一体的自动化制造单元或生产线。随着产业升级和"机器换人"的不断推进，工业机器人集成系统已经广泛应用于搬运、码垛、装配、焊接、喷涂、涂胶、打磨等多个生产领域。工业机器人集成系统的广泛应用也带来了对工业机器人操作人才、集成设计人才的迫切需求。工业机器人集成系统的专业性、复合性，要求一名合格的工业机器人职业技术人员必须掌握多方面的知识和技能。例如，要了解工业机器人本体及周边设备的结构，能进行非标单元设计；需具备工业机器人离线编程和现场编程的能力；能熟练进行工业机器人及周边设备的通信设置及 PLC 程序控制等。这给工业机器人职业技术人才的培养带来了一定的困难。

数字孪生技术的发展为工业机器人职业技术人才的培养提供了新的思路和方法。基于数字孪生三维建模和虚拟仿真的技术，可以构建与任意真实工业机器人集成系统基本一致的数字化场景。每个学生都能在此基础上进行离线编程与虚拟调试练习。该技术突破了实训场地和设备的限制，能够充分激发和调动学生的学习兴趣，使"教"与"学"更有效率，有利于提高教学质量。

本书基于数字孪生技术体系，介绍了典型工业机器人集成系统数字化设计、仿真及调试的方法和流程。全书分为 7 个项目，具体内容见下表。

项目序号	项目名称	项目内容
项目 1	工业机器人集成系统概述	机器人的定义、发展史、分类和工业机器人的常见品牌，工业机器人集成系统的结构、应用和发展趋势，以及数字孪生技术、工业机器人应用编程 1+X 证书的相关知识等
项目 2	工业机器人集成系统三维设计	NX 软件的基本功能、工作界面、二维草图绘制、三维零件建模和组件装配，以及工业机器人（ABB IRB120）本体、快换工具（母盘、平口手爪）、周边设备（传输线）的建模
项目 3	基于 PS 软件的工业机器人集成系统仿真	PS（Process Simulate）软件的基本功能、界面和基本操作，以及设备定义、对象流操作仿真、设备操作仿真、复合操作仿真、机器人仿真的方法和流程
项目 4	TIA 博途与 PS 软件联合虚拟调试	TIA 博途（TIA Portal）软件的基本功能、工作界面和编程基础，以及 TIA 博途软件的调试、HMI 编程与仿真、PS 软件的生产线仿真、虚拟调试技术
项目 5	工业机器人应用编程 1+X 考证平台仿真与调试	以工业机器人应用编程 1+X 考证平台为任务载体，介绍工业机器人的坐标系、基本运动指令，以及机器人写字集成系统仿真、机器人码垛集成系统仿真、机器人装配集成系统仿真的方法和流程
项目 6	工业机器人焊接集成系统仿真	焊枪的定义、焊接路径的生成、焊接路径的优化，以及带导轨的焊接机器人集成系统仿真、带变位机的焊接机器人集成系统仿真、点焊机器人集成系统仿真的方法和流程
项目 7	其他工业机器人集成系统仿真	喷枪的定义、数控 CLS 文件的生成、人体及人体姿态的创建，以及机器人喷涂集成系统仿真、机器人磨抛集成系统仿真、人机工程仿真的方法和流程

本书以服务数字经济和机器人及相关新兴产业，助力工业机器人职业技术人才的培养为目标，编写特色主要有如下几点。

（1）贯彻党的二十大精神，落实立德树人根本任务。

本书贯彻党的二十大精神，坚持弘扬中华优秀传统文化和践行社会主义核心价值观，倡导德技双修，培养工匠精神，落实立德树人根本任务。每个项目都增设了"扩展阅读"栏目，结合项目属性和任务载体情况，提供鲜明、富有感染力的案例供读者阅读学习，帮助读者了解工业机器人行业的现状与发展趋势，培养职业兴趣、职业素养、科学精神和爱国情怀。

（2）系统化、复合化的编写思路。读者可以从零开始学习，实现工业机器人集成系统数字化设计与仿真的入门到精通。

本书的编写逻辑和思路可以概括为"融合1本证书，连接2个系统，应用3款软件，培养4种能力"，如下图所示。本书以工业机器人集成系统的数字化建模、仿真和虚拟调试为主线，与工业机器人应用编程 1+X 证书相融合，连接真实工业机器人物理系统和虚拟工业机器人数字系统，讲解 NX、PS 和 TIA 博途 3 款数字孪生专业软件，培养读者三维数字化设计、机器人离线编程与仿真、PLC 编程和虚拟调试 4 种能力。

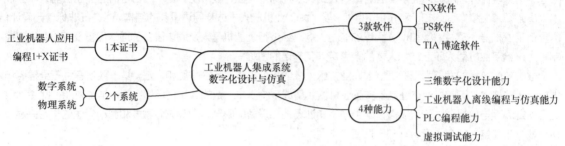

（3）岗课赛证融通，助力综合育人，提高教学质量。本书从岗课赛证融通的角度出发，与工业机器人技术人才培养方案相匹配，与工业机器人集成系统数字化设计与仿真课程标准相融合，与《工业机器人应用编程职业技能等级标准》《工业机器人系统操作员国家职业技能标准》相一致，与工业机器人技术应用技能大赛等技能比赛相结合，助力工业机器人职业技术人才的培养。

（4）项目任务驱动，满足理实一体化、线上线下混合教学的需求。本书在内容的安排上，遵循"学以致用"的思想，采用项目化的编写方式。每个项目均包含若干知识点、任务点和练习题，将多个具有代表性的案例融入知识点和任务点中。本书通过知识点进行引入和铺垫，通过任务点进行操作训练，通过练习题进行巩固和提升，满足理实一体化、线上线下混合教学的需求。

本书涵盖 NX、PS、TIA 博途三大数字孪生软件，涉及建模、仿真和虚拟调试三大方面，包含工业机器人搬运、写字、码垛、装配、弧焊、点焊、喷涂、磨抛、人机工程多个应用场景，介绍了丰富的知识点和技能点。因此，建议本书的教学采用 60 个学时，教师也可根据课程标准和学生的实际情况，对书中的内容进行适当的取舍，将课程调整为 48 个学时等。

本书是新形态教材，配有丰富的学习资源，包括 PPT、课程标准、授课计划、微课视频等。读者可登录人邮教育社区（www.ryjiaoyu.com）下载需要的资源。此外，本书配套有在线开放课程——机器人工作站仿真设计，读者可登录浙江省高等学校在线开放课程共享平台，进行在线学习。

本书由张伟、张海英担任主编，陈先进、姚露萍担任副主编，王海欢、夏伶勤参编。全书由张伟负责统稿，张海英负责审稿，姚露萍负责图文处理工作。感谢江苏汇博机器人技术股份有限公司、北京华航唯实机器人科技股份有限公司、浙江天煌科技实业有限公司给予的帮助。

由于编者的知识面有限，书中难免有疏漏或欠妥之处，敬请广大读者批评指正。

编者

2023 年 2 月

目录

项目 3

基于 PS 软件的工业机器人集成系统仿真 125

项目 4

TIA 博途与 PS 软件联合虚拟调试 194

项目 5

工业机器人应用编程 1+X 考证平台仿真与调试 222

项目 6

工业机器人焊接集成系统仿真 253

项目 7

其他工业机器人集成系统仿真 272

项目1
工业机器人集成系统概述

01

【学习目标】

知识目标

（1）了解机器人的定义、发展史、分类和工业机器人的常见品牌；

（2）熟悉工业机器人集成系统的常用设备；

（3）了解工业机器人集成系统的应用和发展趋势；

（4）了解数字孪生的概念和常用软件；

（5）熟悉工业机器人应用编程 1+X 证书的职业技能等级要求。

能力目标

（1）掌握工业机器人集成系统的基本结构；

（2）掌握工业机器人应用编程 1+X 考证平台的基本结构；

（3）掌握职业发展规划的步骤，合理制定职业发展规划。

素质目标

（1）具有良好的职业道德、扎实的实践能力、较强的创新能力；

（2）能够完成工业机器人系统集成工程师的职业发展规划。

【学习导图】

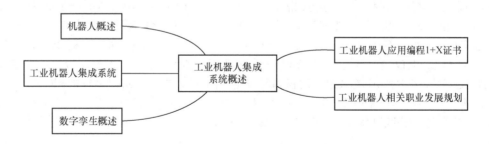

【知识准备】

知识 1.1　机器人概述

1.1.1　机器人的定义

机器人（Robot）是一种能够通过编程和自动控制技术来执行移动、作业等任务的自动化机器。这种机器具备一些与人或其他生物相似的智能，如感知能力、规划能力、动作能力和协同能力，是一种具有高度灵活性的类人机器。

国际标准化组织（ISO）提出机器人一般应具有以下功能或特点：

（1）机器人的动作机构具有类似人或其他生物的某些器官（肢体、感官等）的功能；

（2）机器人具有通用性，工作种类多样，动作灵活多变；

（3）机器人具有不同程度的智能性，如记忆、感知、推理、决策、学习等；

（4）机器人具有独立性，完整的机器人在工作中可以不依赖人的干预。

机器人具有感知、决策、执行等基本特征，可以辅助甚至替代人类完成危险、繁重、复杂的工作，扩大或延伸人类的活动及能力范围，帮助人类提高工作效率与质量。

1.1.2　机器人的发展史

机器人的英文单词"Robot"源于捷克语中意为奴隶的单词"Robota"。1920 年，它第一次被捷克剧作家卡雷尔·恰佩克（Karel Capek）用在其剧本《罗萨姆的万能机器人》（*Rossum's Universal Robots*）中。

1940 年，美籍俄裔作家艾萨克·阿西莫夫（Isaac Asimov）在他的科幻小说中提出了人类与机器人进行往来的道德准则，即著名的"机器人三原则"：

（1）机器人不应伤害人类，且在人类受到伤害时不可袖手旁观；

（2）机器人应遵守人类的命令，与第一条违背的命令除外；

（3）机器人应保护自己，与第一条相抵触时除外。

1954 年，美国发明家乔治·德沃尔（George Devol）制造了世界上第一台可编程的机器人，并注册了专利。1959 年，德沃尔与美国发明家约瑟夫·英格伯格（Joseph Engelberger）联手制造出第一台工业机器人 Unimate（见图 1-1），随后成立了世界上第一家机器人制造公司 Unimation，开创了机器人发展的新纪元。

20 世纪 60 年代中期开始，麻省理工学院、斯坦福大学、爱丁堡大学等陆续成立机器人实验室，开始研究带传感器的机器人。1965 年，约翰斯·霍普金斯大学应用物理实验室研制出移动机器人 Beast（见图 1-2）。Beast 能通过声呐系统、光电管等装置，根据环境调整自己的位置，自动寻找插座进行充电等。

1968 年，美国斯坦福研究所公布了研发成功的智能机器人 Shakey（见图 1-3）。它带有视觉传感器，能根据人的指令发现并抓取积木，不过控制它的计算机有一个房间那么大。Shakey 可以算是世界上第一台智能机器人。

1970 年，日本早稻田大学制造出类人机器人 Wabot-1（见图 1-4）。它由肢体控制系统、视觉系统和会话系统组成，可以自行导航和自由移动，它甚至可以测量物体之间的距离。它的手安装有触觉传感器，这意味着它能抓住和运输物体。它的智力水平与 18 个月大的幼童相当，它的出现标志着人形机器人技术取得了重大突破。

20 世纪 70 年代中期开始，随着计算机和自动控制技术的发展，机器人进入实用化时代。1974 年，ASEA公司（ABB 公司的前身）推出了第一台由微型计算机控制的工业机器人 IRB-6。它可以进行连续的路径移动，因此被迅速推广应用到汽车领域。

图 1-1　第一台工业机器人 Unimate

图 1-2　移动机器人 Beast

1978 年，美国 Unimation 公司推出通用工业机器人 PUMA（见图 1-5），这标志着工业机器人技术的成熟。有些 PUMA 机器人至今仍然工作在工厂一线。

图 1-3　智能机器人 Shakey

图 1-4　类人机器人 Wabot-1

图 1-5　通用工业机器人 PUMA

20 世纪 80 年代，机器人发展成具有各种移动机构、可以通过传感器控制的自动化机器。工业机器人进入普及时代，开始在汽车、电子行业大量应用。1983 年，哈尔滨工业大学设立机器人研究所，这是国内最早开展机器人技术研究的单位之一。1985 年，哈尔滨工业大学的蔡鹤皋教授等人研制出我国第一台弧焊机器人"华宇-Ⅰ"（见图 1-6）。

1989 年，麻省理工学院的研究人员制造出六足机器人 Genghis（见图 1-7），它有 12 个伺服电机和 22 个传感器，可以穿越多岩石的地形。由于其体积小、原材料便宜，Genghis 被认为缩短了生产时间，降低了空间机器人的成本。

此外，随着 OmniBot 2000（见图 1-8）、R.O.B 等机器人的出现，机器人开始进入家庭消费市场。

图 1-6　弧焊机器人"华宇-Ⅰ"

图 1-7　六足机器人 Genghis

图 1-8　机器人 OmniBot 2000

20 世纪 90 年代，机器人的生产与需求进入高潮期，机器人的应用领域也从工业领域向医疗、航天、农业等领域不断延伸。1994 年，斯坦福大学神经学教授约翰·阿德勒（John Adler）开发出射波刀（Cyber Knife）手术机器人（见图 1-9），该机器人可以通过外科手术治疗肿瘤，机器人开始进入医疗手术领域。

1996 年，Sojourner 成为第一台被送到火星的探测机器人（见图 1-10）。这台小巧轻便的机器人于 1997 年 7 月在火星成功着陆。

1996 年，瑞典家电知名企业伊莱克斯（Electrolux）公司制造出世界上第一台量产型扫地机器人的原型——"三叶虫"（见图 1-11），它具备现在智能扫地机器人的部分特征，通过超声波对周围环境进行探测，从而避开障碍并构建房间地图，实现了扫地机器人技术的突破。

1998 年，ABB 公司开发出 4 自由度的并联机器人 FlexPicke，它是当时世界上运行速度最快的采摘机器人。

图 1-9　射波刀手术机器人　　　　图 1-10　探测机器人 Sojourner　　　　图 1-11　"三叶虫"机器人

21 世纪，机器人进入商品化和实用化阶段。随着人工智能技术的发展，智能机器人越来越成熟。2000 年，本田推出人工智能仿人机器人 Asimo（见图 1-12），它大约 129.54cm 高，能够像人一样快速行走。这台机器人可以在餐厅为顾客送餐、与人手牵着手一起行走、识别物体、解释手势、辨别声音、上下楼梯、踢足球等。

2005 年，波士顿动力公司推出了一款四足机器人 BigDog，它被设计成一种军用负重机器人，其身体上有 50 个传感器。BigDog 不使用轮子，而是使用 4 条腿进行运动，这使它可以在难以通行的复杂地形上移动。随后，波士顿动力公司发布了仿人机器人 Atlas、四足机器人 Spot 等智能机器人（见图 1-13）。

图 1-12　仿人机器人 Asimo　　　　图 1-13　波士顿动力公司的智能机器人

1.1.3　机器人的分类

1. 按机械结构分类

如图 1-14 所示，按照机械结构的不同，机器人可分为直角坐标机器人、水平关节机器人、垂直串联关节机器人、并联关节机器人、协作机器人等。

（1）直角坐标机器人也称为桁架机器人或龙门式机器人，其特点是沿 x、y、z 这 3 个方向做直线运动，在长方体空间内作业。

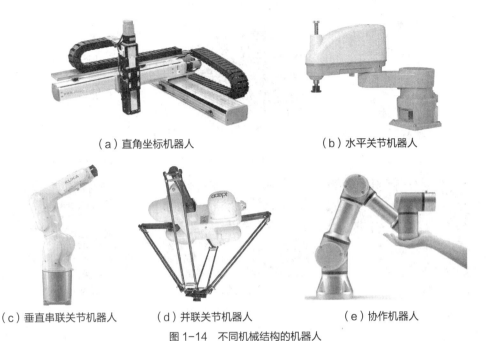

（a）直角坐标机器人　　　　　　　　　（b）水平关节机器人

（c）垂直串联关节机器人　　　（d）并联关节机器人　　　（e）协作机器人

图 1-14　不同机械结构的机器人

（2）水平关节机器人也称为 SCARA 机器人，其特点是 3 个轴做回转运动、一个轴做直线运动，运动速度快，在圆柱体空间内作业。

（3）垂直串联关节机器人即工业领域中常用的 4 自由度或 6 自由度机器人，它通过 4 个或 6 个关节的回转或摆动，实现复杂的运动。

（4）并联关节机器人可以定义为动平台和定平台通过至少两个独立的运动链相连接，具有两个或两个以上自由度，并以并联方式驱动的一种闭环机构。其特点是运转速度非常快，精度较高，但作业范围较小。

（5）协作机器人在传统机器人的基础上增加了力传感器，当触碰时受到的力超过设定的值时会立即停止工作，可与人协同工作，安全性高。

2. 按照应用领域分类

如图 1-15 所示，按照应用领域不同，机器人可以分为工业机器人、家用机器人、公共服务机器人、农业机器人、医疗机器人、军事机器人等，也可以简化为工业机器人、服务机器人和特种机器人三大类。

（1）工业机器人是工业领域中用来完成搬运、装配、焊接、喷涂等作业的机器人，具有可编程、拟人化和通用性等特点，是柔性制造系统的重要组成部分。

（2）家用机器人是为人类家庭生活服务的机器人，可分为扫地机器人、娱乐机器人、智能电器机器人、厨师机器人等。

（3）公共服务机器人是能够为公众或公共设备提供服务的机器人，包括迎宾机器人、接待机器人、送餐机器人、导游机器人、导购机器人等。

（4）农业机器人是用在播种、施肥、除草、打药、采摘、分选等农业生产中，能感觉并适应农作物种类或环境变化，具备检测（如视觉等）和演算等人工智能的无人自动操作机械。

（5）医疗机器人是用于医疗领域的机器人，包括手术机器人、康复机器人、配药机器人、看护机器人、消毒机器人等。

（6）军事机器人是为达到军事目的而研制的机器人，包括轮式/履带式地面机器人、无人机、水下机器人和空间机器人等。

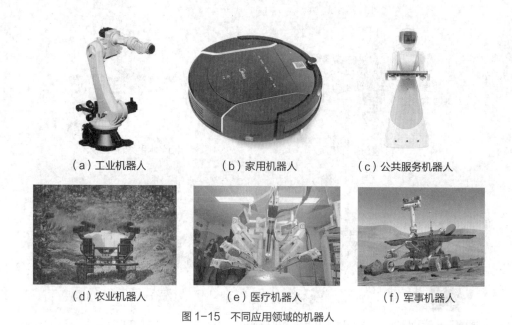

（a）工业机器人　　　　　　（b）家用机器人　　　　　　（c）公共服务机器人

（d）农业机器人　　　　　　（e）医疗机器人　　　　　　（f）军事机器人

图1-15　不同应用领域的机器人

3. 其他分类方式

（1）按移动方式分类：轮式机器人、足式机器人、履带式机器人、蠕动机器人、潜游机器人、航行机器人、飞行机器人等。

（2）按使用空间分类：地上机器人、地下机器人、水上机器人、水下机器人、空间机器人、空中机器人等。

（3）按操作方式分类：主从机器人、协作机器人、被动机器人和其他机器人等。

1.1.4　工业机器人的常见品牌

1. 工业机器人四大家族

（1）ABB：阿西布朗勃法瑞公司，由瑞典的阿西亚公司（ASEA）和瑞士的布朗勃法瑞（BBC Brown Boveri）公司在1988年合并而成，集团总部位于瑞士苏黎世。ABB是全球领先的工业机器人供应商之一，提供机器人产品、模块化制造单元及服务。ABB在全世界范围内安装了超过40万台机器人，包括串联多关节机器人、并联机器人、水平关节机器人等，涉及汽车、铸造、金属加工、塑料、包装与堆垛、太阳能、电气和电子设备等行业。

（2）FANUC：日本发那科，该品牌创立于1956年，是全球领先的数控系统生产厂家之一。1974年，基于伺服数控基础的FANUC工业机器人问世。1977年，FANUC第一代机器人ROBOT-MODEL1开始量产。根据市场的需要，FANUC又开始智能机器人的研发，并于1999年将研发出的智能机器人投入生产，目前智能机器人已成为FANUC最重要的产品之一。FANUC的全球机器人装机量已超64万台，产品系列多达260种，机器人可负重0.5kg～2.3t，被广泛应用在装配、搬运、焊接、铸造、喷涂、码垛等生产环节。

（3）YASKAWA：日本安川，该品牌创立于1915年，涉及驱动控制、运动控制、机器人、系统工程等多个领域。1977年，安川运用最擅长的运动控制技术开发出了日本第一台全电动的工业机器人——莫托曼（MOTOMAN）1号。此后，安川相继开发出了具有焊接、装配、喷漆、搬运等各种用途的工业机器人。安川的机器人广泛应用于汽车制造、机械加工、电子电气、食品饮料以及树脂橡胶等行业。

（4）KUKA：库卡，目前被中国美的集团全资收购。1898年，KUKA创立于德国奥格斯堡。1973年，KUKA研发出拥有6个机电驱动轴的工业机器人FAMULUS。2007年，其推出的KR-titan具有1000kg的承载能力及3200mm的作用范围。2013年，KUKA推出了适用于工业领域的7轴协作机器人LBR iiwa。

KUKA 机器人产品系列几乎涵盖所有作用范围和承载能力的 6 轴机器人，耐高温、防尘及防水的机器人，应用于食品和制药行业的机器人，净化室机器人，堆垛机器人，焊接机器人，冲压连线机器人，架装式机器人和高精度机器人等。

2. 国内知名机器人制造商

国内机器人上市企业主要有新松、新时达、埃斯顿、埃夫特、科沃斯、拓斯达、博实、华中数控、熊猫等。

此外，国内其他知名机器人制造商和集成系统制造商还有广州数控、博朗特、珞石、唐山开元、江苏汇博、华航唯实、国自机器人、钱江机器人等。

3. 国外其他知名机器人制造商

（1）日韩比较知名的其他机器人制造商还有：日本的 KAWASAKI（川崎）、NACHI（那智不二越）、DENSO（电装）、EPSON（爱普生）、YAMAHA（雅马哈）、OMRON（欧姆龙）、PANASONIC（松下）、OTC（欧地希）、HONDA（本田），韩国的 HYUNDAI（现代）等。

（2）欧美比较知名的其他机器人制造商还有：瑞士的 STAUBLI（史陶比尔）、美国的 ADEPT（爱德普，被欧姆龙收购）、意大利的 COMAU（柯马）、德国的 REIS（徕斯）、德国的 CLOOS（克鲁斯，被埃斯顿收购）、德国的 DURR（杜尔）、丹麦的 Universal Robots（优傲）等。

知识 1.2 工业机器人集成系统

1.2.1 工业机器人集成系统的结构

工业机器人集成系统也称为工业机器人工作站，是指使用一台或多台机器人，搭配相应的周边设备，用于完成某一特定工作任务的自动化生产系统。

1. 工业机器人集成系统的总体结构

工业机器人集成系统一般由工业机器人本体、末端执行器、控制系统以及周边设备等部分组成。一个完整的工业机器人集成系统可以分成三大部分或六大子系统。三大部分即机械部分、传感部分和控制部分。六大子系统包括执行系统、驱动系统、传动系统、控制系统、传感系统和智能交互系统。

（1）执行系统是机器人用于完成各种作业的主体部分，主要由机器人本体、末端执行器以及滑台导轨等机构组成。

（2）驱动系统是驱使工业机器人机构执行运动的电气设备。它按照控制系统发出的指令信号，借助动力元件使机器人产生动作。

（3）传动系统可分为机械式、电气式、液压式、气动式和复合式等类型。目前，工业机器人广泛采用的机械传动设备是减速器、同步带等。

（4）控制系统一般由工控机、PLC、伺服控制装置等组成，主要完成编程、示教/再现、信号处理、信息传递和协调等工作。

（5）传感系统由内部传感器、外部传感器组成，用于获取内部环境或外部环境中的有用信息。

（6）智能交互系统主要包括机器人-环境交互系统和人机交互系统。前者用于将机器人与外部环境中的设备进行联系与协调，后者用于帮助操作人员参与机器人控制。

2. 工业机器人本体

（1）机械臂。机械臂是工业机器人的机械主体，用来完成各种作业的执行。机械臂因作业任务不同，在结构形式和尺寸上存在差异，但其基本结构相似。机械臂普遍采用关节型结构，类似人体的腰、肩和腕等结构，一般为 4 轴或 6 轴，通用的 6 轴机器人结构如图 1-16 所示。

（2）控制柜。控制柜是根据指令及传感信息控制机械臂完成一定动作或作业任务的装置，相当于人的大脑，负责机器人系统的整体运算与控制。ABB IRC5 控制柜外观如图 1-17 所示，控制柜正面主要有模式开关、急停开关、循环启动按键、报警复位按键、电源指示灯、报警指示灯、USB 接口、RS-232C 串口等。

（3）示教器。在现场编程条件下，机器人的运动操作需要使用示教器来实现。示教器主要由液晶屏幕和操作按键组成，可由操作者手持移动，它是机器人的人机交互接口。ABB 机器人示教器外观如图 1-18 所示。

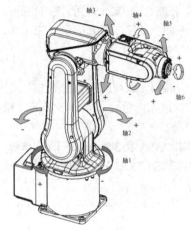
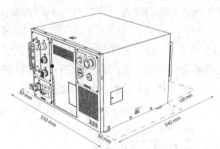

图 1-16　通用的 6 轴机器人结构　　　　图 1-17　ABB IRC5 控制柜外观　　　　图 1-18　ABB 机器人
示教器外观

3. 末端执行器

末端执行器即工业机器人末端加载的工具，如手爪、吸盘、焊枪、喷枪等，其优劣将决定机器人应用的层次和深度。工业机器人本体实际上是一个机械臂，如 6 轴工业机器人本体，不能单独完成工作，需要安装机械手，并配以周边设备才能正常工作。工业机器人本体最后一个轴的机械接口通常为法兰接口，在该接口上可安装不同的工具。安装的工具可以是用于抓取、搬运物料的手爪或吸盘，也可以是用于喷漆的喷枪、用于焊接的焊枪、用于给工件去毛刺的倒角工具、用于磨削的砂轮以及用于检测的测量工具等。工业机器人末端执行器示意图如图 1-19 所示。

4. 周边辅助设备

工业机器人集成系统常用周边辅助设备包括供料

图 1-19　工业机器人末端执行器示意图

及送料设备、行走导轨设备、机器视觉设备、控制设备、仓储设备、安全设备和其他专用设备等。周边辅助设备随应用场景的不同存在较大差异。

（1）供料及送料设备。供料、送料设备一般是指传输带、储料箱、货盘、供料机等为机器人供应、传送物料的设备。传输带是最常见的供料及送料设备之一，分为滚轮传送带和皮带传送带两种。滚轮传送带一般用于传送重量较大的物品或用于需要承受较大冲击载荷的场合，皮带传送带一般用于传送不能振动或容易倒下的物品。

（2）行走导轨设备。行走导轨设备可以扩大工业机器人的有效工作范围。采用线性滑台导轨可扩展机器人作业空间，如对多台设备、辅助工装、货品进行组合作业以及在大型部件上作业等。滑台导轨一般作为第 7 轴附加到机器人控制系统中，方便集中控制。

（3）机器视觉设备。机器视觉就是用相机代替人眼来做测量和判断。机器人通过相机将被摄取目标转换为图像信号，然后将其传送给专门的图像处理系统，图像处理系统对这些信号进行各种运算以抽取目标对象的特征，控制系统进而根据抽取的特征等来控制现场设备的动作。

（4）控制设备。控制设备包括可编程逻辑控制器（Programmable Logic Controller，PLC）、触摸屏等常用工业控制和人机交互设备。

（5）仓储设备。立体仓库是比较常用的仓储设备，可实现仓库货物管理合理化、存取自动化、操作简便化，能够大大提高生产效率。

（6）安全设备。安全设备主要包括安全光栅、停止开关、信号灯等。

（7）其他专用设备。其他专用设备包括专用于加工、检测的机器设备等。

1.2.2　工业机器人集成系统的应用

工业机器人集成系统广泛应用于汽车、食品、化工、医药等行业中，可用于焊接、搬运、码垛、涂胶、喷漆、打磨、切割、分拣、测量等。

1. 焊接

（1）弧焊。弧焊多用于焊接金属连续结合处。如图 1-20（a）所示，机器人弧焊集成系统一般由机器人、焊接电源、焊枪、焊接周边设备（变位机、工装、清枪机、防护系统）等部分组成。

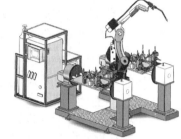

（2）点焊。点焊主要用于焊接车体的薄板件。据统计，一辆汽车的车身有三四千个焊点。其中，有 60% 的焊点由点焊机器人完成。如图 1-20（b）所示，机器人点焊集成系统一般由机器人、点焊电源、点焊钳、工装夹具、安全设备及点焊周边设备（修磨机、变位机）等组成。由于点焊钳负载较重，点焊机器人一般选用大负载机器人。

（a）机器人弧焊集成系统

2. 搬运

搬运机器人可以将物料从一个位置运送到另外一个位置或将物料按照一定的规律码垛。这需要根据工件形状和尺寸的不同，在机器人末端安装不同的工件卡爪来实现。如图 1-21 所示，机器人搬运集成系统一般由机器人、卡爪、安全防护系统、物料台、输送机等组成。

3. 喷涂

喷涂机器人可进行自动喷涂。图 1-22 所示为汽车保险杠的机器人喷涂集成系统。较先进的喷涂机器人的腕部采用柔性手腕，既可向各个方向弯曲，又可转动，其类似人的手腕，能方便地通过较小的孔伸入工件内部，喷涂工件的内表面。

（b）机器人点焊集成系统

图 1-20　机器人焊接集成系统

4. 机床上下料

机床上下料机器人可以将机床（加工中心、压铸机、注塑机等）需要加工的工件送至机床加工，待加工结束后，取出工件并将其放至指定的位置。如图 1-23 所示，机器人上下料集成系统主要由机器人、机床、工件卡爪、原料仓、成品仓、物料传输线、防护设备等部分组成。

图 1-21　机器人搬运集成系统　　图 1-22　汽车保险杠的机器人　　图 1-23　机器人上下料集成系统
　　　　　　　　　　　　　　　　喷涂集成系统

5. 涂胶

机器人涂胶集成系统自动化程度高，效率高，质量稳定，广泛应用于挡风玻璃、汽车防火板、车门、车灯等涂胶生产场景。如图 1-24 所示，机器人涂胶集成系统一般由机器人、胶枪、工件自动输送单元、工件定位装置、供胶系统、安全防护系统等组成。

6. 分拣

机器人分拣集成系统（见图 1-25）是一种装备了视觉传感器的机器人系统。机器人末端装有吸盘、卡爪以及执行机构，在相机的引导下，快速拾取流水线上的目标物料，实现物料分拣。为了提高分拣速度，工厂常采用并联机器人。

7. 装配

在末端装上不同的工具对产品部件进行组装的机器人为装配机器人，如拧螺钉机器人、组装汽车发动机部件机器人等。对于小尺寸零件，可选用图 1-26 所示的协作机器人系统，进行人机协作装配。

图 1-24　机器人涂胶集成系统　　　图 1-25　机器人分拣集成系统　　　图 1-26　机器人装配集成系统

8. 材料加工

机器人可代替工人在各类复杂恶劣环境下完成材料加工工作。如图 1-27 所示，机器人夹持不同工具或不同工件完成对材料的加工，主要加工方式包括切割、打磨、去毛刺、清洗、抛光、热喷涂、激光熔覆等。

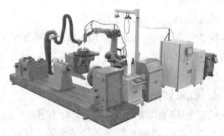

（a）激光切割机器人系统　　　（b）机器人磨抛集成系统　　　（c）激光熔覆机器人集成系统

图 1-27　机器人集成系统在材料加工中的应用

1.2.3　工业机器人集成系统的发展趋势

机器人技术已经成为国家创新驱动发展的重大战略技术之一。"高档数控机床和机器人"为国家制造业十大重点发展领域之一。随着机器人技术的不断发展，机器人越来越智能，其安装和使用方式逐渐简化，能更方便地与其他制造单元集成。展望未来，工业机器人集成系统的应用将越来越广泛。

（1）工业机器人集成系统的可控性将不断提升

工业机器人集成系统包含众多周边辅助设备，如工装夹具、传送带、变位机、移动导轨等，这些设备与机器人本体之间的高效配合与精确协同是工业机器人创新发展的重要方向。机器人控制技术是协同各部分设备的关键。PLC 因其在扩展性和可靠性方面的优势，目前已广泛应用于工业机器人集成系统领域，如今 PLC 正向高速、大容量方向发展。工业互联网使用 PLC、变频器、远程 I/O 等外围设备与计算机的连接，可以构造出多级式分布系统，使得工业机器人集成系统更易控、更易协同、规模更大。

（2）协作机器人将成为工业机器人系统重要创新方向

在简单场景中，机器人可以替代工人完成更精确、更烦琐的重复性劳动；但在复杂的应用场景中，基于对技术难度和经济成本等方面的考虑，需要工人与机器人一起工作，因此安全的人机协作成为必然趋势。传统工业机器人需要在隔离环境中作业，相关人员不能对机器人进行灵活控制，这极大限制了工业机器人的应用效果和应用场景。随着机器人控制技术的发展，诞生了更能适应特殊制造业应用场景的协作机器人。协作机器人不需要安全栅栏，人与机器人可共享某个区域进行作业。协作机器人使工人摆脱了繁重的工作压力，从而让工人可以专注于技巧性较强的工作，同时能有效保证人员安全。协作机器人集成系统实现了人机协同分担作业，可广泛用于小型部件组装，以及电子电气零部件装配等重要工艺环节。

（3）工业机器人集成系统在各种细分场景中的应用不断拓展

我国机器人市场需求全球领先，是支撑我国机器人产业发展的中坚力量。据统计，2021 年，我国机器人市场规模达到 839 亿元，其中工业机器人市场规模为 445.7 亿元。未来几年，我国工业机器人市场将进入稳定增长期，工业机器人的应用领域将不断拓展和深化。我国工业机器人的传统应用领域包括汽车、3C（计算机、通信和消费电子产品）、家电、金属加工、塑料加工、食品、烟草、饮料等行业。随着机器人视觉、力觉控制技术和人工智能技术的发展，工业机器人的灵活性和智能性将不断提升，这将促进工业机器人在刀具开刃、缝制、电子产品装配等场景的推广应用。

知识 1.3　数字孪生概述

1.3.1　数字孪生的概念

1. 数字孪生的定义

数字孪生也称为数字双胞胎（Digital Twin），简单来说，它是指参照物理世界中的物体，通过数字化手段在数字世界中构建一个与物理世界中的物体一模一样的实体，借此来实现对物理对象的了解、分析和优化（见图 1-28）。具体来讲，数字孪生集成了人工智能和机器学习等技术，将数据、算法和决策分析结合在一起，建立虚拟模型（即物理对象的虚拟映射），监控物理对象在虚拟模型中的变化，基于人工智能的多维数据处理与异常诊断来预测潜在风险，并于问题发生之前先发现问题，从而合理有效地规划、决策或对相关设备进行维护。

2. 数字孪生的技术架构

数字孪生的技术架构包括数据保障层、建模计算层、功能层和沉浸式体验层，每一层的实现都建立在前面各层的基础上，是对前面各层功能的完善和扩展。

（1）数据保障层。数据保障层是整个数字孪生技术体系的基础，支撑着整个上层体系的运作，主要由高性能传感器数据采集、高速数据传输和全生命周期数据管理构成。

（2）建模计算层。建模计算层主要由建模算法和一体化计算平台两部分构成。建模算法部分充分应用机器学习和人工智能领域的技术实现对系统数据的深度特征提取和建模，通过采用多尺度的方法对传感数据进行多层次的解析，挖掘和学习其中蕴含的相互关系、逻辑关系和主要特征，从而实现对系统的超现实状态表征和建模，并预测系统未来的状态和寿命，根据系统当前和未来的健康状态评估系统能成功完成任务可能性。

（3）功能层。功能层面向实际的系统设计、生产、使用和维护需求提供相应的功能，包括多层级系统寿命预估、系统集群执行任务能力评估、系统集群维护、系统生产过程监控及系统辅助决策等功能。

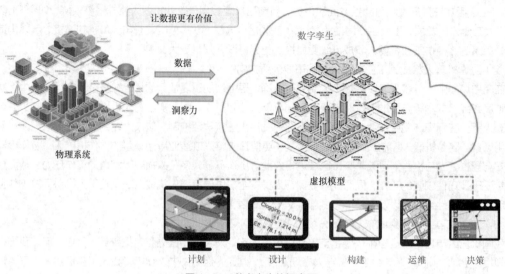

图 1-28　数字孪生的概念图

（4）沉浸式体验层。沉浸式体验层为使用者提供了良好人机交互使用环境，让使用者能获得身临其境的技术体验，从而迅速了解和掌握复杂系统的特性和功能，并能快捷地通过语音和肢体动作访问功能层提供的信息，获得分析和决策方面的信息支持。

3．数字孪生的商业价值

随着数字孪生技术逐渐在各领域得到认可，许多科技企业已经着手研发数字孪生技术并推出了相关产品。这些产品在落地应用过程中不断升级优化，在提升产品绩效、加快设计周期、发掘新的潜在收入来源，以及降低保修成本等方面为企业带来了巨大商业价值。

（1）质量方面：提升产品整体质量，预测并快速发现质量缺陷。

（2）保修成本与服务方面：优化服务效率，判断保修与索赔问题，降低总体保修成本。

（3）运营成本方面：改善产品设计，减少操作与流程变化，降低运营成本。

（4）产品追溯方面：创建数字档案，记录零部件与原材料编号，从而更有效地管理。

（5）新产品研发方面：缩短新产品上市所需时间，降低新产品总体生产成本。

1.3.2　西门子数字孪生技术

1．西门子数字孪生技术体系

西门子（Siemens）是数字孪生技术的倡导者之一，其数字孪生技术包括产品数字孪生、生产数字孪生、运营与性能数字孪生 3 部分。

（1）产品数字孪生：更快地驱动产品设计，获得性能更佳、更可靠、成本更低的产品，预测产品在整个生命周期中的性能。

（2）生产数字孪生：以虚拟方式设计和评估工艺方案，通过仿真进行优化和分析，迅速制订制造产品的最佳计划。

（3）运营与性能数字孪生：实现透明化生产运营和质量管理，将车间的自动化设备与产品开发、生产工艺设计以及生产和企业管理连接在一起。

2．西门子数字孪生的软件

数字孪生的实施需要借助一系列的软件来完成。西门子数字孪生的软件主要有：产品生命周期管理（Product Lifecycle Management，PLM）软件、制造运营管理（Manufacturing Operations Management，

MOM）软件、全集成自动化（Totally Integrated Automation，TIA）软件。上述软件在产品全生命周期管理数据平台（Teamcenter）的协作下，能够完成不同技术的集成，实现不同人员的协作。

（1）产品生命周期管理软件。PLM 软件涉及产品开发和生产的各个环节，即从产品设计到生产规划，直至生产和服务等。PLM 软件又包括 Teamcenter、NX 和 Tecnomatix。其中，Teamcenter 能在西门子与其他制造商提供的软件解决方案之间进行管理和数据交换，将分布在不同位置的开发团队、公司和供应商联系起来，形成统一的产品、过程、生产等数据流通通道；NX 软件拥有计算机辅助设计/制造/工程（CAD/CAM/CAE）等多种功能，其建模模块能够进行三维模型的设计和装配，其机电一体化概念设计（Mechatronics Concept Designer，MCD）模块能够进行运动仿真、过程控制、虚拟调试等；Tecnomatix 软件主要针对整个生产的虚拟设计和过程模拟。其包含 PS（Process Simulate）、PD（Plant Designer）与 Plant Simulation 等组件，可用于流水线与工厂的设计与仿真优化。借助该软件可实现工业机器人集成系统的设计和仿真。

（2）制造运行管理软件。MOM 软件不仅与控制、自动化和业务层面紧密结合，还可与 PLM 软件相结合，实现自动化与制造管理、企业管理、供应链管理的无缝连接，使供应链的变化迅速地反映在制造中心，从而为"数字工厂"理念提供了坚实的技术和产品管理保障。西门子的制造运行管理软件 SIMATIC IT 包含了一系列产品，为生产运营、管理以及执行人员提供了更高的工厂信息可见性。其中，制造执行系统（Manufacturing Execution System，MES）提供了一个较高层次的环境，为制造过程和操作流程的同步和协调提供了可能，提升了各组件协同工作的能力。

（3）全集成自动化软件。西门子 TIA 博途（Portal）软件是一款采用统一的工程组态和软件项目环境的自动化软件，可在同一环境中组态西门子的所有可编程控制器、驱动装置和人机界面。在控制器、驱动装置和人机界面之间建立通信实时共享任务，可大大降低连接和组态成本，几乎适用于所有自动化任务。借助 TIA 博途软件，用户能够快速、直观地开发和调试自动化系统。

3. 西门子数字孪生虚拟调试技术

数字化工厂柔性自动生产线的建设投资大、周期长，现场调试的难度与工作量大。在建设生产线时，越早发现问题，整改的成本就会越低。因此，在生产线正式生产、安装和调试之前，需要先在虚拟环境中对生产线进行模拟调试，解决生产线的规划、干涉、PLC 逻辑控制等问题。当完成上述模拟调试之后，再综合考虑加工设备、物流设备、智能工装和控制系统等各种因素，这样才能全面评估建设生产线的可行性。

虚拟调试（Visual Commissioning，VC）为解决此类难题提供了方便。在设计过程中，生产周期长、更改成本高的机械结构部分可采用虚拟设备在虚拟环境中进行展示和模拟；易于构建和修改的控制部分则用由 PLC 搭建的物理控制系统来实现，由实物 PLC 控制系统生成控制信号来控制虚拟环境中的机械对象以模拟整个生产线的动作过程。借助该技术，用户能够及早发现机械结构和控制系统中存在的问题，在建造物理样机或生产线前就可以解决问题，这样能够帮助用户节约时间成本与经济成本。

1.3.3 数字孪生在数字化工厂中的应用

1. 辅助新智能制造生产线投产

数字孪生可对机器安装、生产线安装等建立一个庞大的虚拟仿真版本，通过将物理生产线在数字空间进行复制，提前对安装、中试等工艺进行仿真。在实际生产线安装时可以直接复制使用对数字孪生体的记录和分析数据，从而大大降低安装成本，加速"新产品"的落地生根。同时，可以利用机器调试过程中持续产生的数据波动（如能耗、错误比率、循环周期等）来优化生产，并且这些数据可以在后续的工厂和设备运行中发挥作用。

数字孪生同传统基于经验的设计和制造理念有着巨大不同。它使设计人员可以不用通过开发实际的物理原型来验证设计理念，不用通过复杂的物理实验来验证产品的可靠性，不需要进行小批量试制就可以直接预测生产瓶颈，甚至不需要去现场就可以了解销售给客户的产品的运行状况。

2. 监控、维护原有制造车间

将数字孪生技术引入车间，可以实现车间信息与物理空间的实时交互与深度融合，包括物理车间、虚拟车间、车间服务系统、车间孪生数据等。在融合的孪生数据的驱动下，数字孪生车间的各部分能够实现迭代运行与双向优化，从而使车间管理、计划与控制达到最优。车间数字化能实现数字孪生车间设备健康管理、数字孪生车间能耗多维分析与优化、数字车间动态生产调度和数字车间过程实时控制。数字化的手段能够将原先无法保存的专家经验进行数字化，并可以将其保存、复制、修改和转移。

【项目实施】

任务 1.1　工业机器人应用编程 1+X 证书

1.1.1　国家职业教育 1+X 证书试点

2019 年，《国家职业教育改革实施方案》中明确提出，在职业院校、应用型本科高校启动学历证书+职业技能等级证书（1+X）试点。启动 1+X 证书制度试点，是促进技术人才培养模式和评价模式改革、提高人才培养质量的重要举措，是缓解结构性就业矛盾的重要途径，对构建国家资格框架、推进教学现代化、建设人力资源强国具有重要意义。

截至 2021 年 11 月，教育部发布了 4 批共 447 项职业技能等级证书。其中，与工业机器人集成系统相关的证书有：工业机器人应用编程（北京赛育达科教有限责任公司，第 2 批）、工业机器人操作与运维（北京新奥时代科技有限责任公司，第 2 批）、工业机器人装调（沈阳新松机器人自动化股份有限公司，第 3 批）、工业机器人集成应用（北京华航唯实机器人科技股份有限公司，第 3 批）、智能协作机器人技术及应用［遨博（北京）智能科技有限公司，第 4 批］、焊接机器人编程与维护（宁波摩科机器人科技有限公司，第 4 批）等。

1.1.2　工业机器人应用编程证书

1. 评价组织

北京赛育达科教有限责任公司作为教育部指定的工业机器人应用编程 1+X 职业技能等级证书培训评价组织，组织开发了工业机器应用编程职业技能等级证书，证书分为初级、中级和高级 3 个级别，3 个级别由低到高依次递进，高级别涵盖低级别的职业技能要求。

2. 面向专业

（1）中等职业学校：工业机器人技术应用、机电设备安装与维修、机电技术应用、电气运行与控制、电气技术应用、电子与信息技术、数控技术应用、模具制造技术等专业。

（2）高等职业学校：工业机器人技术、机电一体化技术、电气自动化技术、智能控制技术、工业网络技术、数控设备应用与维护、焊接技术与自动化、机械制造与自动化、模具设计与制造、自动化生产设备应用、工业过程自动化技术等专业。

（3）应用型本科学校：机器人工程、智能制造工程、自动化、电气工程及其自动化、机械设计制造及其自动化、机械电子工程等专业。

3. 面向工作岗位（群）

主要面向工业机器人本体制造、系统集成、生产应用、技术服务等各类企业和机构中，在工业机器人单元和生产线操作编程、安装调试、运行维护、系统集成以及营销与服务等岗位工作的人群。证书持有者可从事工业机器人应用系统操作编程、离线编程及仿真、工业机器人系统二次开发、工业机器人系统集成与维护、自动化系统设计与升级改造、售前与售后支持等工作，也可从事工业机器人技术推广、实验实训和机器人科普等工作。

4．职业技能等级要求

（1）初级：能遵守安全操作规范，对工业机器人进行参数设定，手动操作工业机器人；能按照工艺要求熟练使用基本指令对工业机器人进行示教编程，可以在相关工作岗位从事工业机器人操作编程、工业机器人应用维护、工业机器人安装调试等工作。

（2）中级：能遵守安全规范，对工业机器人单元进行参数设定；能够对工业机器人及常用外围设备进行联结和控制；能够按照实际需求编写工业机器人单元应用程序；能按照实际工作站搭建对应的仿真环境，对典型工业机器人单元进行离线编程，可以在相关工作岗位从事工业机器人系统操作编程、自动化系统设计、工业机器人单元离线编程及仿真、工业机器人单元运维、工业机器人测试等工作。

（3）高级：能对带有扩展轴的工业机器人系统进行配置和编程；能对工业机器人生产线进行虚拟调试；能按照工艺要求完成工业机器人二次开发；能对工业机器人系统及生产线编程与优化，可以在相关工作岗位从事工业机器人系统及生产线应用编程、工业机器人系统及生产线运维、工业机器人系统及生产线集成、自动化系统升级改造、工业机器人系统及生产线虚拟调试、工业机器人应用系统测试等工作。

1.1.3　工业机器人应用编程 1+X 考证平台

为配合工业机器人应用编程培训、考证，江苏汇博机器人技术股份有限公司研制了工业机器人应用编程1+X 考证平台，如图 1-29 所示。该平台主要包括机器人单元、快换工具单元、智能仓储单元、井式供料单元、皮带输送单元、旋转供料单元、装配单元、写字单元和视觉单元。在该平台上可进行的编程训练项目有：工业机器人装配应用编程、工业机器人 RFID（Radio Frequency Indentification，射频识别）应用编程、工业机器人视觉定位应用编程、工业机器人视觉分拣应用编程、工业机器人产品定制应用编程、工业机器人写字应用编程、工业机器人喷涂应用离线编程。

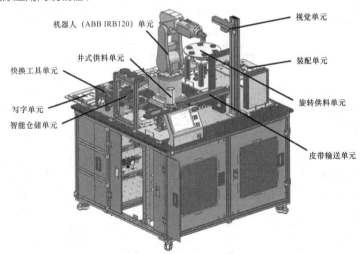

图 1-29　工业机器人应用编程 1+X 考证平台

任务 1.2　工业机器人相关职业发展规划

1.2.1　工业机器人系统操作员

1．职业定义

2020 年 11 月，人力资源和社会保障部联合工业和信息化部颁布了《工业机器人系统操作员（职业编码：

6-30-99-00）国家职业技能标准》。

工业机器人系统操作员职业定义：使用示教器、操作面板等人机交互设备及相关机械工具对工业机器人、工业机器人工作站或系统进行装配、编程、调试、工艺参数更改、工装夹具更换及其他辅助作业的人员。

2. 职业技能等级

本职业共设 4 个等级，分别为：四级/中级工、三级/高级工、二级/技师、一级/高级技师。中级工、高级工、技师和高级技师的技能要求依次递进，高级别涵盖低级别的要求。

3. 工作内容权重

考核工作内容包括职业道德、基础知识、机械系统装调、电气系统装调、系统操作与编程调试、系统规划与调整、技术管理、培训与指导等。

理论知识权重和技能要求权重分别如表 1-1 和表 1-2 所示。

表 1-1　理论知识权重表

项目	技能等级	四级/中级工	三级/高级工	二级/技师	一级/高级技师
基本要求	职业道德	5%	5%	5%	5%
	基础知识	15%	10%	5%	5%
相关知识要求	机械系统装调	20%	20%	—	—
	电气系统装调	20%	20%	—	—
	系统操作与编程调试	40%	45%	25%	15%
	系统规划与调整	—	—	35%	40%
	技术管理	—	—	20%	20%
	培训与指导	—	—	10%	15%
合计		100%	100%	100%	100%

表 1-2　技能要求权重表

项目	技能等级	四级/中级工	三级/高级工	二级/技师	一级/高级技师
技能要求	机械系统装调	20%	15%	—	—
	电气系统装调	20%	20%	—	—
	系统操作与编程调试	60%	65%	35%	20%
	系统规划与调整	—	—	40%	50%
	技术管理	—	—	15%	20%
	培训与指导	—	—	10%	10%
合计		100%	100%	100%	100%

1.2.2　工业机器人系统集成工程师的职业生涯规划

1. 基本概念

职业生涯规划是在对个人职业生涯的主客观条件进行测定、分析、总结的基础上，对个人的兴趣、爱好、能力、特长、经历及不足等各方面进行综合分析与权衡，结合时代特点，根据个人的职业倾向，确定最佳的职业奋斗目标，并为实现这一目标做出行之有效的安排。

2. 基本分类

职业生涯规划根据期限不同一般可划分为短期规划、中期规划和长期规划。短期规划一般为 3 年以内的规划，主要是确定近期目标，规划近期需要完成的任务；中期规划一般为 3~5 年，在近期目标的基础上设计中期目标；长期规划一般为 5~10 年，主要设定长远目标。

3. 基本原则

（1）清晰性原则：目标措施是否清晰明确，实现目标的步骤是否直截了当。

（2）变动性原则：目标或措施是否有弹性或缓冲性，是否能依据环境的变化而调整。

（3）一致性原则：主要目标与分目标是否一致，目标与措施是否一致。

（4）挑战性原则：目标与措施是否具有挑战性，还是仅保持其原来状况而已。

（5）激励性原则：目标是否符合自己的性格、兴趣和特长，是否有内在激励作用。

（6）合作性原则：个人的目标与他人的目标是否具有合作性与协调性。

（7）全程原则：拟订职业生涯规划时必须考虑到生涯发展的整个历程，做全程的考虑。

（8）具体原则：职业生涯规划各阶段的路线划分与安排必须具体可行。

（9）实际原则：考虑个人的特质、环境及其他相关的因素，选择可行的途径。

（10）可评量原则：应有明确的时间限制或标准，可评量、检查，随时掌握执行状况。

4. 基本步骤

（1）自我分析。自我分析包括对个人的兴趣、特长、性格的了解，也包括对个人的学识、技能、智商、情商的测试，以及对自己思维方式、道德水准的评价等。自我分析的目的是认识自己、了解自己，从而对个人职业和职业生涯目标做出合理的抉择。

（2）职业分析。职业分析主要是评估周边各种环境因素对自己职业生涯发展的影响。在制订个人的职业生涯规划时，要充分了解所处环境的特点，掌握职业环境的发展变化情况，明确自己在这个环境中的地位以及环境对自己提出的要求和创造的条件等。

（3）确定职业发展目标。准确地对自己和环境做出了评估之后，可以确定适合自己、有可能实现的职业发展目标。在确定职业发展的目标时要注意自己的性格、兴趣、特长与选定职业的匹配度，更重要的是考量自己所处的内外环境与职业发展目标是否相适应。合理、可行的职业生涯目标的确立决定了职业发展中的行为和结果，是制订职业生涯规划的关键。

（4）选择职业生涯发展路线。在确定职业发展目标后，要选择向哪种路线发展。是走技术路线，还是管理路线；是走技术 + 管理路线，还是先走技术路线、再走管理路线等。发展路线不同，对职业发展的要求也不同。

（5）制订职业生涯措施与行动计划。职业生涯中的措施主要指为达成既定目标，在提高工作效率、学习知识、掌握技能、开发潜能等方面选用的方法。行动计划要对应相应的措施，要层层分解、具体落实，细致的计划与措施便于进行定时检查和及时调整。

（6）评估与反馈。对各阶段发展目标的执行情况进行总结，确定哪些目标已按计划完成、哪些目标未完成。然后，对未完成目标进行分析，找出未完成原因及发展障碍，制订相应解决障碍的对策及方法。最后，依据评估结果对接下来的计划进行修订与完善。不断地对职业生涯规划执行情况进行评估可以确保职业生涯规划行之有效地执行。

【项目小结】

本项目主要是为对工业机器人领域了解不多的读者提供一些宏观背景介绍，方便零基础读者学习工业机器人集成系统设计和仿真。本项目主要介绍了 5 个方面的内容：机器人概述方面介绍了机器人的定义、发展史、分类和工业机器人常见品牌；工业机器人集成系统方面介绍了工业机器人集成系统的结构、应用和发展趋势；数字孪生概述方面介绍了数字孪生的定义、技术架构、常用软件及在数字化工厂中的应用；工业机器人应用编程 1+X 证书方面，介绍了 1+X 证书制度试点的背景及不同工业机器人应用编程技能等级的要求；工业机器人系统相关职业发展规划方面，介绍了工业机器人操作员和工业机器人系统集成工程师的职业生涯规划。

【扩展阅读】

案例：中国工业机器人企业的跨国收购之路。

（1）美的集团收购德国库卡（KUKA）

库卡是全球领先的机器人、自动化设备及解决方案的供应商。其与 ABB、安川、FANUC 一起被称为"国际工业机器人四大家族"。美的集团对库卡的收购从 2015 年就开始了。2015 年 8 月，美的收购了库卡 5.4% 的股份，2016 年 3 月美的持股量增至 10.2%，成为库卡第二大股东。2016 年 5 月，美的集团宣布拟以每股 115 欧元要约收购库卡，同年 8 月 8 日收购要约截止时，最终收购的库卡集团股份数量达到 3200 万股，占库卡集团已发行股份数量的 81%。2016 年 12 月，美的集团再次发布公告，宣布斥资 37 亿欧元（约 292 亿元人民币）对德国库卡发起要约收购。2017 年 1 月，美的完成要约收购库卡集团股份的交割工作，美的占股 94.55%。2021 年 11 月，美的集团公告称，决定全面收购并私有化德国库卡，目前库卡已成为美的集团的 100% 全资子公司。

（2）埃斯顿收购德国克鲁斯（CLOOS）

克鲁斯集团成立于 1919 年，总部位于德国海格，是全球公认的机器人焊接领域的领导者之一。克鲁斯集团从 1981 年起自主研发生产焊接机器人，是世界上最早拥有完全自主焊接机器人技术和产品的公司之一。克鲁斯集团在全球拥有 11 家子公司和 9 家生产基地，遍及中国、英国、匈牙利、奥地利等。不仅如此，克鲁斯集团还在全球轨道交通、农业机械、工程机械、造船以及化工等各个行业提供个性化的机器人焊接解决方案。

2019 年 8 月，埃斯顿宣布签订了收购德国克鲁斯集团 100% 股份的购买协议。2020 年 4 月，埃斯顿成功收购德国克鲁斯。埃斯顿成立于 1993 年，是中国具有自主核心技术的自动化领域的龙头企业之一。实际上，收购德国克鲁斯并不是埃斯顿的首次跨国收购。早在 2016 年 2 月，埃斯顿就以 140 万欧元收购意大利机器视觉公司 Euclid Labs 20% 股份。2017 年 2 月，埃斯顿斥资 1550 万英镑收购英国运动控制商 TRIO 全部股份。2017 年 4 月，埃斯顿以 900 万美元收购美国机器人公司 Barrett Technology 30% 股份。2017 年 9 月，埃斯顿收购德国机器人系统集成商 M.A.i.50% 股份。

【思考与练习】

【思考 1-1】简述机器人的定义。

【思考 1-2】简述机器人的分类。

【思考 1-3】简述工业机器人集成系统的结构。

【思考 1-4】工业机器人集成系统的应用有哪些？

【思考 1-5】简述数字孪生的定义。

【思考 1-6】数字孪生的技术架构有哪几层？

【思考 1-7】西门子数字孪生的常用软件有哪些？

【思考 1-8】简述数字孪生在数字化工厂中的应用。

【思考 1-9】简述工业机器人应用编程 1+X 中级证书的要求。

【思考 1-10】制定工业机器人系统集成工程师的职业生涯规划。

项目2
工业机器人集成系统三维设计

02

【学习目标】

知识目标
（1）了解 NX 软件的功能和界面；
（2）熟悉 NX 软件的文件操作；
（3）熟悉 NX 软件的草图绘制基本操作；
（4）熟悉 NX 软件的三维建模基本操作；
（5）熟悉 NX 软件的装配基本操作。

能力目标
（1）掌握工业机器人本体三维建模、装配的方法和流程；
（2）掌握快换工具三维建模、装配的方法和流程；
（3）掌握传输线等周边设备三维建模的方法和流程。

素质目标
（1）具有良好的职业道德、扎实的实践能力、较强的创新能力；
（2）能够独立完成工业机器人集成系统中各种非标零部件的数字化设计。

【学习导图】

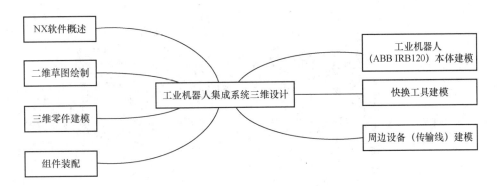

【知识准备】

知识 2.1　NX 软件概述

1. NX 软件的功能

NX 软件是一个集 CAD、CAM、CAE 于一体的系统，该软件具有草图绘制、实体造型、曲面及曲面体造型、组件装配、工程图生成、虚拟仿真等功能，可应用于产品开发的整个过程。NX 软件的前身为 UG（Unigraphics）软件，UG 软件被西门子公司收购后，改称为 NX 软件。

2. NX 软件的界面

双击 NX12.0 图标，打开 NX12.0 软件，NX12.0 的初始打开界面如图 2-1 所示，单击"新建"按钮，弹出图 2-2 所示的"新建"对话框。选择"模型"选项卡，在"名称"文本框输入"模型"，在"文件夹"文本框输入存储路径，单击"确定"，弹出图 2-3 所示的工作界面。工作界面主要由标题栏、菜单栏、工具栏、下拉菜单、按钮功能区、图形区、导航区、状态栏等部分组成。

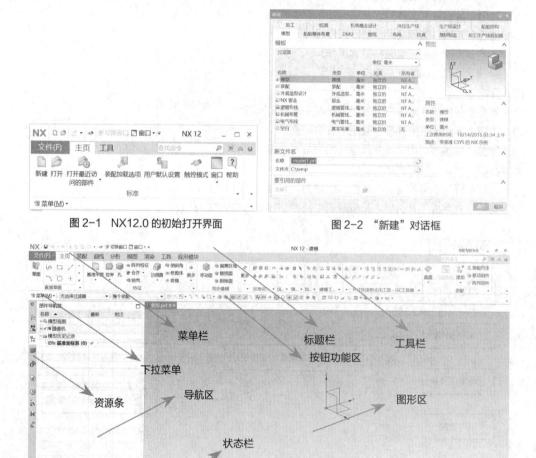

图 2-1　NX12.0 的初始打开界面　　　　图 2-2　"新建"对话框

图 2-3　NX12.0 的工作界面

3. 文件的保存与打开

单击工作界面左上角的"保存"按钮，可将文件进行保存。在菜单栏单击"文件"→"保存"→"另存为"，弹出"另存为"对话框，在该对话框中可设置文件的名称、类型和存储路径。此外，在菜单栏单击"文件"→"打开"，弹出"打开"对话框，更改"查找范围"，可打开已有文件。也可以直接双击已有的模型文件，将其打开。

知识 2.2 二维草图绘制

2.2.1 草图的绘制

NX 软件中的建模方式大致有 3 种，即基于草图的建模、基于直接特征的建模以及混合上述两种建模方式的建模。前两种建模方式适用于简单零部件，混合建模方式是大部分复杂零部件建模的首选。基于草图的建模需要先绘制二维草图，然后进行拉伸、旋转、扫掠等操作，获得三维实体。因此，二维草图的绘制是草图建模的基础。

视频：例 2-1 操作
步骤

NX 软件的草图绘制功能提供了绘制直线、圆弧、圆角、矩形、轮廓线、派生直线、样条曲线等的命令，下面通过实例说明绘制草图的一般方法和流程。

【例 2-1】使用 NX 软件的"草图绘制"工具绘制图 2-4（a）所示的快换装置竖直板草图。

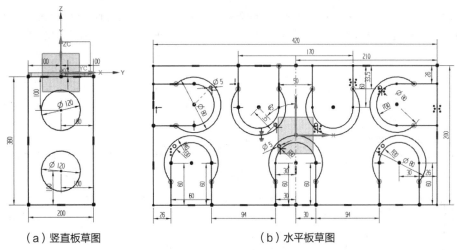

（a）竖直板草图　　　　　　　　　（b）水平板草图

图 2-4　快换装置草图

操作步骤如下。

（1）新建模型文件，将其命名为"草图绘制"。在图 2-3 所示界面左侧下拉菜单处单击"菜单"→"插入"→"在任务环境中绘制草图"，弹出"创建草图"对话框，如图 2-5 所示。选择基准坐标系的 *zy* 平面作为工作平面，单击"确定"，进入"草图"工作界面，如图 2-6 所示。

📖 **注意**

单击"菜单"→"插入"→"草图"，或者直接单击"主页"选项卡下的"草图"按钮，也可以打开"创建草图"对话框，但这种模式的工作界面中可用的草图命令较少。

图 2-5　"创建草图"对话框

图 2-6　"草图"工作界面

（2）单击"轮廓"按钮 ↳，在"轮廓"对话框中单击"直线"按钮 ╱，单击原点作为起点，在"长度"输入框输入 100，按回车键，在"角度"输入框输入 180，按回车键，绘制长度为 100 的水平直线段。在"长度"输入框输入 380，按回车键，在"角度"输入框输入 270，按回车键。在"长度"输入框输入 200，按回车键，在"角度"输入框输入 0，按回车键。在"长度"输入框输入 380，按回车键，在"角度"输入框输入 90，按回车键。在"长度"输入框输入 100，按回车键，在"角度"输入框输入 180，按回车键，按两次"Esc"键，完成轮廓线的绘制，如图 2-7（a）所示。

（3）单击"直线"按钮 ╱，单击原点作为起点，在"长度"输入框输入 100，按回车键，在"角度"输入框输入 270，按回车键，绘制长度为 100 的竖直直线段。用鼠标右键单击该直线段，在弹出的快捷菜单中单击"转换为参考"，将其转换为参考线。单击"直线"按钮 ╱，单击底部水平线段的中点作为起点，在"长度"输入框输入 100，按回车键，在"角度"输入框输入 90，按回车键，并将其转换为参考线，如图 2-7（b）所示，按"Esc"键，退出直线段的绘制。

（4）单击"圆"按钮 ○，弹出"圆"对话框，"圆方法"选择"圆心和直径定圆"，单击上参考线的下端点作为圆心，在"直径"输入框输入 120，按回车键，绘制上部圆。重复操作，单击下参考线的上端点作为圆心，在"直径"输入框输入 120，按回车键，绘制下部圆，如图 2-7（c）所示，按"Esc"键，退出圆的绘制。

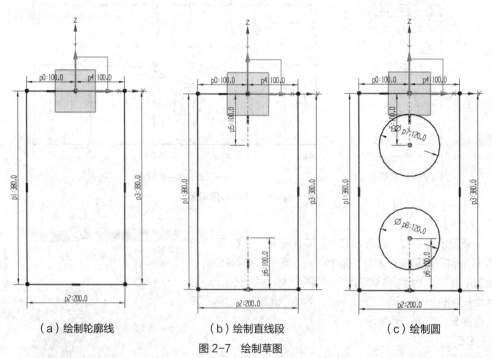

（a）绘制轮廓线　　　　　　（b）绘制直线段　　　　　　（c）绘制圆

图 2-7　绘制草图

（5）草图绘制完成以后，单击左上角"完成"按钮 ✕，即可退出草图绘制环境。如需修改草图，在图形区直接双击草图，则可重新进入草图绘制环境（此时草图工具命令较少），对已有草图进行修改。

2.2.2 草图的编辑

NX 软件提供了众多草图编辑命令来帮助用户快速绘制二维草图，其中常用的草图编辑命令有制作拐角、删除对象、复制对象、快速修剪、快速延伸、镜像曲线、偏置曲线、相交曲线、投影曲线等。下面通过实例说明编辑草图的一般方法和流程。

【例 2-2】使用 NX 软件的"草图绘制"工具和"草图编辑"工具，绘制图 2-4（b）所示的快换装置水平板草图。

操作步骤如下。

（1）新建模型文件，将其命名为"草图编辑"。单击"菜单"→"插入"→"在任务环境中绘制草图"，弹出"创建草图"对话框，选择基准坐标系的 xy 平面作为工作平面，单击"确定"，进入"草图"工作界面。

（2）单击"矩形"按钮 □，"矩形方法"选择"按 2 点"，在"XC"输入框输入−210，按回车键，在"YC"输入框输入 100，按回车键。在"宽度"输入框输入 420，按回车键，在"高度"输入框输入 200，按回车键。移动鼠标指针选择放置方位，选好后单击鼠标左键或中键，按"Esc"键，完成矩形的绘制。

（3）单击"角焊"按钮 ╮，弹出"圆角"对话框，"圆角方法"选择"修剪"，单击矩形左上角的两条边，在"半径"输入框输入 50，按回车键，绘制左上方的圆角。继续圆角操作，"圆角方法"选择"取消修剪"，单击矩形左下角的两条边，在"半径"输入框输入 50，按回车键，绘制左下方的圆角，如图 2-8 所示，两个圆角有所不同。

（4）单击"倒斜角"按钮 ╮，弹出"倒斜角"对话框，勾选"修剪输入曲线"，设置"选择直线"为矩形右上角的两条边，在"距离"输入框输入 50，按回车键或在空白处单击，绘制右上方的斜角。继续倒斜角操作，取消勾选"修剪输入曲线"，单击矩形右下角的两条边，在"距离"输入框输入 50，在空白处单击，绘制右下方的斜角，如图 2-8 所示，两个斜角有所不同。

（5）将鼠标指针移动到任意一个圆角或斜角上，则相应的圆角或斜角将高亮显示。单击鼠标右键，在弹出的快捷菜单中单击"删除"，可删除选中的对象。单击任一对象将其选中（自动高亮显示），按"Ctrl+D"组合键或"Delete"键，也可以删除对象。

（6）按"Ctrl+Z"组合键，或者单击左上角的"撤销"按钮 ↰，可撤销上一步操作。这里连续撤销倒斜角和圆角操作，直至返回步骤（2）的矩形绘制。

（7）绘制 3 个矩形。单击"矩形"按钮 □，"矩形方法"选择"按 2 点"。在"XC"输入框输入−210，按回车键，在"YC"输入框输入 74，按回车键。设置"宽度"和"高度"均为 60。移动鼠标指针选择放置方位，选好后单击鼠标左键或中键，完成第 1 个矩形的绘制。重复操作，设置第 2 个矩形的起始点坐标为（−184，−40），其宽度和高度均为 60。设置第 3 个矩形的起始点坐标为（−85，100），其宽度和高度均为 60，如图 2-9 所示。

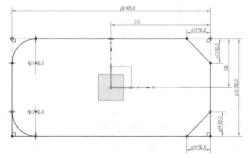

图 2-8　绘制圆角和斜角

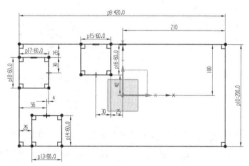

图 2-9　绘制 3 个矩形和 3 个点

（8）绘制 3 个点。单击"点"按钮＋，弹出"草图点"对话框，单击"点对话框"按钮 ，弹出"点"对话框。坐标参考位置保持默认设置，在"X"输入框输入–150，在"Y"输入框输入 44，在"Z"输入框输入 0，单击"确定"，绘制第 1 个点。重复操作，绘制坐标为（–154，–40，0）的第 2 个点和坐标为（–55，40，0）的第 3 个点，如图 2-9 所示。

（9）单击"圆"按钮○，分别以绘制的 3 个点为圆心，绘制直径为 80 的 3 个圆以及直径为 60 的 3 个圆，如图 2-10 所示。

（10）单击"快速修剪"按钮 ，弹出"快速修剪"对话框，单击要修剪的曲线，将不需要的曲线删除，单击"关闭"，结果如图 2-11 所示。

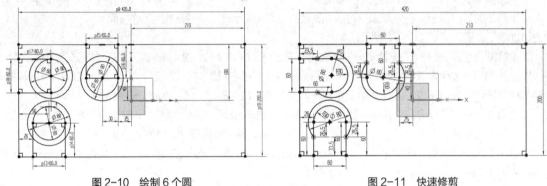

图 2-10　绘制 6 个圆　　　　　　　　　　　图 2-11　快速修剪

（11）单击"点"按钮＋，弹出"草图点"对话框，单击"点对话框"按钮 ，弹出"点"对话框。坐标参考位置保持默认设置，分别绘制坐标为（–125.25，68.75，0）、（–178.75，–15.25，0）、（–30.25，15.25，0）的 3 个点。以上述 3 个点为圆心，绘制 3 个直径为 5 的圆。

（12）单击"镜像曲线"按钮 ，弹出"镜像曲线"对话框，选择"要镜像的曲线"为图 2-12 所示的曲线，"中心线"选择草图纵轴（y 轴），单击"确定"，完成曲线的镜像。

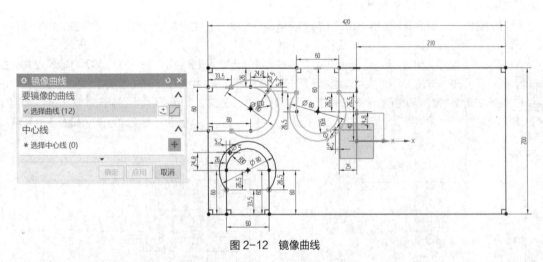

图 2-12　镜像曲线

（13）单击"阵列曲线"按钮 ，弹出"阵列曲线"对话框，选择"要阵列的曲线"为图 2-13 所示的曲线，"布局"选择"线性"，设置"选择线性对象"为草图横轴（x 轴），在"数量"输入框输入 3，在"节距"输入框输入 154，单击"确定"，完成曲线的阵列。完成整个草图的绘制。

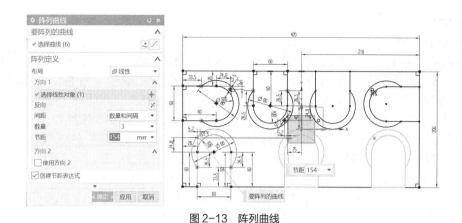

图 2-13　阵列曲线

2.2.3　草图的约束

草图的约束主要包括几何约束和尺寸约束两种类型。几何约束是用来定位草图对象和确定草图对象之间的相互关系的，而尺寸约束是用来驱动、限制和约束草图对象的大小和形状的。进入草图绘制环境后，会出现绘制草图时所需的约束工具栏，如图 2-14 所示。

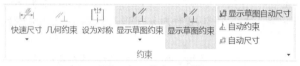

图 2-14　约束工具栏

在草图绘制过程中，可以自己设定自动约束的类型。单击"几何约束"按钮，弹出"几何约束"对话框，如图 2-15 所示，在对话框中可以选择自动约束的类型。

在草图绘制过程中，可以先绘制出粗略的草图对象，然后添加"几何约束"来定位该草图对象并确定草图对象之间的相互关系，再添加"尺寸约束"来驱动、限制和约束草图对象的大小和形状，下面通过实例来介绍添加"几何约束"和"尺寸约束"的具体方法。

【例 2-3】使用 NX 软件的"草图绘制""草图编辑""几何约束""尺寸约束"等工具，绘制图 2-16 所示的草图。

视频：例 2-3 操作
步骤

图 2-15　"几何约束"对话框

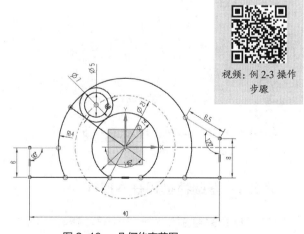

图 2-16　几何约束草图

操作步骤如下。

（1）新建模型文件，将其命名为"草图约束"。单击"菜单"→"插入"→"在任务环境中绘制草图"，弹出"创建草图"对话框，选择基准坐标系的 xz 平面作为工作平面，单击"确定"，进入"草图"工作界面。

（2）以原点为圆心，绘制直径分别为 14、21 和 28 的同心圆。右击直径为 21 的圆，将其转换为参考曲线。以原点为起点，绘制一长度为 14、角度为 145° 的直线段。以坐标点（−20，−6）为起点，绘制一长度为 40、角度为 0° 的直线段。利用"快速修剪"命令删除下半部分圆弧曲线。选择任意点为起点，绘制一长度为 8.5、角度为 150° 的直线段。选择任意点为起点，绘制一长度为 8、角度为 90° 的直线段。以任意点为圆心绘制直径为 7 的圆。单击"偏置曲线"按钮🔘，弹出"偏置曲线"对话框，如图 2-17 所示，设置"选择曲线"为直径为 7 的圆，在"距离"输入框输入 1，单击"反向"按钮✕，单击"确定"。

（3）单击"几何约束"按钮⊥，弹出"几何约束"对话框，单击"固定"按钮↴，设置"选择要约束的对象"为剩下的圆弧曲线、长度为 14 的线段以及长度为 40 的水平线段。

（4）单击"重合"按钮╱，设置"选择要约束的对象"为长度为 8 的竖直线段的下端点，设置"选择要约束到的对象"为长度为 40 的水平线段的右端点。

（5）重复重合操作，设置"选择要约束的对象"为长度为 8.5 的线段的右下端点，设置"选择要约束到的对象"为长度为 8 的竖直线段（移动后的）的上端点。单击"点在线上"按钮↑，设置"选择要约束的对象"为长度为 8.5 的线段的左上端点，设置"选择要约束到的对象"为最长的圆弧曲线。

（6）单击"相切"按钮✗，设置"选择要约束的对象"为直径为 7 的圆，设置"选择要约束到的对象"为长度为 14、角度为 145° 的线段。单击"点在线上"按钮↑，设置"选择要约束的对象"为直径 7 的圆的圆心，设置"选择要约束到的对象"为中间那段直径为 21 的圆弧曲线，完成草图绘制。

📖 **注意**

选择"相切"和"点在线上"的约束对象时，单击的部位对草图约束有影响，尽量单击实际切点及交点所处的位置。

（7）单击"快速尺寸"按钮📐，弹出"快速尺寸"对话框，如图 2-18 所示。设置"选择第一个对象"为直径为 7 的圆的圆心，设置"选择第二个对象"为原点，然后将自动出现尺寸。在草图绘制环境中，当尺寸重复或冗余时，尺寸将显示为红色，此时可删除多余的尺寸（也可保留）。如要修改尺寸，可直接双击尺寸，在弹出的对话框中进行修改。尺寸约束还有"线性尺寸""角度尺寸"等，本书不一一介绍。

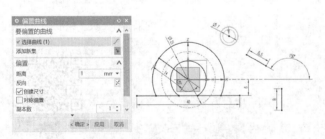

图 2-17 "偏置曲线"对话框

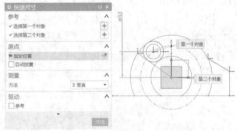

图 2-18 "快速尺寸"对话框

知识 2.3 三维零件建模

2.3.1 基础特征和基本操作

特征是组成零件的基本单元，长方体、圆柱体、圆锥体和球体 4 个基本单元常被称为零件模型的基础特征或体素特征。这些基础特征都具有比较简单的特征形状，通常设置几个简单的参数便可以创建，因此经常应用在三维零件建模中。

　　基本操作主要有布尔操作、对象操作、视图操作、设置首选项等。其中，布尔操作也称为布尔运算，在实体建模中可用于进行各个实体之间的求和（合并）、求差（减去）和求交（相交）等操作。对象操作是指对目标对象进行名称设置、显示、隐藏、分类和删除等操作。视图操作可以在图形区更改模型的大小、方位和显示方式。首选项提供了个性化设置用户界面、背景等功能。下面通过实例来介绍基础特征的创建方法、流程和一些基本操作。

　　【例 2-4】使用 NX 软件的"基础特征""基本操作"工具，创建图 2-19 所示的监视系统模型。

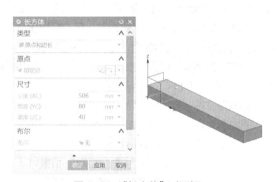

视频：例 2-4 操作
步骤

　　操作步骤如下。

　　（1）新建模型文件，将其命名为"监视系统-框架 1"。单击"菜单"→"插入"→"设计特征"→"长方体"，弹出"长方体"对话框，如图 2-20 所示。"长度（XC）""宽度（YC）""高度（ZC）"分别设为 506、80、40，单击"确定"。双击长方体，重新弹出"长方体"对话框，可修改其尺寸。单击"菜单"→"编辑"→"对象显示"，或按"Ctrl+J"组合键，弹出"类选择"对话框，如图 2-21（a）所示。单击长方体，单击"确定"，弹出"编辑对象显示"对话框，如图 2-21（b）所示。单击"颜色"右侧的色块，弹出"颜色"对话框，如图 2-21（c）所示。"ID"设为 129，单击"名称"输入框，连续单击"确定"，更改模型颜色。单击"文件"→"保存"→"另存为"，保存到"监视系统"文件夹后退出。

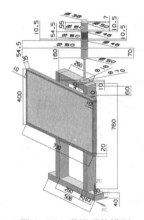

图 2-19　监视系统模型

图 2-20　"长方体"对话框

（a）"类选择"对话框

（b）"编辑对象显示"对话框

（c）"颜色"对话框

图 2-21　编辑对象显示

（2）新建模型文件，将其命名为"监视系统-框架 2"。单击"菜单"→"插入"→"设计特征"→"长方体"，弹出"长方体"对话框，"长度（XC）""宽度（YC）""高度（ZC）"分别设为 40、80、760，单击"确定"，保存到"监视系统"文件夹后退出。

（3）新建模型文件，将其命名为"监视系统-框架 3"。单击"菜单"→"插入"→"设计特征"→"长方体"，弹出"长方体"对话框，"长度（XC）""宽度（YC）""高度（ZC）"分别设为 260、80、40，单击"确定"，保存后退出。

（4）新建模型文件，将其命名为"监视系统-监视器 1"。单击"菜单"→"插入"→"设计特征"→"长方体"，弹出"长方体"对话框，"长度（XC）""宽度（YC）""高度（ZC）"分别设为 730、30、20，单击"确定"，保存后退出。

（5）新建模型文件，将其命名为"监视系统-监视器 2"。单击"菜单"→"插入"→"设计特征"→"长方体"，弹出"长方体"对话框，"长度（XC）""宽度（YC）""高度（ZC）"分别设为 730、30、10，单击"确定"，保存后退出。

（6）新建模型文件，将其命名为"监视系统-监视器 3"。单击"菜单"→"插入"→"设计特征"→"长方体"，弹出"长方体"对话框，"长度（XC）""宽度（YC）""高度（ZC）"分别设为 10、30、370，单击"确定"，保存后退出。

（7）新建模型文件，将其命名为"监视系统-监视器 4"。单击"菜单"→"插入"→"设计特征"→"长方体"，弹出"长方体"对话框，"长度（XC）""宽度（YC）""高度（ZC）"分别设为 710、25、370，单击"确定"，保存后退出。

（8）新建模型文件，将其命名为"监视系统-报警灯 1"。单击"菜单"→"插入"→"设计特征"→"圆柱"，弹出"圆柱"对话框，如图 2-22 所示。设置"指定矢量"为 ZC，设置"指定点"为原点，"直径"设为 70，"高度"设为 10，单击"确定"，保存后退出。

（9）新建模型文件，将其命名为"监视系统-报警灯 2"。单击"菜单"→"插入"→"设计特征"→"圆柱"，弹出"圆柱"对话框，设置"指定矢量"为 ZC，设置"指定点"为 WCS 原点，"直径"设为 16，"高度"设为 160，单击"确定"，保存后退出。

（10）新建模型文件，将其命名为"监视系统-报警灯 3"。单击"菜单"→"插入"→"设计特征"→"圆柱"，弹出"圆柱"对话框，设置"指定矢量"为 ZC，设置"指定点"为 WCS 原点，"直径"设为 50，"高度"设为 70，单击"确定"，保存后退出。

（11）新建模型文件，将其命名为"监视系统-报警灯 4"。单击"菜单"→"插入"→"设计特征"→"圆柱"，弹出"圆柱"对话框，设置"指定矢量"为 ZC，设置"指定点"为 WCS 原点，"直径"设为 50，"高度"设为 54.5，单击"确定"，保存后退出。

（12）新建模型文件，将其命名为"监视系统-报警灯 5"。单击"菜单"→"插入"→"设计特征"→"圆柱"，弹出"圆柱"对话框，设置"指定矢量"为 ZC，设置"指定点"为 WCS 原点，"直径"设为 46，"高度"设为 10.5，单击"确定"，保存后退出。

（13）新建模型文件，将其命名为"监视系统-报警灯 6"。单击"菜单"→"插入"→"设计特征"→"圆柱"，弹出"圆柱"对话框，设置"指定矢量"为 ZC，设置"指定点"为 WCS 原点，"直径"设为 50，"高度"设为 55，单击"确定"，保存后退出。

（14）新建模型文件，将其命名为"监视系统-报警灯 7"。单击"菜单"→"插入"→"设计特征"→"圆锥"，弹出"圆锥"对话框，如图 2-23 所示。设置"指定矢量"为 ZC，设置"指定点"为 WCS 原点，"底部直径"设为 50，"顶部直径"设为 38，"高度"设为 8，单击"确定"；单击"菜单"→"插入"→"设计特征"→"圆柱"，弹出"圆柱"对话框，设置"指定矢量"为-ZC，设置"指定点"为 WCS 原点，"直径"设为 50，"高度"设为 7，单击"确定"。单击"合并"按钮，弹出"合并"对话框，如图 2-24 所示。"目标"选择圆锥台，"工具"选择圆柱，单击"确定"，保存后退出。

图 2-22 "圆柱"对话框

图 2-23 "圆锥"对话框

图 2-24 "合并"对话框

2.3.2 拉伸特征

拉伸是将实体表面、实体边缘、曲线或者曲面拉伸成实体或者片体的操作。创建拉伸体的方法包括：单击"主页"选项卡下特征工具栏按钮功能区的"拉伸"按钮，和单击"菜单"→"插入"→"设计特征"→"拉伸"。下面通过实例来介绍拉伸特征的创建方法和流程。

【例 2-5】在例 2-1 和例 2-2 绘制的草图基础上，使用 NX 软件的"拉伸特征"工具，创建快换装置模型。

操作步骤如下。

（1）单击"文件"→"打开"，弹出"打开"对话框，查找并打开"快换装置"文件，或者直接双击"快换装置"文件，将其打开，如图 2-25 所示。在创建较复杂的模型时，一般情况此模型包含多个特征对象，这样容易导致大多数观察角度无法看到被遮挡的特征对象，此时就需要将暂时不用操作的对象隐藏起来。单击选中 yz 平面的草图，按"Ctrl+B"组合键，将其隐藏。

视频：例 2-5 操作步骤

📖 注意

按"Ctrl+Shift+K"组合键可选择重新显示的隐藏对象。按"Ctrl+Shift+U"组合键可显示全部对象。按"Ctrl+W"组合键可打开"显示和隐藏"对话框，如图 2-26 所示，在其中可按类型将对象进行显示或隐藏。

（2）在"主页"选项卡下单击"拉伸"按钮，或单击"菜单"→"插入"→"设计特征"→"拉伸"，弹出"拉伸"对话框，如图 2-27 所示。在工具栏"曲线规则"下拉列表中选择"单条曲线"，设置"选择曲线"为图 2-27 所示曲线，设置"指定矢量"为-ZC，"开始距离"设为 0，"结束距离"设为 12，"布尔"操作选择"无"，单击"应用"，完成工具平台的建模。

（3）在"拉伸"对话框中，设置"选择曲线"为图 2-28 所示的草图曲线，设

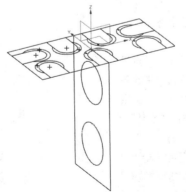
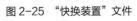

图 2-25 "快换装置"文件

图 2-26 "显示和隐藏"对话框

置"指定矢量"为-ZC，"开始距离"设为 0，"结束距离"设为 12，"布尔"操作选择"减去"，单击"确定"。

📖 注意

当曲线有重叠部分时，可将鼠标指针移动到曲线上，当出现类似 3 个并列小方框时，单击小方框弹出"快速选取"对话框，可在其中选择所需曲线。

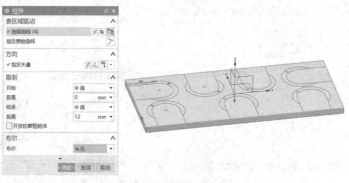

图 2-27　拉伸工具放置平台

图 2-28　拉伸草图创建实体（1）

（4）单击"菜单"→"插入"→"设计特征"→"圆柱"，弹出"圆柱体"对话框，设置"指定矢量"为-ZC，设置"指定点"为图 2-29 所示的圆心，"直径"设为 80，"高度"设为 4，"布尔"操作选择"减去"，单击"应用"。重复上述操作，创建另外 6 个圆柱。

（5）在"拉伸"对话框中，设置"选择曲线"为图 2-30 所示的圆，设置"指定矢量"为 ZC，"开始距离"设为-4，"结束距离"设为 0，"布尔"操作选择"合并"，单击"确定"，完成定位销的创建。

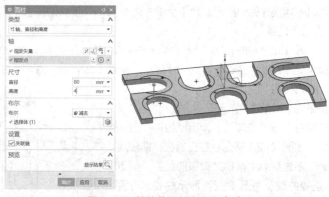

图 2-29　拉伸草图创建实体（2）

（6）按"Ctrl+Shift+U"组合键显示全部对象。单击"拉伸"按钮，弹出"拉伸"对话框，如图 2-31 所示。"曲线规则"选择"自动判断曲线"，设置"选择曲线"为图 2-31 所示的曲线，设置"指定矢量"为 XC，"开始距离"设为 94，"结束距离"设为 106，单击"应用"；重复拉伸操作，设置"指定矢量"为-XC，"开始距离"设为 94，"结束距离"设为 106，单击"确定"。

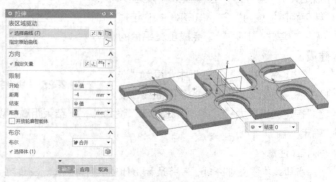

图 2-30　拉伸草图创建定位销

（7）单击"菜单"→"插入"→"设计特征"→"长方体"，弹出"长方体"对话框，如图 2-32 所示。单击"指定点"，打开"点位置"对话框，以绝对坐标系为参考，"XC""YC""ZC"分别设为–120、–100、–392，单击"确定"。将"长方体"对话框中的"长度（XC）""宽度（YC）""高度（ZC）"分别设为240、200、12，单击"确定"完成底板的创建。

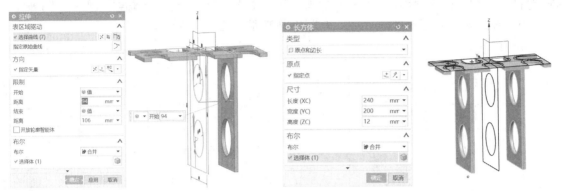

图 2-31　拉伸草图创建支承板　　　　　　　　　图 2-32　创建底板

2.3.3　旋转特征和扫掠特征

旋转操作与拉伸操作类似，不同之处在于旋转操作可使截面曲线绕指定轴回转一个非零角度来创建一个特征。旋转操作可以从一个基本横截面开始，然后生成回转特征或部分回转特征。

沿引导线扫掠与前面介绍的拉伸和旋转类似，也是将一个截面图形沿引导线运动来创造实体特征。此操作允许用户通过沿着由一个或一系列曲线、边或面构成的引导线串（路径）拉伸开放的或封闭的边界草图、曲线、边缘或面来创建单个实体。下面通过实例来介绍旋转特征和扫掠特征的创建方法及流程。

视频：例 2-6 操作步骤

【例 2-6】使用 NX 软件的"旋转特征""扫掠特征"工具，创建图 2-33 所示的水杯三维模型。

操作步骤如下。

（1）新建模型文件，将其命名为"水杯"。单击"菜单"→"插入"→"在任务环境中绘制草图"，弹出"创建草图"对话框，选择基准坐标系的 *xz* 平面作为工作平面，单击"确定"，进入"草图"工作界面。单击"轮廓"，以（42，0）为起点，绘制长度为 42 的水平线段、长度为 200 的竖直线段和长度为 80 的水平线段。单击"圆弧"按钮，再分别单击长度为 80 和 42 的两水平线段的右端点，"半径"设为 550，按回车键后调整鼠标指针位置，单击，效果如图 2-34 所示。

（2）单击"点"按钮＋，单击"点对话框"按钮，输入绝对坐标（60，0，170），单击"确定"。重复绘制点操作，输入绝对坐标（120，0，80），单击"确定"。重复绘制点操作，输入绝对坐标（42.1，0，31.3），单击"确定"，单击"关闭"，如图 2-34 所示。

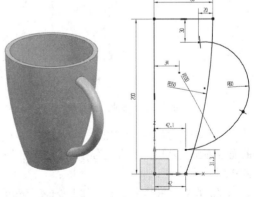

图 2-33　水杯三维模型

（3）单击"圆弧"按钮，分别单击坐标为（60，0，170）和（120，0，80）的两个点，"半径"设为60，按回车键，单击绘制圆弧。重复创建圆弧操作，分别单击坐标为（42.1，0，31.3）和（120，0，80）

的两个点，"半径"设为100，按回车键，单击绘制圆弧，如图2-35所示，单击"完成草图"，退出草图绘制环境。

（4）单击"菜单"→"插入"→"在任务环境中绘制草图"，弹出"创建草图"对话框，如图2-36所示。"草图类型"选择"基于路径"，然后单击步骤（3）创建的圆弧，单击"确定"，进入草图绘制环境。单击"椭圆"按钮 ⊙ ，弹出"椭圆"对话框，如图2-37所示，"指定点"设为原点，"大半径"设为8，"小半径"设为10，单击"确定"，完成椭圆的绘制，单击"完成草图"，退出草图绘制环境。

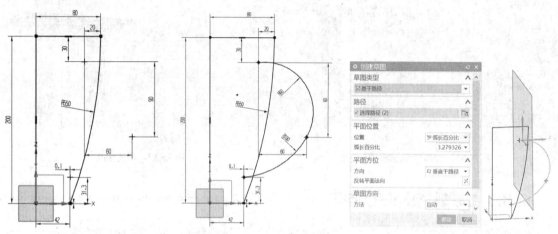

图2-34 绘制直线段、圆弧及点　　　图2-35 绘制圆弧　　　图2-36 "创建草图"对话框

（5）单击"旋转"按钮 🔩 ，或单击"菜单"→"插入"→"设计特征"→"旋转"，弹出"旋转"对话框。设置"选择曲线"为图2-38所示的曲线，"旋转轴"设为竖直边，"开始角度"设为0，"结束角度"设为360，单击"确定"，完成杯体的建模。

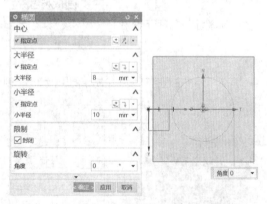

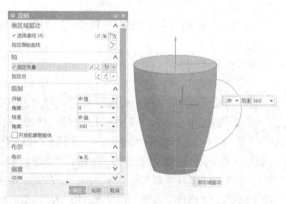

图2-37 "椭圆"对话框　　　　　　　图2-38 "旋转"对话框

（6）单击"菜单"→"插入"→"扫掠"→"扫掠"，弹出"扫掠"对话框，如图2-39所示。设置截面曲线为椭圆，设置引导线曲线为两圆弧，单击"确定"，完成杯柄的建模。单击"合并"，将杯体和杯柄进行合并。

（7）单击"抽壳"按钮 🗔 ，弹出"抽壳"对话框，如图2-40所示。"类型"选择"移除面，然后抽壳"，设置"选择面"为杯体上表面，"厚度"设为6，单击"确定"，完成水杯的创建。

图 2-39 "扫掠"对话框

图 2-40 "抽壳"对话框

2.3.4 特征操作、特征变换和尺寸测量

特征操作是对已创建的特征模型进行局部修改，从而对模型进行细化，即在已创建的特征模型的基础上增加一些细节的表现，这些增加的细节也称为细节特征。常用的特征操作有倒圆角、倒斜角、打孔、拔模、镜像、阵列、螺纹、凸台、抽壳等。

特征变换是指对特征进行缩放、修剪、拆分、镜像、阵列、抽取等操作，灵活运用上述特征变换可大大简化复杂实体的三维建模。

NX 提供的测量工具可对简单距离、简单角度和局部半径进行测试、分析。下面通过实例来具体介绍特征操作、特征变换和尺寸测量。

【例 2-7】使用 NX 软件的"特征创建""特征操作"和"特征变换"工具，创建图 2-41 所示的法兰三维模型。

视频：例 2-7 操作步骤

操作步骤如下。

（1）新建模型文件，将其命名为"法兰"。单击"菜单"→"插入"→"设计特征"→"圆柱"，弹出"圆柱"对话框。设置"指定矢量"为 ZC，设置"指定点"为原点，"直径"设为 40，"高度"设为 15，"布尔操作"选择"无"，单击"应用"。重复创建圆柱，"直径"设为 20，"高度"设为 15，"布尔操作"选择"减去"，单击"确定"，结果如图 2-42 所示。

（2）单击"倒斜角"按钮，或单击"菜单"→"插入"→"细节特征"→"倒斜角"，弹出"倒斜角"对话框。设置"选择边"为图 2-43 所示的曲线，"距离"设为 5，单击"确定"，完成倒斜角操作。

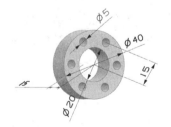  

图 2-41 法兰三维模型 　　图 2-42 创建圆柱体 　　图 2-43 "倒斜角"对话框

（3）按"Ctrl+Z"组合键，撤销倒斜角操作。单击"边倒圆"按钮，或单击"菜单"→"插入"→"细节特征"→"边倒圆"，弹出"边倒圆"对话框。设置"选择边"为图 2-44 所示曲线，"半径 1"设为 5，单击"确定"，完成边倒圆操作。

（4）单击"拔模"按钮，或单击"菜单"→"插入"→"细节特征"→"拔模"，弹出"拔模"对话框，如图 2-45 所示，"类型"选择"面"，设置"指定矢量"为 ZC，设置"选择固定面"为圆柱底面，"角度

"1"设为10，单击"确定"，完成拔模操作。

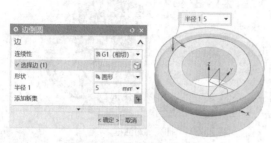

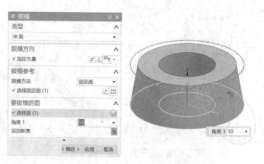

图2-44 "边倒圆"对话框　　　　　　　　图2-45 "拔模"对话框

（5）按"Ctrl+Z"组合键，撤销拔模操作。单击"螺纹刀"按钮或单击"菜单"→"插入"→"设计特征"→"螺纹"，弹出"螺纹切削"对话框，如图2-46所示。"螺纹类型"选择"详细"，然后单击圆柱内表面，这里采用系统自动设置的参数，单击"确定"，完成螺纹的创建。

（6）按"Ctrl+Z"组合键，撤销螺纹操作。单击"菜单"→"插入"→"基准/点"→"点"，弹出"点"对话框，如图2-47所示。"类型"选择"两点之间"，在"指定点1"右侧下拉列表中选择"象限点"，单击圆柱上表面外边；在"指定点2"右侧下拉列表中选择"象限点"，单击圆柱上表面内边，单击"确定"，插入一个基准点。

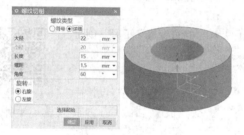

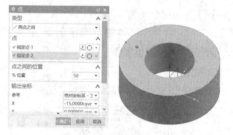

图2-46 "螺纹切削"对话框　　　　　　　图2-47 "点"对话框

（7）单击"孔"按钮，或单击"菜单"→"插入"→"设计特征"→"孔"，弹出"孔"对话框，如图2-48所示。设置"指定点"为步骤（6）创建的点，"直径"设为5，"深度"设为50，单击"确定"，完成孔的创建。

（8）单击"镜像特征"按钮，或单击"菜单"→"插入"→"关联复制"→"镜像特征"，弹出"镜像特征"对话框，如图2-49所示。设置"选择特征"为步骤（7）设置的孔，设置"选择平面"为基准坐标系的 yz 平面，单击"确定"，完成镜像特征操作。

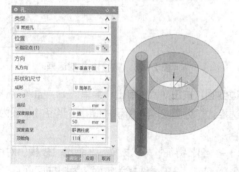

图2-48 "孔"对话框　　　　　　　　图2-49 "镜像特征"对话框

（9）按"Ctrl+Z"组合键，撤销镜像特征操作。单击"菜单"→"插入"→"关联复制"→"阵列特征"，弹出"阵列特征"对话框，如图 2-50 所示。设置"选择特征"为孔，设置"布局"为"圆形"，设置"指定矢量"为 ZC，设置"指定点"为圆柱底面圆心，"数量"设为 6，"节距角"设为 60，单击"确定"，完成阵列特征操作。

（10）单击"缩放体"按钮 🗖，或单击"菜单"→"插入"→"偏置/缩放"→"缩放体"，弹出"缩放体"对话框，如图 2-51 所示。设置"选择体"为圆柱体，设置"指定点"为圆柱底面圆心，"比例因子"设为 0.5，单击"确定"，完成缩放操作。

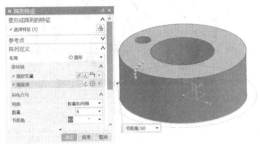

图 2-50 "阵列特征"对话框　　　　　　　　图 2-51 "缩放体"对话框

（11）按"Ctrl+Z"组合键，撤销缩放操作。单击"修剪体"按钮 🗖，或单击"菜单"→"插入"→"修剪"→"修剪体"，弹出"修剪体"对话框，如图 2-52 所示。设置"选择体"为圆柱体，设置"选择面或平面"为基准坐标系的 yz 平面，可根据需要选择是否单击"反向"按钮 ✕，单击"确定"，完成修剪操作。

（12）按"Ctrl+Z"组合键，撤销修剪操作。单击"拆分体"按钮 🗖，或单击"菜单"→"插入"→"修剪"→"拆分体"，弹出"拆分体"对话框，如图 2-53 所示。设置"选择体"为圆柱体，设置"选择面或平面"为基准坐标系的 yz 平面，单击"确定"，完成拆分操作。

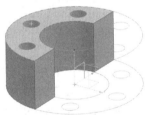

图 2-52 "修剪体"对话框　　　　　　　　图 2-53 "拆分体"对话框

（13）按"Ctrl+Z"组合键，撤销拆分操作。单击"菜单"→"插入"→"关联复制"→"抽取几何特征"，弹出"抽取几何特征"对话框，如图 2-54 所示。"类型"选择"面"（或"复合曲线"），单击选中圆柱侧面（或侧面曲线），单击"确定"，完成抽取操作。

（14）单击"加厚"按钮 🗖，或单击"菜单"→"插入"→"偏置/缩放"→"加厚"，弹出"加厚"对话框，如图 2-55 所示。设置"选择面"为刚才步骤（13）抽取的圆柱面，"偏置 1"设为 2.5，单击"确定"，完成加厚操作。

图 2-54 "抽取几何特征"对话框　　　　　　图 2-55 "加厚"对话框

（15）按"Ctrl+Z"组合键，撤销加厚和抽取操作。单击"简单距离"按钮 ✐，弹出"简单距离"对话框，如图 2-56 所示。选择两点，工作界面中则会显示距离值。单击"局部半径"按钮，弹出"局部半径分析"对话框，如图 2-57 所示，选择圆边上一点，则该对话框中将显示半径分析数据值。

图 2-56 "简单距离"对话框

图 2-57 "局部半径分析"对话框

知识 2.4 组件装配

2.4.1 装配概述

1. 装配的概念

NX 装配是在装配中建立零件、部件间的连接关系。它将为零件文件和子装配文件提供装配建模。装配中相关的术语、基本概念如下。

（1）装配：装配部件和子装配的集合，在装配中建立部件之间的连接功能。

（2）装配部件：由零件和子装配构成的部件。NX 中任何一个扩展名为".prt"的文件都可以作为装配部件。子装配也可以作为装配部件添加到装配中去。

（3）子装配：高一级别装配中被用作装配部件（组件）的装配，子装配是一个相对概念，任何一个装配部件都可以在更高级的装配中被用作子装配。

（4）单个零件：在装配外存在的零件几何模型，它可以添加到任何一个装配中去，但它本身不能含有下级组件。

（5）组件对象和组件：组件对象是一个从装配部件连接到部件主模型的指针实体，一个组件对象记录的信息有部件名称、图层、颜色、线型、线宽、引用集和配对条件等；组件是装配中组件对象所指的部件，组件可以是单个部件（零件），也可以是一个子装配。

2. 装配导航器

"装配导航器"也称装配导航工具，它可以在一个单独窗口中以图形的方式装配结构，又称"装配树"。在 NX 装配环境中，单击资源条中的"装配导航器"按钮 ，可以打开"装配导航器"选项组。通过"装配导航器"，用户可以清楚地观察装配体、子装配、部件和组件之间的关系。例如，用户可以在"装配导航器"中选择组件、选择需要显示的部件和工作部件等。

2.4.2 装配约束

为了在装配件中实现对组件的参数化定位、确定组件在装配部件中的相对位置，在装配过程中，通常采用装配约束的定位方式来指定组件之间的位置关系。装配约束由一个或一组配对约束组成，规定了组件之间通过一定的约束关系装配在一起。装配约束有"接触对齐""同心""距离"等多种类型，下面通过实例来介绍使用常用装配约束的具体方法和流程。

【例 2-8】使用 NX 软件中的"添加组件""装配约束"等工具，装配例 2-4 的零件。操作步骤如下。

视频：例 2-8 操作
步骤

（1）新建装配文件，如图2-58（a）所示，将其命名为"监视系统-装配"。单击"确定"，弹出"添加组件"对话框，如图2-58（b）所示。单击"打开"按钮，选择模型文件"监视系统-框架1"，"放置"方法选择"移动"，单击"确定"，单击"是"，完成"框架1"的装配。

（a）新建装配文件　　　　　　　　　　　　　（b）"添加组件"对话框

图2-58　装配"框架1"

（2）单击"添加"按钮，或单击"菜单"→"装配"→"组件"→"添加组件"，弹出"添加组件"对话框。单击"打开"按钮。选择模型文件"监视系统-框架2"，"放置"方法选择"约束"，"约束类型"选择"接触对齐"，"方位"选择"首选接触"，单击"选择两个对象"，如图2-59（a）所示，分别单击"框架1"的顶面①和"框架2"的底面②，完成"框架2"的第1步装配约束设置；"约束类型"选择"距离"，单击"选择两个对象"，如图2-59（b）所示，设置"选择两个对象"分别为"框架1"的左侧面①和"框架2"的左侧面②，"距离"设为83，单击"确定"，完成"框架2"的第1次装配。单击"添加"按钮，弹出"添加组件"对话框，单击"打开"按钮。选择模型文件"监视系统-框架2"，"放置"方法选择"约束"，"约束类型"选择"距离"，单击"选择两个对象"，如图2-59（c）所示，设置"选择两个对象"分别为"框架1"的右侧面①和"框架2"的右侧面②，"距离"设为83，单击"确定"，完成"框架2"的第2次装配。

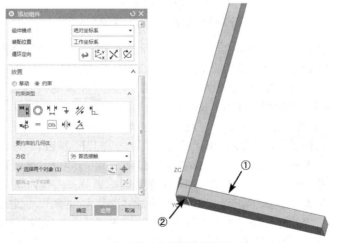

（a）第1步首选接触约束

图2-59　装配"框架2"

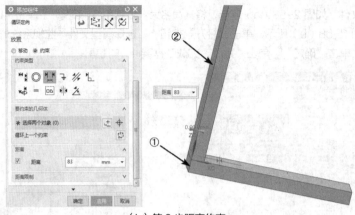

（b）第2步距离约束

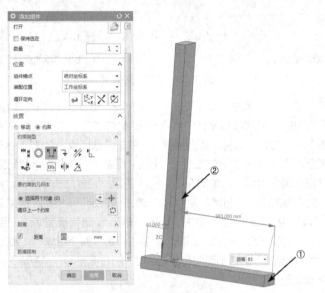

（c）再次装配"框架2"

图2-59　装配"框架2"（续）

（3）单击"添加"按钮，弹出"添加组件"对话框，单击"打开"按钮。选择模型文件"监视系统-框架3"，"放置"方法选择"约束"，"约束类型"选择"接触对齐"，"方位"选择"对齐"，单击"选择两个对象"，如图2-60（a）所示，分别单击"框架3"的顶面①和"框架2"的顶面②，完成"框架3"的第1步装配约束设置；"约束类型"选择"距离"，单击"选择两个对象"，如图2-60（b）所示，"选择两个对象"分别为"框架3"的右侧面①和"框架2"的右侧面②，"距离"设为-40，单击"确定"，完成"框架3"的装配。

（4）单击"添加"按钮，弹出"添加组件"对话框，单击"打开"按钮。选择模型文件"监视系统-监视器1"，"放置"方法选择"约束"，"约束类型"选择"距离"，单击"选择两个对象"，如图2-61（a）所示，分别单击"监视器1"的顶面①和"框架1"的顶面②，"距离"设为320，再次单击约束类型中的"距离"，完成"监视器1"的第1步装配约束设置；单击"选择两个对象"，如图2-61（b）所示，设置"选择两个对象"分别为"监视器1"的右侧面①和"框架2"的右侧面②，"距离"设为195，单击约束类型中的"接触对齐"，完成"监视器1"的第2步装配约束设置；"方位"选择"首选接触"，单击"选择两个对象"，如图2-61（c）所示，设置"选择两个对象"分别为"监视器1"的背面①和"框架2"的正面②，单击"确定"，完成"监视器1"的装配。

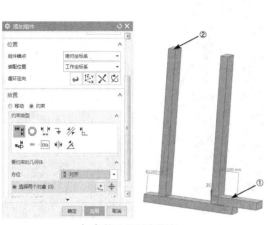
（a）第 1 步对齐约束

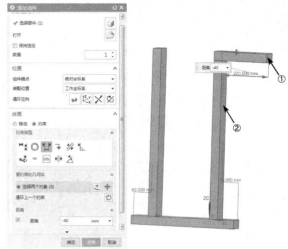
（b）第 2 步距离约束

图 2-60　装配"框架 3"

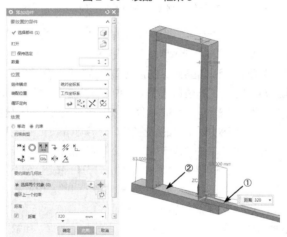
（a）第 1 步距离约束

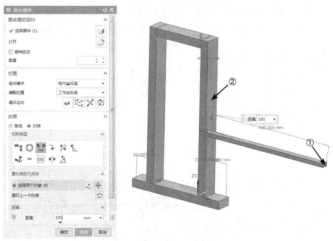
（b）第 2 步距离约束

图 2-61　装配"监视器 1"

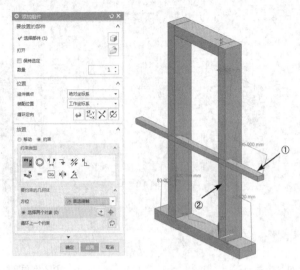

（c）第3步首选接触约束

图2-61　装配"监视器1"（续）

（5）单击"添加"按钮，弹出"添加组件"对话框，单击"打开"按钮。选择模型文件"监视系统-监视器2"，"放置"方法选择"约束"，"约束类型"选择"距离"，单击"选择两个对象"，如图2-62（a）所示，分别单击"监视器2"的顶面①和"框架3"的顶面②，"距离"设为60，再次单击约束类型中的"接触对齐"，完成第1步装配约束设置；"方位"选择"对齐"，单击"选择两个对象"，如图2-62（b）所示，设置"选择两个对象"分别为"监视器2"的右侧面①和"监视器1"的右侧面②，单击"对齐"，完成第2步装配约束设置；单击"选择两个对象"，如图2-62（c）所示，设置"选择两个对象"分别为"监视器2"的正面①和"监视器1"的正面②，单击"确定"，完成"监视器2"的装配。

（6）单击"添加"按钮，弹出"添加组件"对话框，单击"打开"按钮。选择模型文件"监视系统-监视器3"，"放置"方法选择"约束"，"约束类型"选择"接触对齐"，"方位"选择"对齐"，单击"选择两个对象"，如图2-63（a）所示，分别单击"监视器3"的左侧面①和"监视器2"的左侧面②，单击约束类型中的"接触对齐"，完成"监视器3"的第1步装配约束设置；"方位"选择"接触"，单击"选择两个对象"，如图2-63（b）所示，"选择两个对象"分别为"监视器2"的底面①和"监视器3"的顶面②，单击约束类型中的"接触对齐"，完成"监视器3"的第2步装配约束设置；单击"选择两个对象"，如图2-63（c）所示，设置"选择两个对象"分别为"监视器2"的正面①和"监视器3"的正面②，单击"确定"，完成"监视器3"的装配。

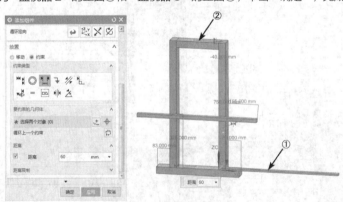

（a）第1步距离约束

图2-62　装配"监视器2"

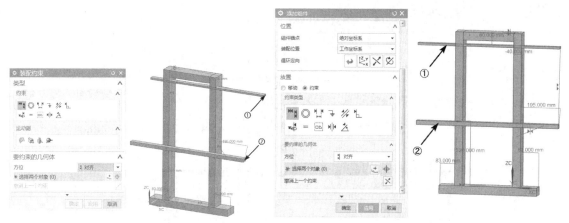

（b）第 2 步对齐约束　　　　　　　　　　　　　（c）第 3 步对齐约束

图 2-62　装配"监视器 2"（续）

（7）单击"添加"按钮，弹出"添加组件"对话框，单击"打开"按钮。选择模型文件"监视系统-监视器 3"，"放置"方法选择"约束"，"约束类型"选择"接触对齐"，"方位"选择"对齐"，单击"选择两个对象"，如图 2-64（a）所示，分别单击"监视器 2"的右侧面①和"监视器 3"的右侧面②，单击约束类型中的"接触对齐"，完成"监视器 3"的第 1 步（第 2 次）装配约束设置；"方位"选择"接触"，单击"选择两个对象"，如图 2-64（b）所示，设置"选择两个对象"分别为"监视器 3"的顶面①和"监视器 2"的底面②，单击"确定"，完成"监视器 3"的第 2 次装配。

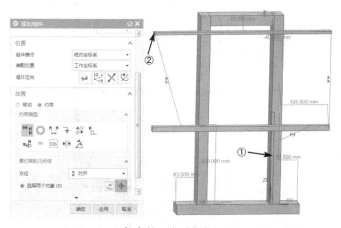

（a）第 1 步对齐约束

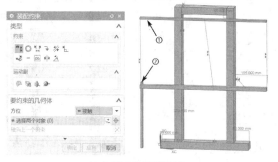

（b）第 2 步接触约束

图 2-63　装配"监视器 3"

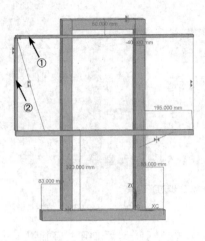

（c）第 3 步对齐约束

图 2-63　装配"监视器 3"（续）

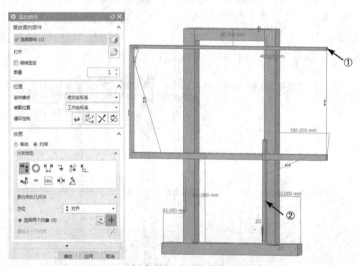

（a）第 1 步对齐约束

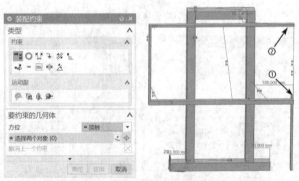

（b）第 2 步接触约束

图 2-64　第 2 次装配"监视器 3"

（8）单击"添加"按钮，弹出"添加组件"对话框，单击"打开"按钮。选择模型文件"监视系统–监视器 4"，"放置"方法选择"约束"，"约束类型"选择"接触对齐"，"方位"选择"接触"，单击"选择两个对象"，如图 2-65（a）所示，分别单击"监视器 3"的顶面右侧边①和"监视器 4"的顶面左侧边②，单击约束类型中的"接触对齐"，完成"监视器 4"的第 1 步装配约束设置；单击"选择两个对象"，如图 2-65（b）所示，"方位"选择"对齐"，单击"选择两个对象"，设置"选择两个对象"分别为"监视器 2"的背面①和"监视器 4"的背面②，单击"确定"，完成"监视器 4"的装配。

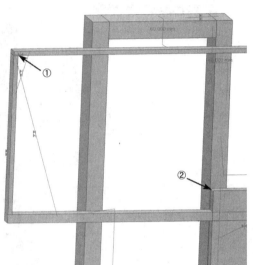

（a）第 1 步接触约束

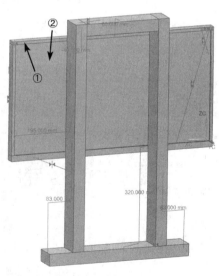

（b）第 2 步对齐约束

图 2-65　装配"监视器 4"

（9）单击"添加"按钮，弹出"添加组件"对话框，单击"打开"按钮，选择模型文件"监视系统–报警灯1"，"放置"方法选择"约束"，"约束类型"选择"距离"，单击"选择两个对象"，如图2-66（a）所示，分别单击"框架3"的顶面①和"报警灯1"的顶面②，"距离"设为-10，单击约束类型中的"距离"，完成"报警灯1"的第1步装配约束设置；单击"选择两个对象"，如图2-66（b）所示，将鼠标指针移动到"报警灯1"的圆柱体上，等待出现中心轴后，单击中心轴①作为第一个对象，并单击"框架3"顶面右侧边②作为第二个对象，"距离"设为35，单击约束类型中的"距离"，完成"报警灯1"的第2步装配约束设置；单击"选择两个对象"，如图2-66（c）所示，将鼠标指针移动到"报警灯1"的圆柱体上，等待出现中心轴后，单击中心轴①作为第一个对象，并单击"框架3"顶面后侧边②作为第二个对象，"距离"设为40，单击"确定"，完成"报警灯1"的装配。

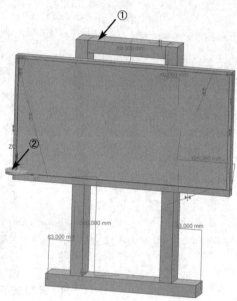

（a）第1步距离约束

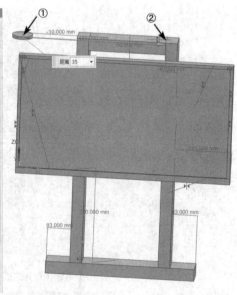

（b）第2步距离约束

图2-66 装配"报警灯1"

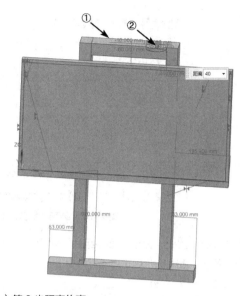

（c）第 3 步距离约束

图 2-66　装配"报警灯 1"（续）

（10）单击"添加"按钮，弹出"添加组件"对话框，单击"打开"按钮。选择模型"监视系统-报警灯 2"，
"放置"方法选择"约束"，"约束类型"选择"接触对齐"，"方位"选择"对齐"，单击"选择两个对象"，
如图 2-67（a）所示，将鼠标指针移到"报警灯 1"的圆柱体上，等待出现中心轴后，单击中心轴①作为第 1
个对象，将鼠标指针移到"报警灯 2"的圆柱体上，等待出现中心轴后，单击中心轴②作为第 2 个对象，单
击约束类型"接触对齐"，完成第 1 步装配约束设置；"方位"选择"接触"，单击"选择两个对象"，如
图 2-67（b）所示，单击"报警灯 1"的顶面①和"报警灯 2"的底面②，单击"确定"，完成"报警灯 2"
的装配。

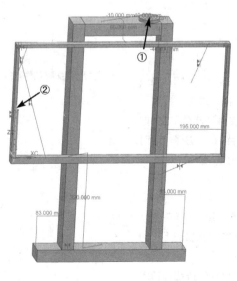

（a）第 1 步对齐约束

图 2-67　装配"报警灯 2"

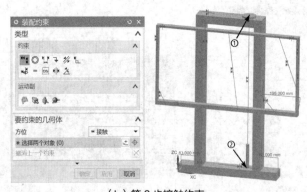

（b）第 2 步接触约束

图 2-67　装配"报警灯 2"（续）

（11）单击"添加"按钮，弹出"添加组件"对话框，单击"打开"按钮。选择模型文件"监视系统-报警灯 3"，"组件锚点"选择"绝对坐标系"，"装配位置"选择"对齐"，如图 2-68 所示，手动拖动"报警灯 3"到"报警灯 2"的顶面圆中心位置，单击鼠标左键，单击"确定"，完成"报警灯 3"的装配。

（12）单击"添加"按钮，弹出"添加组件"对话框，单击"打开"按钮。选择模型文件"监视系统-报警灯 4"，"组件锚点"选择"绝对坐标系"，"装配位置"选择"对齐"，单击"选择对象"，如图 2-69 所示，手动拖动"报警灯 4"到"报警灯 3"的顶面圆中心位置，单击鼠标左键，单击"确定"，完成"报警灯 4"的装配。

（13）单击"添加"按钮，弹出"添加组件"对话框，单击"打开"按钮。选择模型文件"监视系统-报警灯 5"，"组件锚点"选择"绝对坐标系"，"装配位置"选择"对齐"，单击"选择对象"，如图 2-70 所示，手动拖动"报警灯 5"到"报警灯 4"的顶面圆中心位置，单击鼠标左键，单击"确定"，完成"报警灯 5"的装配。

（14）单击"添加"按钮，弹出"添加组件"对话框，单击"打开"

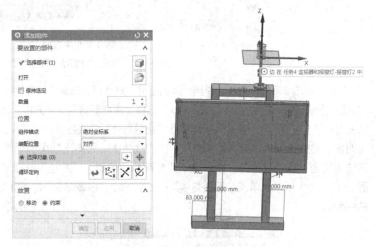

图 2-68　装配"报警灯 3"

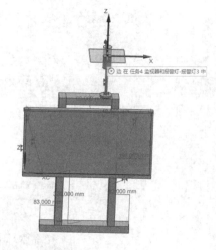

图 2-69　装配"报警灯 4"

按钮。选择模型文件"监视系统-报警灯 4"，"组件锚点"选择"绝对坐标系"，"装配位置"选择"对齐"，单击"选择对象",如图 2-71 所示,手动拖动"报警灯 4"到"报警灯 5"的顶面圆中心位置,单击鼠标左键,单击"确定",完成"报警灯 4"的第 2 次装配。

（15）单击"添加"按钮,弹出"添加组件"对话框,单击"打开"按钮。选择模型文件"监视系统-报警灯 5","组件锚点"选择"绝对坐标系","装配位置"选择"对齐",单击"选择对象",如图 2-72 所示,手动拖动"报警灯 5"到第 2 次装配的"报警灯 4"的顶面圆中心位置,单击鼠标左键,单击"确定",完成"报警灯 5"的第 2 次装配。

图 2-70　装配"报警灯 5"

（16）单击"添加"按钮,弹出"添加组件"对话框,单击"打开"按钮。选择模型文件"监视系统-报警灯 6","组件锚点"选择"绝对坐标系","装配位置"选择"对齐",单击"选择对象",如图 2-73 所示,手动拖动"报警灯 6"到第 2 次装配的"报警灯 5"的顶面圆中心位置,单击鼠标左键,单击"确定",完成"报警灯 6"的装配。

（17）单击"添加"按钮,弹出"添加组件"对话框,单击"打开"按钮,选择模型文件"监视系统-报警灯 7","组件锚点"选择"绝对坐标系","装配位置"选

图 2-71　第 2 次装配"报警灯 4"

择"对齐",单击"选择对象",如图 2-74 所示,手动拖动"报警灯 7"到"报警灯 6"的顶面圆中心位置,然后单击"确定",完成"报警灯 7"的装配。

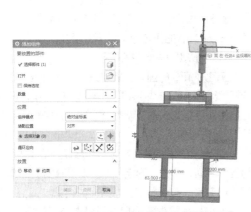

图 2-72　第 2 次装配"报警灯 5"

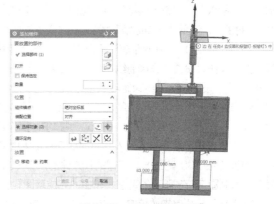

图 2-73　装配"报警灯 6"

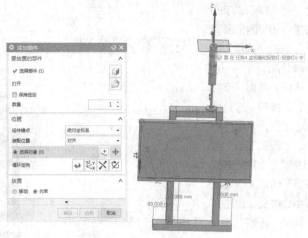

图 2-74　装配"报警灯 7"

【项目实施】

任务 2.1　工业机器人（ABB IRB120）本体建模

2.1.1　IRB120 机器人 1 轴底座

【例 2-9】创建图 2-75 所示的工业机器人 1 轴底座。

操作步骤如下。

（1）新建模型文件，将其命名为"ABB120-底座（1 轴）"。单击"菜单"→"插入"→"在任务环境中绘制草图"，弹出"创建草图"对话框，选择 xy 平面为工作平面，单击"确定"，进入"草图"工作界面，绘制图 2-76 所示的草图，单击"完成草图"，退出草图绘制环境。

视频：例 2-9 操作
步骤

图 2-75　工业机器人 1 轴底座

（2）在工具栏单击"拉伸"按钮，或单击"菜单"→"插入"→"设计特征"→"拉伸"，均可打开"拉伸"对话框。如图 2-77 所示，"曲线规则"选择"单条曲线"，设置"选择曲线"为步骤（1）绘制的草图曲线中边长为 180 的正方形（含 R10 圆角），"指定矢量"设为-ZC，"开始距离"设为 150，"结束距离"设为 164，"布尔"操作选择"无"，单击"应用"。重复拉伸操作，设置"选择曲线"为步骤（1）绘制的草图曲线中直径为 180 的圆，"指定矢量"设为-ZC，"开始距离"设为 0，"结束距离"设为 150，"布尔"操作选择"无"，单击"应用"。重复拉伸操作，设置"选择曲线"为步骤（1）绘制的草图曲线中边长为 130 的正方形，"指定矢量"设为-ZC，"开始距离"设为 15.5，"结束距离"设为 160.5，"布尔"操作选择"无"，单击"确定"。

（3）单击"菜单"→"插入"→"在任务环境中绘制草图"，弹出"创建草图"对话框，选择步骤（2）中拉伸边长为 130 的正方形获得的长方体的顶部（zc）平面为工作平面，单击"确定"，进入"草图"工作界面，绘制图 2-78 所示的草图，单击"完成草图"，退出草图绘制环境。

（4）在工具栏单击"拉伸"按钮，弹出"拉伸"对话框。"曲线规则"选择"单条曲线"，设置"选择曲线"为图 2-79 所示的曲线，"指定矢量"设为-ZC，"开始距离"设为 0，"结束距离"设为 15，"布尔"操作选择"减去"，单击"确定"。

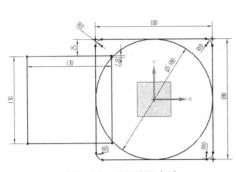

图 2-76　绘制草图（1）

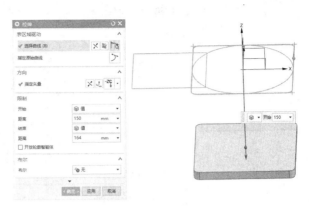

图 2-77　拉伸曲线创建实体（1）

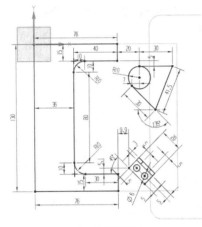

图 2-78　绘制草图（2）

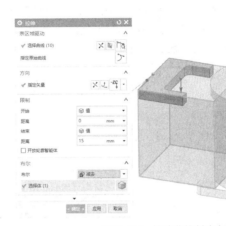

图 2-79　拉伸曲线创建实体（2）

（5）在工具栏单击"拔模"按钮 ，或单击"菜单"→"插入"→"细节特征"→"拔模"，均可打开"拔模"对话框。"指定矢量"设为 ZC，选择图 2-80 所示的固定面和拔模面，"角度 1"设为 10，单击"确定"。

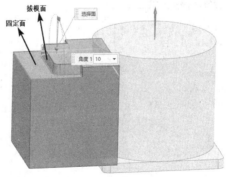

图 2-80　拔模操作

（6）在工具栏单击"拉伸"按钮 ，弹出"拉伸"对话框。"曲线规则"选择"单条曲线"，设置"选择曲线"为图 2-81 所示的曲线，"指定矢量"设为 ZC，"开始距离"设为 0，"结束距离"设为 10，"布尔"操作选择"无"，单击"应用"。

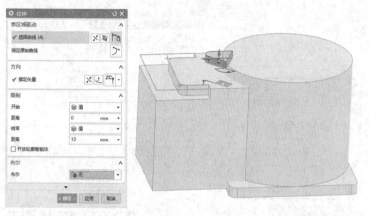

图2-81　拉伸曲线创建实体（3）

（7）重复拉伸操作，设置"选择曲线"为图2-82所示的曲线，"指定矢量"设为ZC，"开始距离"设为0，"结束距离"设为20，"布尔"操作选择"合并"，单击"应用"。

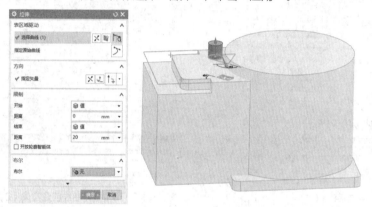

图2-82　拉伸曲线创建实体（4）

（8）重复拉伸操作，设置"选择曲线"为图2-83所示的曲线，"指定矢量"设为ZC，"开始距离"设为0，"结束距离"设为3，"布尔"操作选择"无"，单击"应用"。

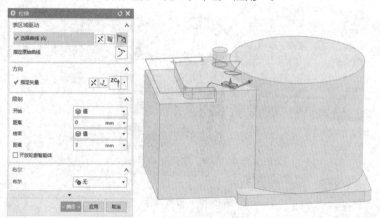

图2-83　拉伸曲线创建实体（5）

（9）重复拉伸操作，设置"选择曲线"为图2-84所示的曲线，"指定矢量"设为ZC，"开始距离"设为0，"结束距离"设为7，"布尔"操作选择"无"，单击"应用"。

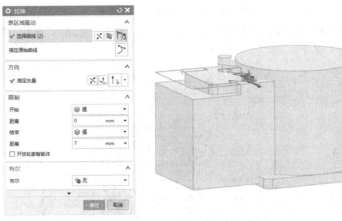

图 2-84　拉伸曲线创建实体（6）

（10）重复拉伸操作，设置"选择曲线"为图 2-85 所示的曲线，"指定矢量"设为 ZC，"开始距离"设为 0，"结束距离"设为 10，"布尔"操作选择"无"，单击"应用"。

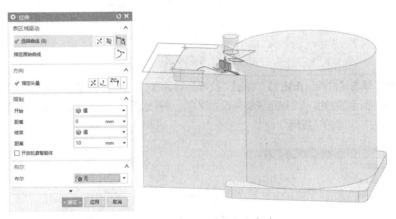

图 2-85　拉伸曲线创建实体（7）

（11）重复拉伸操作，设置"选择曲线"为图 2-86 所示的曲线，"指定矢量"设为 ZC，"开始距离"设为 0，"结束距离"设为 15，"布尔"操作选择"无"，单击"确定"。

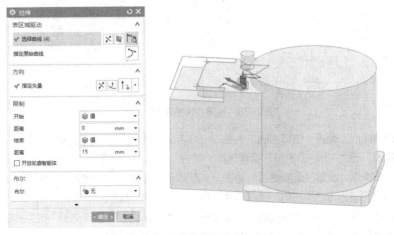

图 2-86　拉伸曲线创建实体（8）

（12）单击"菜单"→"插入"→"在任务环境中绘制草图"，弹出"创建草图"对话框，选择步骤（2）中拉伸的边长为 130 的正方形获得的长方体的左侧面为工作平面，单击"确定"，进入"草图"工作界面，绘制图 2-87 所示的草图。

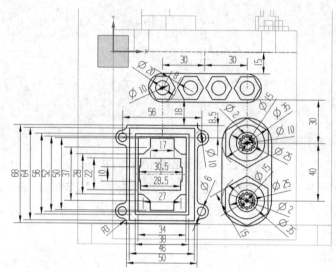

图 2-87 绘制草图（3）

（13）在工具栏单击"拉伸"按钮 ，弹出"拉伸"对话框。"曲线规则"选择"单条曲线"，设置"选择曲线"为图 2-88 所示的曲线，"指定矢量"设为 XC，"开始距离"设为 0，"结束距离"设为 15，"布尔"操作选择"减去"，单击"应用"。

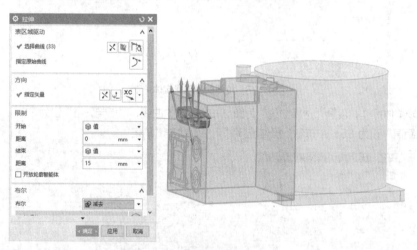

图 2-88 拉伸曲线创建实体（9）

（14）重复拉伸操作，设置"选择曲线"为图 2-89 所示的曲线，"指定矢量"设为 XC，"开始距离"设为 0，"结束距离"设为 15，"布尔"操作选择"减去"，单击"应用"。

（15）重复拉伸操作，设置"选择曲线"为图 2-90 所示的曲线，"指定矢量"设为-XC，"开始距离"设为 0，"结束距离"设为 5，"布尔"操作选择"合并"，单击"应用"。

（16）重复拉伸操作，设置"选择曲线"为图 2-91 所示的曲线，"指定矢量"设为-XC，"开始距离"设为 0，"结束距离"设为 5，"布尔"操作选择"合并"，单击"应用"。

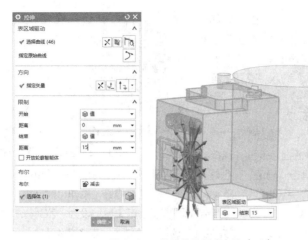

图 2-89　拉伸曲线创建实体（10）

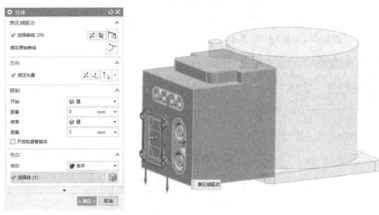

图 2-90　拉伸曲线创建实体（11）

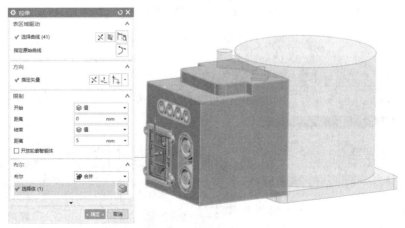

图 2-91　拉伸曲线创建实体（12）

2.1.2　IRB120 机器人 2 轴腰部

【例 2-10】创建图 2-92 所示的工业机器人 2 轴腰部。

操作步骤如下。

（1）新建文件，将其命名为"ABB120-腰部(2轴)"。单击"菜单"→"插入"→"在任务环境中绘制草图"，弹出"创建草图"对话框，选择 xy 平面为工作平面，单击"确定"，进入"草图"工作界面，绘制图 2-93 所示的直径为 215 的圆，单击"完成草图"，退出草图绘制环境。

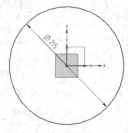

（2）单击"菜单"→"插入"→"曲面"→"有界平面"，弹出"有界平面"对话框，设置"选择曲线"为步骤（1）绘制的圆，单击"确定"，创建一个有界平面。在工具栏单击"拉伸"按钮，或单击"菜单"→"插入"→"设计特征"→"拉伸"，均可打开"拉伸"对话框。如图 2-94 所示，设置"选择曲线"为步骤（1）绘制的圆，"指定矢量"设为"ZC"，"开始距离"设为 0，"结束距离"设为 25，"体类型"选择"片体"，单击"确定"。

图 2-92　工业机器人 2 轴腰部　　　图 2-93　绘制草图（1）

视频：例 2-10
操作步骤

（3）单击"菜单"→"插入"→"基准/点"→"基准平面"，弹出"基准平面"对话框，如图 2-95 所示，"类型"选择"按某一距离"，"平面参考"设为 xz 平面，"距离"设为 107.5，单击"确定"，插入一个基准平面。

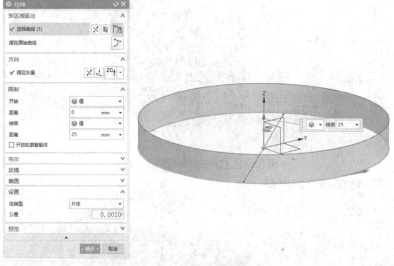

图 2-94　拉伸曲线创建片体

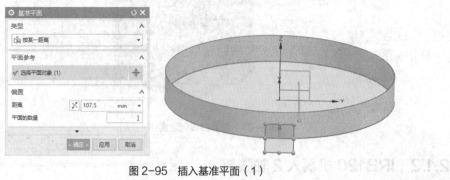

图 2-95　插入基准平面（1）

（4）单击"菜单"→"插入"→"在任务环境中绘制草图"，弹出"创建草图"对话框，选择步骤（3）创建的基准平面为工作平面，单击"确定"，进入"草图"工作界面，绘制图 2-96 所示的草图，单击"完成草图"，退出草图绘制环境。

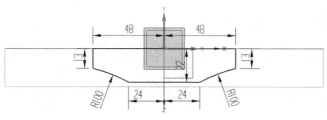

图 2-96　绘制草图（2）

（5）单击"菜单"→"插入"→"派生曲线"→"投影"，弹出"投影曲线"对话框，选择"要投影的曲线或点"为步骤（4）创建的草图，设置"选择对象"为图 2-97 所示的圆柱面，设置"投影方向"中的"指定矢量"为 YC，单击"确定"，完成投影曲线的操作。

图 2-97　投影曲线（1）

（6）单击"菜单"→"插入"→"基准/点"→"基准平面"，弹出"基准平面"对话框，如图 2-98 所示，"类型"选择"按某一距离"，"平面参考"设为 yz 平面，"距离"设为 107.5，单击"确定"，插入一个基准平面。

（7）单击"菜单"→"插入"→"在任务环境中绘制草图"，弹出"创建草图"对话框，选择步骤（6）创建的基准平面为工作平面，单击"确定"，进入"草图"工作界面，绘制图 2-99 所示的草图，单击"完成草图"，退出草图绘制环境。

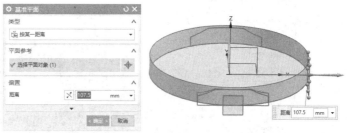

图 2-98　插入基准平面（2）

（8）单击"菜单"→"插入"→"派生曲线"→"投影"，弹出"投影曲线"对话框，选择"要投影的曲线或点"为步骤（7）创建的草图，设置"选择对象"为图 2-100 所示的圆柱面，设置"投影方向"中的"指定矢量"为-XC，单击"确定"。

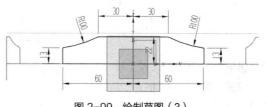

图 2-99　绘制草图（3）

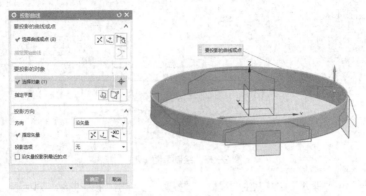

图 2-100　投影曲线（2）

（9）单击"菜单"→"插入"→"曲线"→"直线"，弹出"直线"对话框，选择图 2-101 所示的两个点，单击"确定"，完成空间直线段的插入。

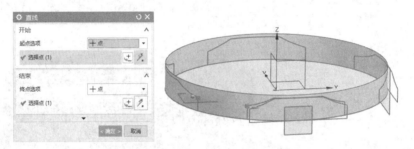

图 2-101　插入空间直线段（1）

（10）单击"菜单"→"插入"→"派生曲线"→"投影"，弹出"投影曲线"对话框，选择"要投影的曲线或点"为步骤（9）创建的空间直线段，设置"选择对象"为图 2-102 所示的圆柱面，设置"投影方向"中的"指定矢量"为-YC，单击"确定"。

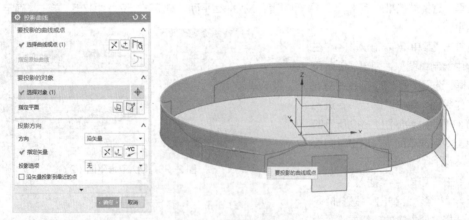

图 2-102　投影曲线（3）

（11）重复步骤（9）和步骤（10）的操作，创建空间直线段及投影曲线，如图 2-103 所示。

（12）单击"菜单"→"格式"→"WCS"→"原点"，弹出"点"对话框，选择图 2-104 所示的点，单击"确定"，完成 WCS 原点的移动。

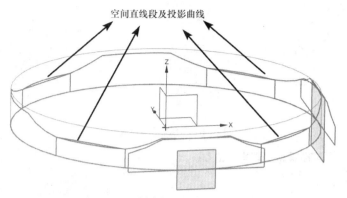

图 2-103　创建空间直线段及投影曲线

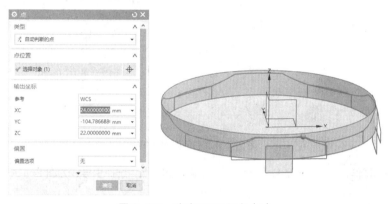

图 2-104　移动 WCS 原点（1）

（13）单击"菜单"→"插入"→"基准/点"→"基准平面"，弹出"基准平面"对话框。"类型"选择"自动判断"，"平面参考"设为 YZ 平面，单击"点对话框"按钮，弹出"点"对话框，如图 2-105 所示，设置"参考"为 WCS 的原点，连续单击"确定"，插入一个基准平面。

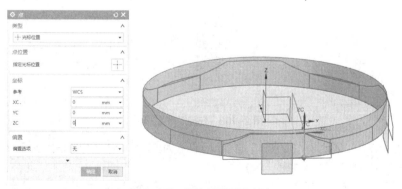

图 2-105　插入基准平面（3）

（14）单击"菜单"→"插入"→"在任务环境中绘制草图"，弹出"创建草图"对话框，选择步骤（13）创建的基准平面为工作平面，单击"确定"，进入"草图"工作界面，绘制图 2-106 所示的草图，单击"完成草图"，退出草图绘制环境。

（15）单击"菜单"→"插入"→"扫掠"→"扫掠"，弹出"扫掠"对话框，"曲线规则"改为"单条曲线"，选择截面曲线为步骤（14）创建的草图，选择引导线为图 2-107 所示的投影曲线，单击"应用"。

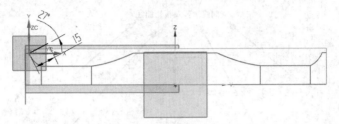

图 2-106　绘制草图（4）

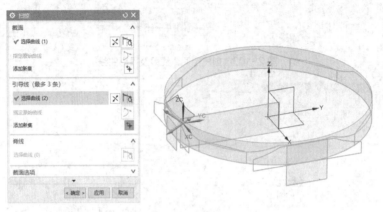

图 2-107　扫掠操作（1）

（16）重复扫掠操作，选择截面曲线为步骤（14）创建的草图，选择引导线为图 2-108 所示的投影曲线，单击"应用"。

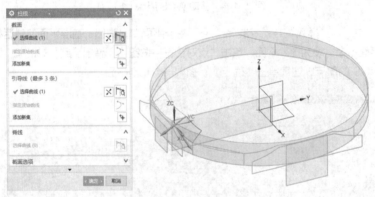

图 2-108　扫掠操作（2）

（17）重复扫掠操作，如图 2-109 所示，选择截面曲线为步骤（15）创建的扫掠曲面-xc 方向的一条边，选择引导线为图 2-109 所示的投影曲线，单击"应用"。

（18）参考步骤（15）、（16）、（17）的扫掠操作，选择不同的截面线和引导线，创建多个曲面，完成后的效果如图 2-110 所示。

（19）单击"菜单"→"插入"→"派生曲线"→"桥接"，弹出"桥接曲线"对话框。分别选择图 2-111 所示的两条边为起始对象和终止对象，单击"确定"，插入桥接曲线。

（20）单击"菜单"→"插入"→"网格曲面"→"通过曲线网格"，弹出"通过曲线网格"对话框。先选择主曲线，选择图 2-112 所示的①号边，单击鼠标中键，再选择②号边，单击鼠标中键，再次单击鼠标中键，切换到交叉曲线选择，选择③号边，单击鼠标中键，选择④号边，单击"确定"。

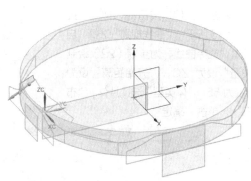

图 2-109　扫掠操作（3）

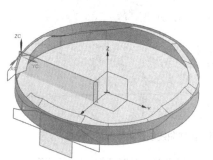

图 2-110　扫掠创建多个曲面

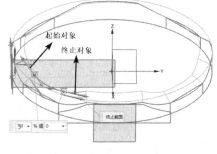

图 2-111　插入桥接曲线

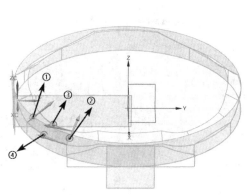

图 2-112　插入网格曲面（1）

（21）单击"菜单"→"插入"→"在任务环境中绘制草图"，弹出"创建草图"对话框，选择步骤（13）创建的基准平面为工作平面，单击"确定"，进入"草图"工作界面，绘制图 2-113 所示的草图，单击"完成草图"，退出草图绘制环境。

（22）单击"菜单"→"插入"→"在任务环境中绘制草图"，弹出"创建草图"对话框，选择 xy 基准平面为工作平面，单击"确定"，进入"草图"工作界面，绘制图 2-114 所示的草图，单击"完成草图"，退出草图绘制环境。

（23）在工具栏单击"拉伸"按钮 ，弹出"拉伸"对话框。如图 2-115 所示，"曲线规则"选择"自动判断曲线"，设置"选择曲线"为步骤（22）绘制的草图，"指定矢量"设为 ZC，"开始距离"设为20，"结束距离"设为55，"体类型"选择片体，"布尔"操作选择"无"，单击"确定"。

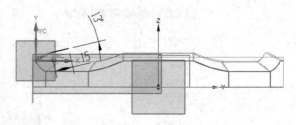

图 2-113　绘制草图（5）

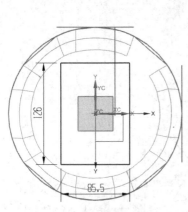

图 2-114　绘制草图（6）

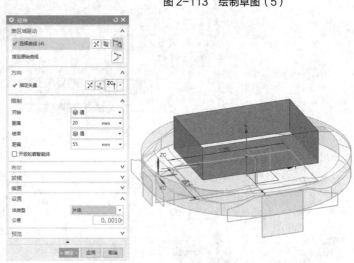

图 2-115　拉伸曲线创建实体

（24）单击"菜单"→"插入"→"派生曲线"→"投影"，弹出"投影曲线"对话框，选择"要投影的曲线或点"为图 2-116 所示的边，设置"选择对象"为步骤（23）拉伸的平面，设置"投影方向"中的"指定矢量"为步骤（21）绘制的草图，单击"确定"。

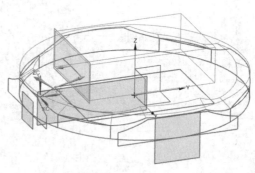

图 2-116　绘制草图（7）

（25）单击"菜单"→"插入"→"曲线"→"直线"，弹出"直线"对话框，选择图 2-117 所示的两个点，单击"确定"，完成空间直线段的插入。

（26）单击"菜单"→"插入"→"派生曲线"→"投影"，弹出"投影曲线"对话框，选择"要投影的曲线或点"为图 2-118 所示的两条边，设置"选择对象"为步骤（23）拉伸的平面，设置"投影方向"中的"指定矢量"为步骤（25）绘制的直线段，单击"确定"。

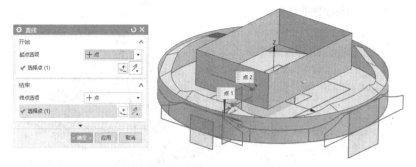

图 2-117　插入空间直线段（2）

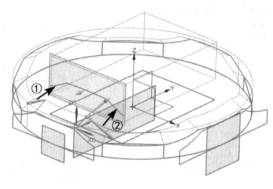

图 2-118　投影曲线（4）

（27）单击"菜单"→"插入"→"基准/点"→"点"，弹出"点"对话框，"类型"选择"交点"，分别选择图 2-119 所示的投影曲线与拉伸片体的竖直边，单击"应用"。重复基准点操作，选择投影曲线与拉伸片体的另一竖直边，单击"确定"，插入两个基准点。

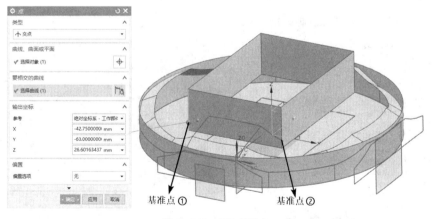

图 2-119　插入基准点

（28）单击"菜单"→"插入"→"曲线"→"直线"，弹出"直线"对话框，选择图 2-120 所示的两个点（①号直线的两个端点），单击"应用"，完成空间直线段②和③的插入。重复操作，插入 3 条空间直线段。

（29）单击"曲线"选项卡下的"修剪曲线"按钮 ，弹出"修剪曲线"对话框，如图 2-121 所示，设置"选择曲线"为投影曲线，设置"选择对象"为步骤（28）创建的空间直线段，完成投影曲线的修剪。

重复上述操作，完成另一投影曲线的修剪。

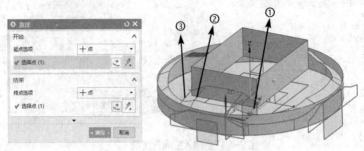

图 2-120　插入空间直线段（3）

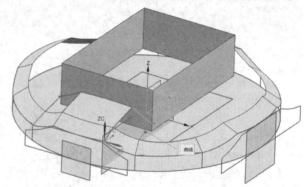

图 2-121　修剪曲线

（30）单击"菜单"→"插入"→"网格曲面"→"通过曲线网格"，弹出"通过曲线网格"对话框。先选择主曲线，选择图 2-122 所示的①号边，单击鼠标中键，再选择②号边，单击鼠标中键，再次单击鼠标中键，切换到交叉曲线选择，选择③号边，单击鼠标中键，选择④号边，单击"应用"。重复上述操作，完成另外两个网格曲面的创建。

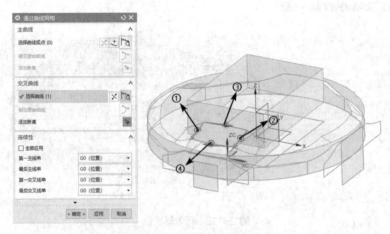

图 2-122　插入网格曲面（2）

（31）单击"菜单"→"插入"→"关联复制"→"阵列特征"，弹出"阵列特征"对话框，设置"选择特征"为步骤（25）绘制的空间直线段，"指定矢量"设为 ZC 方向，其他设置如图 2-123 所示，单击"确定"。

（32）重复投影曲线操作，分别以步骤（31）阵列的各条曲线获得投影曲线②、③、④，如图 2-124 所示。

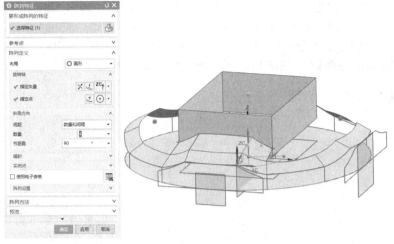

图 2-123 阵列特征

（33）参考步骤（28）、（29）、（30），对投影曲线③进行修剪。如果投影曲线与拉伸实体竖直边不相交，单击"曲线"选项卡下的"曲线长度"按钮，弹出"曲线长度"对话框，如图 2-125 所示，设置相关参数对曲线进行延长。

（34）对步骤（32）创建的投影曲线②、④进行空间直线段的插入。单击"菜单"→"插入"→"曲线"→"直线"，弹出"直线"对话框，选择图 2-126 所示的两个点，单击"应用"，完成空间直线段的插入。重复操作，插入其他空间直线段，最终使得 4 条投影曲线相连。

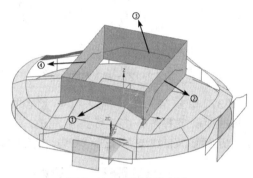

图 2-124 投影曲线（5）

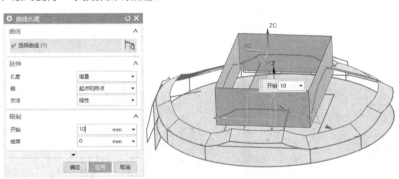

图 2-125 增加曲线长度

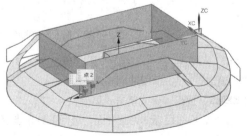

图 2-126 插入空间直线段（4）

63

（35）单击"菜单"→"插入"→"网格曲面"→"通过曲线网格"，弹出"通过曲线网格"对话框。先选择主曲线，选择图 2-127 所示的①号边，单击鼠标中键，再选择②号边，单击鼠标中键，再次单击鼠标中键，切换到交叉曲线选择，选择③号边，单击鼠标中键，选择④号边，单击"应用"。

（36）重复插入网格曲面操作，完成所有网格曲面的创建，如图 2-128 所示。

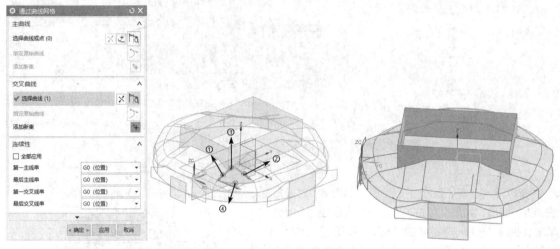

图 2-127　插入网格曲面（3）　　　　　　　图 2-128　插入网格曲面（4）

（37）单击"菜单"→"插入"→"网格曲面"→"通过曲线网格"，弹出"通过曲线网格"对话框。先选择主曲线，选择图 2-129 所示的①号边，单击鼠标中键，再选择②号边，单击鼠标中键，再次单击鼠标中键，切换到交叉曲线选择，选择③号边，单击鼠标中键，选择④号边，单击"确定"。

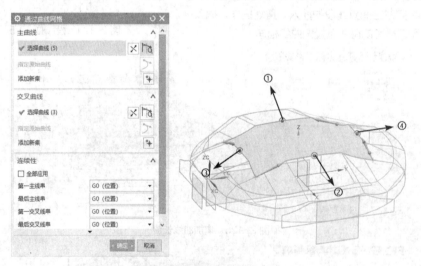

图 2-129　插入网格曲面（5）

（38）单击"菜单"→"插入"→"组合"→"缝合"，弹出"缝合"对话框，如图 2-130 所示，选择所有网格曲面，单击"确定"，完成网格曲面的缝合。

（39）单击"修剪体"按钮，或单击"菜单"→"插入"→"修剪"→"修剪体"，弹出"修剪体"对话框，如图 2-131 所示，设置目标体为圆柱面，选择工具为步骤（38）创建的缝合面，调整修剪方向，单击"确定"，完成修剪操作。

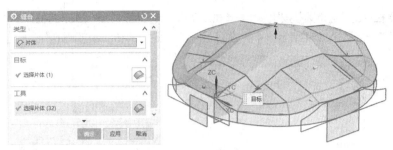

图 2-130　缝合网格曲面

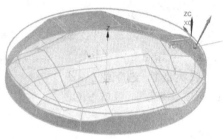

图 2-131　修剪体

（40）单击"菜单"→"插入"→"组合"→"缝合"，弹出"缝合"对话框，如图 2-132 所示，选择步骤（38）创建的缝合面、步骤（39）修剪的圆柱面，以及底部的有界平面，单击"确定"，增大公差，完成曲面的缝合，获得实体。

（41）在工具栏单击"拉伸"按钮，弹出"拉伸"对话框。如图 2-133 所示，选择步骤（22）绘制的草图，"开始距离"设为 10，"结束距离"设为 120，"布尔"操作选择"合并"，单击"确定"，完成拉伸操作。

图 2-132　缝合曲面获得实体

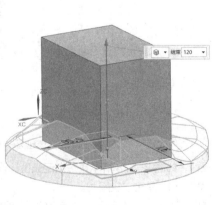

图 2-133　拉伸实体

（42）在工具栏单击"边倒圆"按钮⬙，或单击"菜单"→"插入"→"细节特征"→"边倒圆"，弹出"边倒圆"对话框，选择图 2-134 所示的 4 条边、"半径"设为 12，完成边倒圆操作。

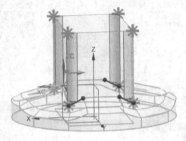

图 2-134　边倒圆

（43）单击"菜单"→"格式"→"WCS"→"原点"，弹出"点"对话框，选择图 2-135 所示的底部圆心点，单击"确定"，完成 WCS 原点的移动。

（44）单击"菜单"→"插入"→"设计特征"→"圆柱"，弹出"圆柱"对话框，如图 2-136 所示，"指定矢量"设为-XC，以相对 WCS 原点的坐标（58，0，120）为"指定点"，"直径"设为 126，"高度"设为 110，"布尔"操作选择"合并"，单击"确定"。

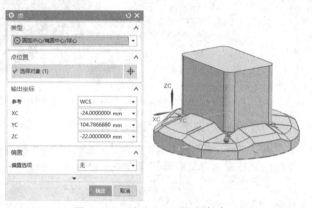

图 2-135　移动 WCS 原点（2）

（45）重复圆柱操作，如图 2-137 所示，"指定矢量"设为-XC，以相对 WCS 原点的坐标（-52，0，120）为"指定点"，"直径"设为 110，"高度"设为 7.5，单击"应用"。

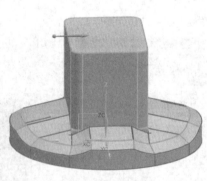

图 2-136　创建圆柱体（1）

（46）重复圆柱操作，如图 2-138 所示，"指定矢量"设为-ZC，"指定点"设为 WCS 原点，"直径"设为 215，"高度"设为 10，单击"应用"。

（47）重复圆柱操作，如图 2-139 所示，"指定矢量"设为-ZC，以相对 WCS 原点的坐标（0，0，-10）为"指定点"，"直径"设为 180，"高度"设为 5，单击"确定"。

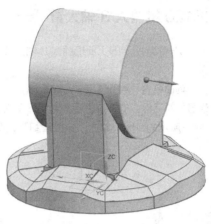

图 2-137　创建圆柱体（2）

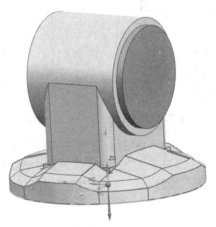

图 2-138　创建圆柱体（3）

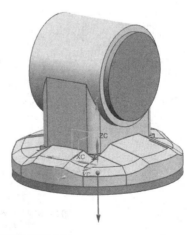

图 2-139　创建圆柱体（4）

2.1.3 IRB120 机器人 3 轴大臂

【例 2-11】创建图 2-140 所示的工业机器人 3 轴大臂。

操作步骤如下。

（1）新建文件，将其命名为"ABB120-大臂(3 轴)"。单击"菜单"→"插入"→"在任务环境中绘制草图"，弹出"创建草图"对话框，选择 yz 平面为工作平面，单击"确定"，进入"草图"工作界面。以原点为圆心，绘制图 2-141 所示的草图，单击"完成草图"，退出草图绘制环境。

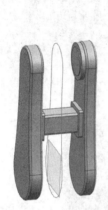

图 2-140 工业机器人 3 轴大臂

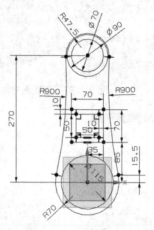

图 2-141 绘制草图

视频：例 2-11
操作步骤

（2）在工具栏单击"拉伸"按钮，或单击"菜单"→"插入"→"设计特征"→"拉伸"，均可打开"拉伸"对话框。如图 2-142 所示，"曲线规则"选择"单条曲线"，设置"选择曲线"为步骤（1）草图中的外缘轮廓线，"指定矢量"设为 XC，"开始距离"设为 60，"结束距离"输入 90，"布尔"操作选择"无"，单击"应用"。

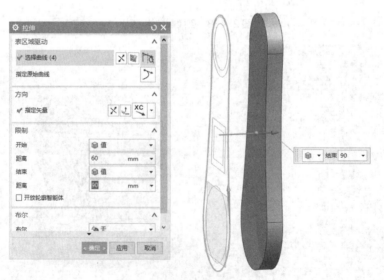

图 2-142 外缘轮廓线拉伸

（3）设置"选择曲线"为步骤（1）绘制的直径为 90 的圆，"开始距离"设为 50，"结束距离"设为 60，

"布尔"操作选择"合并",单击"应用";设置"选择曲线"为步骤(1)绘制的直径为 70 的圆,"开始距离"设为 48,"结束距离"设为 50,"布尔"操作选择"合并",单击"应用";设置"选择曲线"为步骤(1)绘制的直径为 115 的圆,"开始距离"设为 50,"结束距离"设为 60,"布尔"操作选择"合并",单击"应用";设置"选择曲线"为步骤(1)绘制的边长为 50 的正方形 4 条边,"开始距离"设为 0,"结束距离"设为 60,"布尔"操作选择"合并",单击"应用";如图 2-143 所示,设置"选择曲线"为步骤(1)绘制的边长为 70 的正方形 4 条边,"开始距离"设为 50,"结束距离"设为 60,"布尔"操作选择"合并",单击"确定",完成三维模型右侧实体的建模。

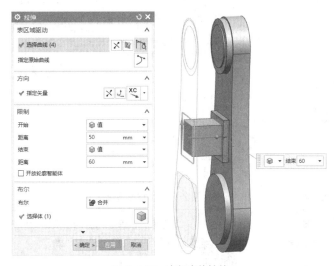

图 2-143　内部实体拉伸

（4）单击"边倒圆"按钮 ，或单击"菜单"→"插入"→"细节特征"→"边倒圆",均可打开"边倒圆"对话框。如图 2-144 所示,设置"选择边"为两条封闭的轮廓线及长方体的 4 条边,"半径 1"设为 5,单击"确定",完成边倒圆操作。

（5）单击"菜单"→"插入"→"关联复制"→"镜像几何体",弹出"镜像几何体"对话框。如图 2-145 所示,设置"选择对象"为创建的整个实体,设置"指定平面"为草图平面,单击"确定",完成镜像几何体操作。最后进行"合并"布尔操作,完成 IRB120 工业机器人 3 轴大臂的三维建模。

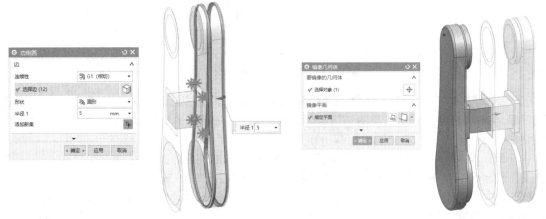

图 2-144　边倒圆　　　　　　　　　　　　图 2-145　镜像几何体

2.1.4　IRB120 机器人 4 轴肘部

【例 2-12】创建图 2-146 所示的工业机器人 4 轴肘部。

操作步骤如下。

（1）新建文件，将其命名为"ABB120-肘部(4 轴)"。单击"菜单"→"插入"→"在任务环境中绘制草图"，弹出"创建草图"对话框，选择 yz 平面为工作平面，单击"确定"，进入"草图"工作界面，绘制图 2-147 所示的草图，单击"完成草图"，退出草图绘制环境。

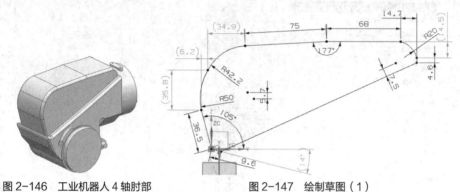

视频：例 2-12
操作步骤

图 2-146　工业机器人 4 轴肘部　　　　　图 2-147　绘制草图（1）

（2）单击"菜单"→"插入"→"设计特征"→"拉伸"，弹出"拉伸"对话框，如图 2-148 所示，"指定矢量"设为-XC，"开始距离"设为 10，"结束距离"设为 90，单击"确定"。

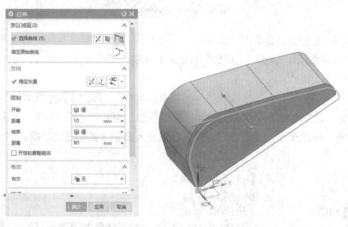

图 2-148　拉伸草图创建实体（1）

（3）单击"菜单"→"插入"→"在任务环境中绘制草图"，弹出"创建草图"对话框，选择 yz 平面为工作平面，单击"确定"，进入"草图"工作界面，绘制图 2-149 所示的草图，单击"完成草图"，退出草图绘制环境。

（4）单击"菜单"→"插入"→"设计特征"→"拉伸"，弹出"拉伸"对话框，如图 2-150 所示，"指定矢量"设为-XC，"开始距离"设为 2，"结束距离"设为 102，单击"确定"。

（5）单击"边倒圆"按钮 🔩 ，或单击"菜单"→"插入"→"细节特征"→"边倒圆"，弹出"边倒圆"对话框。设置"选择边"为图 2-151 所示的曲线，"半径 2"设为 5，单击"确定"，完成边倒圆操作。

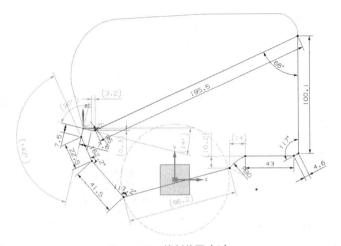

图 2-149　绘制草图（2）

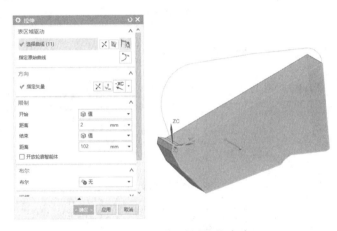

图 2-150　拉伸草图创建实体（2）

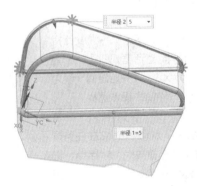

图 2-151　边倒圆

（6）单击"菜单"→"插入"→"在任务环境中绘制草图"，弹出"创建草图"对话框，选择步骤（4）拉伸实体的外表面（xc方向）为工作平面，单击"确定"，进入"草图"工作界面，绘制图 2-152 所示的草图。

（7）单击"菜单"→"插入"→"设计特征"→"拉伸"，弹出"拉伸"对话框，如图 2-153 所示，"指定矢量"设为-XC，"开始距离"设为 0，"结束距离"设为 28，"布尔"操作选择"减去"，单击"应用"。重复上述操作，"开始距离"设为 74，"结束距离"设为 102，单击"确定"。

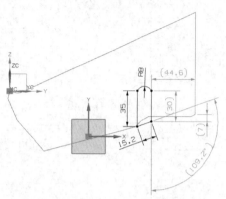

图 2-152　绘制草图（3）

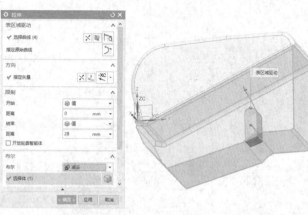

图 2-153　拉伸草图创建实体（3）

（8）单击"倒斜角"按钮，或单击"菜单"→"插入"→"细节特征"→"倒斜角"，弹出"倒斜角"对话框。设置"选择边"为图 2-154 所示的两条边，距离设为 24.5，单击"确定"，完成倒斜角操作。

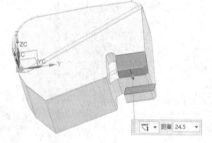

图 2-154　倒斜角

（9）单击"菜单"→"插入"→"在任务环境中绘制草图"，弹出"创建草图"对话框，选择步骤（4）拉伸实体的外表面（xc方向）为工作平面，单击"确定"，进入"草图"工作界面，绘制图 2-155 所示的草图。

（10）单击"菜单"→"插入"→"设计特征"→"拉伸"，弹出"拉伸"对话框，如图 2-156 所示，"指定矢量"设为 XC，"开始距离"设为 -2，"结束距离"设为 8，"布尔"操作选择"无"，单击"确定"。

（11）单击"菜单"→"插入"→"在任务环境中绘制草图"，弹出"创建草图"对话框，选择步骤（4）拉伸实体的外表面（xc 方向）为工作平面，单击"确定"，进入"草图"工作界面，绘制图 2-157 所示的草图。

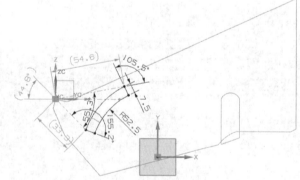

图 2-155　绘制草图（4）

（12）单击"菜单"→"插入"→"设计特征"→"拉伸"，弹出"拉伸"对话框，如图 2-158 所示。设置"选择曲线"为直径为 95 的圆，"指定矢量"设为 -XC，"开始距离"设为 0，"结束距离"设为 105，"布尔"操作选择"合并"，单击"应用"。重复拉伸操作，设置"选择曲线"为直径为 90 的圆，"指定矢量"设为 XC，"开始距离"设为 0，"结束距离"设为 10，"布尔"操作选择"合并"，单击"应用"。重复拉伸操作，"指定矢量"设为-XC，"开始距离"设为 105，"结束距离"设为 115，"布尔"操作选择"合并"，单击"应用"。

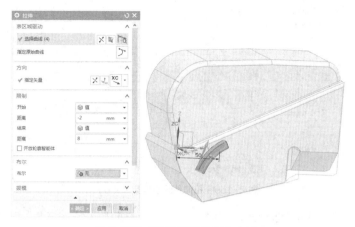

图 2-156　拉伸草图创建实体（4）

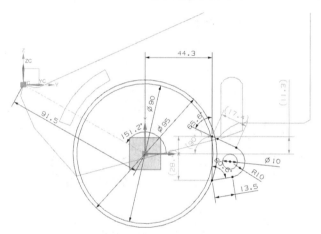

图 2-157　绘制草图（5）

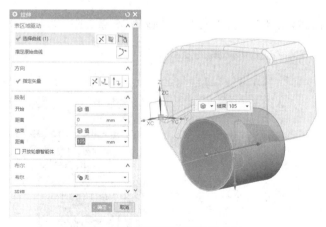

图 2-158　拉伸草图创建实体（5）

（13）重复拉伸操作，设置"选择曲线"为图 2-159 所示的曲线，"指定矢量"设为-XC，"开始距离"设为 0，"结束距离"设为 12，"布尔"操作选择"无"，单击"应用"。

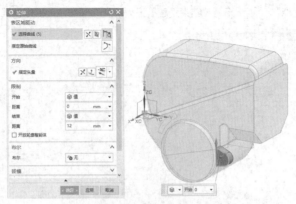

图 2-159　拉伸草图创建实体（6）

（14）重复拉伸操作，设置"选择曲线"为图 2-160 所示的曲线，"指定矢量"设为-XC，"开始距离"设为-8，"结束距离"设为 20，"布尔"操作选择"合并"，单击"确定"。

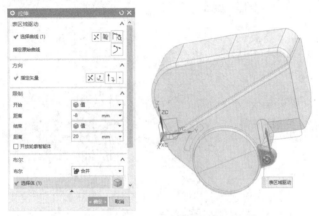

图 2-160　拉伸草图创建实体（7）

（15）单击"菜单"→"格式"→"WCS"→"原点"，弹出"点"对话框，"类型"选择"两点之间"，指定点选择图 2-161 所示的两个点，单击"确定"，完成 WCS 原点的移动。

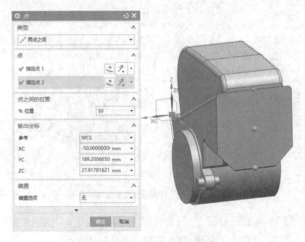

图 2-161　移动 WCS 原点

（16）单击"菜单"→"插入"→"设计特征"→"圆柱"，弹出"圆柱"对话框，"指定矢量"设为 YC，"指定点"设为 WCS 原点，其他参数如图 2-162 所示，单击"确定"。

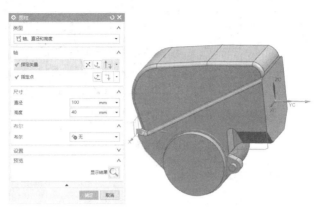

图 2-162　插入圆柱

2.1.5　IRB120 机器人 5 轴小臂

【例 2-13】创建图 2-163 所示的工业机器人 5 轴小臂。

操作步骤如下。

（1）新建文件，将其命名为"ABB120-小臂(5 轴)"。单击"菜单"→"插入"→"设计特征"→"圆柱"，弹出"圆柱"对话框，"指定矢量"设为 ZC，"指定点"设为 WCS 原点，"直径"设为 70，"高度"设为 20，单击"确定"，完成圆柱体的创建，如图 2-164 所示。

视频：例 2-13
操作步骤

图 2-163　工业机器人 5 轴小臂　　　　图 2-164　创建圆柱体

（2）单击"菜单"→"插入"→"在任务环境中绘制草图"，弹出"创建草图"对话框，选择 *xy* 平面为工作平面，单击"确定"，进入"草图"工作界面。绘制图 2-165 所示的草图，单击"完成草图"，退出草图绘制环境。

（3）单击"菜单"→"插入"→"设计特征"→"拉伸"，弹出"拉伸"对话框，设置"选择曲线"为图 2-166 所示的草图，"指定矢量"设为 ZC，"开始距离"设为 0，"结束距离"设为 20，单击"应用"。

（4）在"拉伸"对话框中，设置"选择曲线"为图 2-167 所示的曲线，"指定矢量"设为 ZC，"开始距离"设为 10，"结束距离"设为 20，"布尔"操作选择"减去"，并选择步骤（3）创建的拉伸实体，单击"确定"。

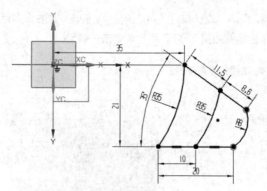

图 2-165　绘制草图（1）

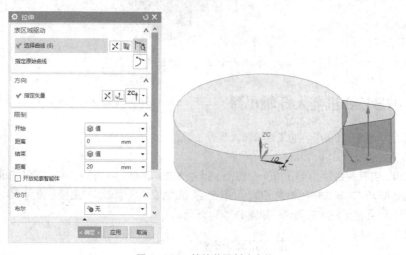

图 2-166　拉伸草图创建实体

（5）单击"菜单"→"插入"→"在任务环境中绘制草图"，弹出"创建草图"对话框，选择 yz 平面为工作平面，单击"确定"，进入"草图"工作界面，绘制图 2-168 所示的草图，单击"完成草图"，退出草图绘制环境。

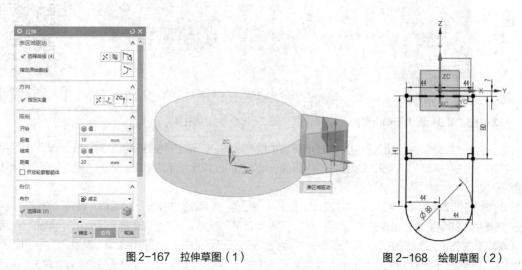

图 2-167　拉伸草图（1）　　　　　图 2-168　绘制草图（2）

（6）在工具栏单击"拉伸"按钮，弹出"拉伸"对话框，"曲线规则"选择"单条曲线"，设置"选择曲线"为图 2-169 所示的草图，"指定矢量"设为 XC，"开始距离"设为 35，"结束距离"设为 60，"布尔"操作选择"无"，单击"应用"。

（7）重复拉伸操作，在"拉伸"对话框中，设置"选择曲线"为图 2-170 所示的草图曲线，"指定矢量"设为 XC，"开始距离"设为 0，"结束距离"设为 35，"布尔"操作选择"无"，单击"确定"。

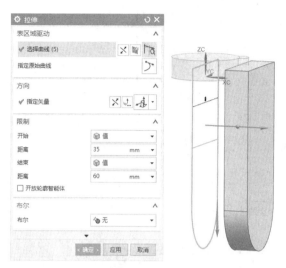

图 2-169　拉伸草图（2）

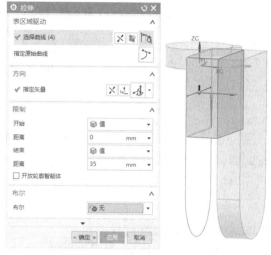

图 2-170　拉伸草图（3）

（8）单击"倒斜角"按钮，或单击"菜单"→"插入"→"细节特征"→"倒斜角"，弹出"倒斜角"对话框。选择图 2-171 所示的实体边，"距离"设为 10，单击"确定"，完成倒斜角操作。

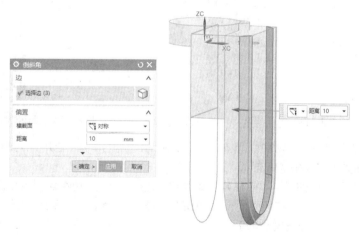

图 2-171　倒斜角（1）

（9）单击"边倒圆"按钮，或单击"菜单"→"插入"→"细节特征"→"边倒圆"，弹出"边倒圆"对话框。选择图 2-172 所示的实体边，"半径 1"设为 5，单击"确定"，完成边倒圆操作。

（10）单击"菜单"→"插入"→"设计特征"→"圆柱"，弹出"圆柱"对话框，"指定矢量"设为-XC，如图 2-173 所示，"指定点"设为实体下部圆心点，"直径"设为 60，"高度"设为 6，"布尔"操作选择"合并"，单击"确定"。

（11）单击"菜单"→"插入"→"关联复制"→"镜像几何体"，弹出"镜像几何体"对话框。如图 2-174

所示，设置"选择对象"为创建的实体，设置"指定平面"为草图平面，单击"确定"，完成镜像几何体的操作。

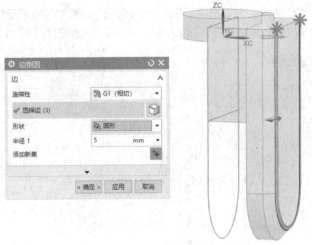

图 2-172　边倒圆

图 2-173　插入圆柱体　　　　　　　　　　　　　图 2-174　镜像操作

（12）单击"合并"按钮🔧，或单击"菜单"→"插入"→"组合"→"合并"，弹出"合并"对话框，选择图 2-175 所示的实体，单击"确定"。

（13）单击"菜单"→"插入"→"在任务环境中绘制草图"，弹出"创建草图"对话框，选择步骤（12）合并实体的正面（-yc 方向）为工作平面，单击"确定"，进入"草图"工作界面，绘制图 2-176 所示的草图，单击"完成草图"，退出草图绘制环境。

（14）在工具栏单击"拉伸"按钮📦，弹出"拉伸"对话框，"曲线规则"为"单条曲线"，"选择曲线"为图 2-177 所示的草图，"指定矢量"设为-YC，"开始距离"设为 0，"结束距离"设为 2，"布尔"操作选择"无"，单击"确定"。

（15）在"拉伸"对话框中，设置"选择曲线"为图 2-178 所示的草图，"指定矢量"设为-YC，"开始距离"设为 0，"结束距离"设为 4，"布尔"操作选择"无"，单击"确定"。

（16）在"拉伸"对话框中，设置"选择曲线"为图 2-179 所示的草图，"指定矢量"设为-YC，"开始距离"设为 0，"结束距离"设为 6，"布尔"操作选择"无"，单击"确定"。

（17）单击"倒斜角"按钮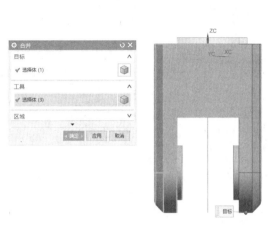，弹出"倒斜角"对话框。选择图 2-180 所示的实体边，"距离"设为 2，单击"确定"，完成倒斜角操作。

图 2-175　合并实体

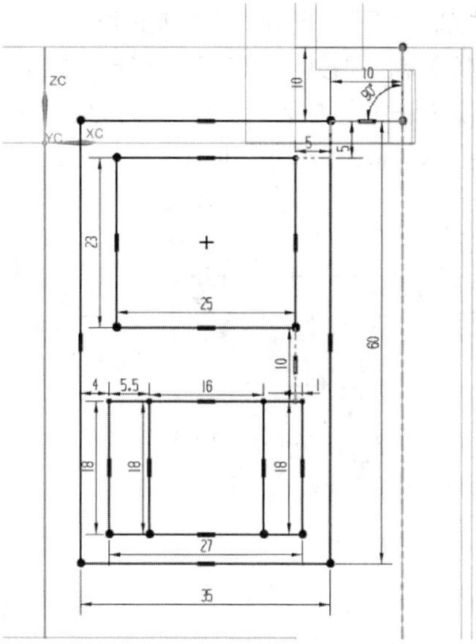

图 2-176　绘制草图（3）

图 2-177　拉伸草图（4）

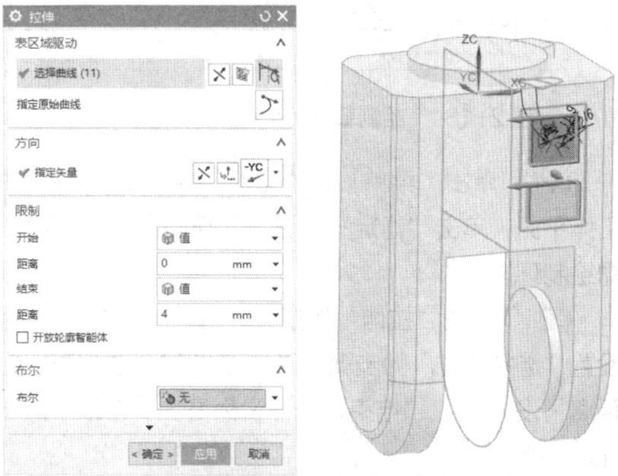

图 2-178　拉伸草图（5）

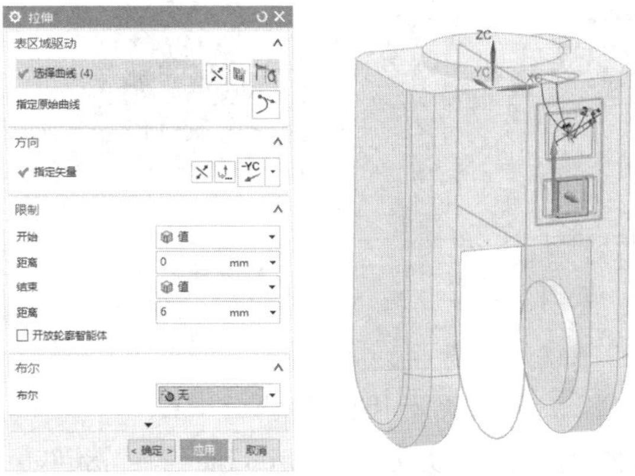

图 2-179　拉伸草图（6）

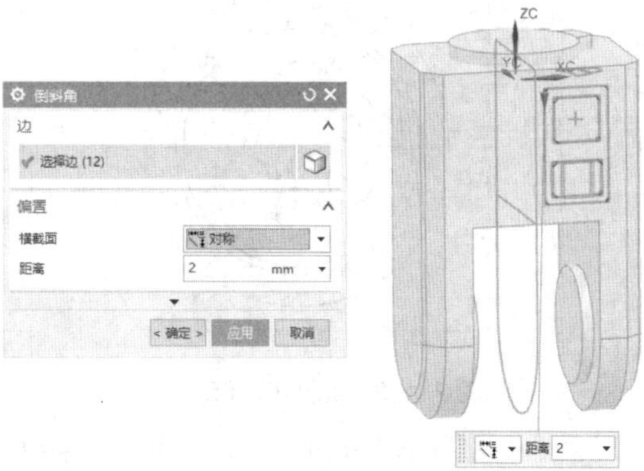

图 2-180　倒斜角（2）

（18）单击"菜单"→"插入"→"在任务环境中绘制草图"，弹出"创建草图"对话框，选择图 2-181 所示的平面为工作平面，单击"确定"，进入"草图"工作界面，绘制图 2-181 所示的直径为 4 的 6 个圆，单击"完成草图"，退出草图绘制环境。

（19）单击"拉伸"按钮，弹出"拉伸"对话框，如图 2-182 所示，"曲线规则"选择"单条曲线"，设置"选择曲线"为步骤（18）绘制的草图中的 6 个圆，"指定矢量"设为 YC，"开始距离"设为 0，"结束距离"设为 6，"布尔"操作选择"减去"，选择相应实体，单击"确定"，完成打孔操作。

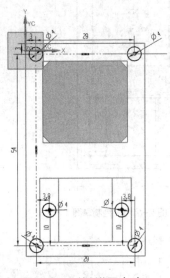

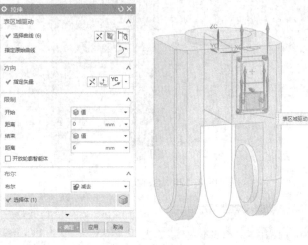

图 2-181　绘制草图（4）　　　　　　　　　　图 2-182　拉伸打孔

（20）单击"菜单"→"插入"→"在任务环境中绘制草图"，弹出"创建草图"对话框，选择 yz 平面为工作平面，单击"确定"，进入"草图"工作界面，绘制图 2-183 所示的草图，单击"完成草图"，退出草图绘制环境。

（21）单击"拉伸"按钮，弹出"拉伸"对话框。如图 2-184 所示，"曲线规则"选择"单条曲线"，设置"选择曲线"为步骤（20）绘制的草图中直径为 20、16、15 的 3 个圆，"指定矢量"设为 YC，"开始距离"设为-6，"结束距离"设为 6，"布尔"操作选择"无"，单击"应用"。

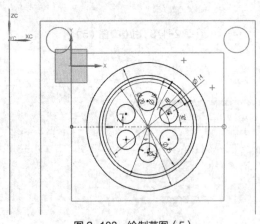

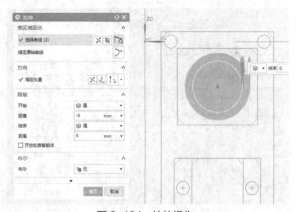

图 2-183　绘制草图（5）　　　　　　　　　　图 2-184　拉伸操作

（22）单击"拉伸"按钮，弹出"拉伸"对话框。设置"选择曲线"为图 2-185 所示的曲线，"指定矢量"设为 YC，"开始距离"设为-6，"结束距离"设为 6，"布尔"操作选择"无"，单击"确定"。

（23）单击"减去"按钮 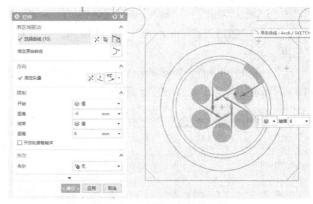 减去，弹出"求差"对话框，如图 2-186 所示，"工具体"为步骤（22）创建的 6 个小圆柱体，"选择体"为包裹小圆柱体的大圆柱体，如图 2-186 所示的实体，单击"确定"完成求差操作。

（24）单击"菜单"→"编辑"→"对象显示"，弹出"编辑对象显示"对话框，如图 2-187 所示，选择所有实体，单击"颜色"栏右方的色块，在弹出的"调色板"中选择 66 号颜色，单击"确定"，更改颜色。

图 2-185　外缘轮廓拉伸操作

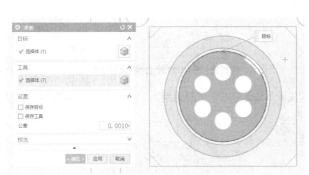

图 2-186　求差操作

图 2-187　更改颜色

2.1.6　IRB120 机器人 6 轴腕部

【例 2-14】创建图 2-188 所示的工业机器人 6 轴腕部。

操作步骤如下。

（1）新建文件，将其命名为"ABB120-腕部(6 轴)"。单击"菜单"→"插入"→"在任务环境中绘制草图"，弹出"创建草图"对话框，选择 yz 平面为工作平面，单击"确定"，进入"草图"工作界面。绘制图 2-189 所示的草图，单击"完成草图"，退出草图绘制环境。

视频：例 2-14
操作步骤

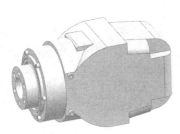

图 2-188　工业机器人 6 轴腕部

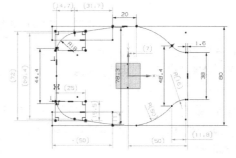

图 2-189　绘制草图（1）

（2）单击"菜单"→"插入"→"设计特征"→"拉伸"，弹出"拉伸"对话框，"曲线规则"选择"单条曲线"，"指定矢量"设为 XC，"开始距离"设为 0，"结束距离"设为 62，如图 2-190 所示，单击"应用"。

（3）重复拉伸操作，如图 2-191 所示，"指定矢量"设为 XC，"开始距离"设为 0，"结束距离"设为 10，"布尔"操作选择"减去"，单击"应用"。

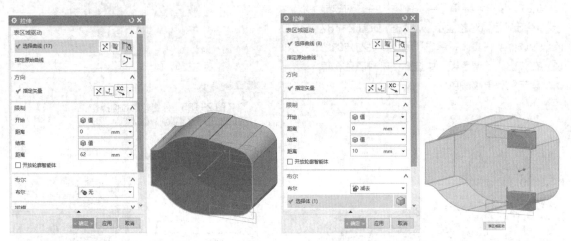

图 2-190　拉伸曲线创建实体（1）　　　　　　　图 2-191　拉伸曲线创建实体（2）

（4）重复拉伸操作，如图 2-192 所示，"指定矢量"设为 XC，"开始距离"设为 52，"结束距离"设为 62，"布尔"操作选择"减去"，单击"应用"。

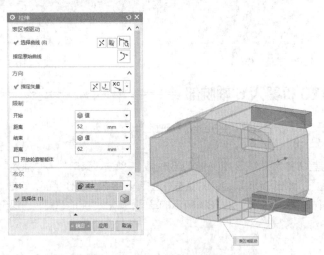

图 2-192　拉伸曲线创建实体（3）

（5）单击"边倒圆"按钮 🖼，或单击"菜单"→"插入"→"细节特征"→"边倒圆"，弹出"边倒圆"对话框。设置"选择边"为图 2-193 所示的曲线，"半径 1"设为 10，单击"确定"，完成边倒圆操作。

（6）单击"菜单"→"格式"→"WCS"→"原点"，弹出"点"对话框，"类型"选择"两点之间"，"指定点 1"和"指定点 2"分别选择图 2-194 所示的上下两点（上下水平线段中点），单击"确定"，完成 WCS 原点的移动。

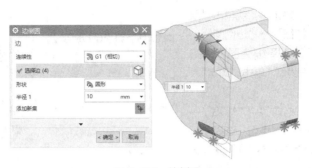

图 2-193　边倒圆

（7）单击"菜单"→"插入"→"设计特征"→"圆柱"，弹出"圆柱"对话框，"指定矢量"设为 XC，如图 2-195 所示，以相对 WCS 原点的坐标（-6，0，0）为"指定点"，"直径"设为 60，"高度"设为 74，"布尔"操作选择"合并"，单击"确定"，完成圆柱体的创建。

图 2-194　移动 WCS 原点（1）　　　　　　图 2-195　创建圆柱体（1）

（8）单击"菜单"→"插入"→"在任务环境中绘制草图"，弹出"创建草图"对话框，选择步骤（2）拉伸实体的顶部平面为工作平面，单击"确定"，绘制图 2-196 所示的草图，单击"完成草图"，退出草图绘制环境。

（9）单击"菜单"→"插入"→"设计特征"→"拉伸"，弹出"拉伸"对话框，设置"选择曲线"为步骤（8）绘制的草图，如图 2-197 所示，"指定矢量"设为-ZC，"开始距离"设为 2，"结束距离"设为 15，"布尔"操作选择"合并"，单击"确定"。

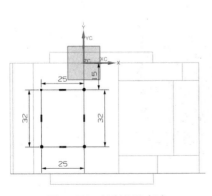

图 2-196　绘制草图（2）

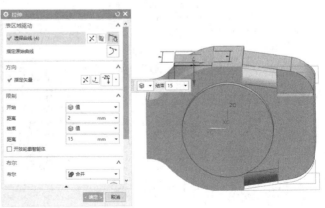

图 2-197　创建拉伸实体（1）

（10）单击"边倒圆"按钮 🍬，或单击"菜单"→"插入"→"细节特征"→"边倒圆"，弹出"边倒圆"对话框。设置"选择边"为图 2-198 所示的曲线，"半径 1"设为 2，单击"确定"，完成边倒圆操作。

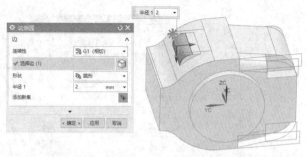

图 2-198　边倒圆

（11）单击"菜单"→"格式"→"WCS"→"原点"，弹出"点"对话框，"类型"选择"两点之间"，"指定点 1"和"指定点 2"分别选择图 2-199 所示的左右两点（左右竖直线段中点），单击"确定"，完成 WCS 原点的移动。

（12）单击"菜单"→"插入"→"设计特征"→"圆柱"，弹出"圆柱"对话框，"指定矢量"设为-YC，如图 2-200 所示，设置"指定点"为 WCS 原点，"直径"设为 75，"高度"设为 40，"布尔"操作选择"无"，单击"确定"，完成圆柱体的创建。

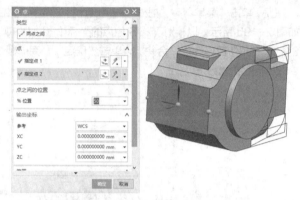

图 2-199　移动 WCS 原点（2）

（13）单击"菜单"→"插入"→"基准/点"→"基准平面"，弹出"基准平面"对话框，选择图 2-201 所示的平面，单击"应用"。重复上述操作，选择对称的后侧平面，单击"确定"，创建两个基准平面。

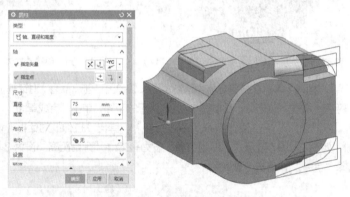

图 2-200　创建圆柱体（2）

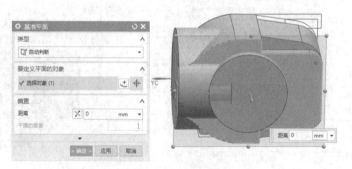

图 2-201　创建基准平面

（14）单击"修剪体"按钮 🗐，或单击"菜单"→"插入"→"修剪"→"修剪体"，弹出"修剪体"对话框，如图 2-202 所示，设置"选择体"为步骤（12）创建的圆柱，设置"选择面或平面"为步骤（13）创建的一个基准平面，单击"应用"。重复上述操作，对圆柱体另一侧进行修剪。修剪完成后，进行"合并"操作。

（15）单击"菜单"→"插入"→"设计特征"→"圆柱"，弹出"圆柱"对话框，"指定矢量"设为 YC，设置"指定点"为 WCS 原点，"直径"设为 68，"高度"设为 20，"布尔"操作选择"无"，单击"确定"，完成圆柱体的创建。单击"菜单"→"插入"→"在任务环境中绘制草图"，弹出"创建草图"对话框，选择刚才创建的圆柱体的左侧面为工作平面，单击"确定"，绘制图 2-203 所示的草图，单击"完成草图"，退出草图绘制环境。

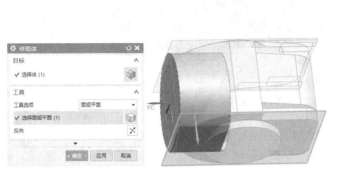

图 2-202　修剪圆柱体

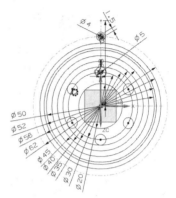

图 2-203　绘制草图（3）

（16）单击"菜单"→"插入"→"设计特征"→"拉伸"，弹出"拉伸"对话框，设置"选择曲线"为图 2-204 所示的草图，"指定矢量"设为 YC，"开始距离"设为 0，"结束距离"设为 3，"布尔"操作选择"无"，单击"确定"。

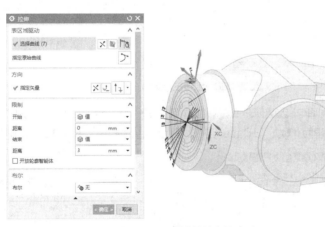

图 2-204　创建拉伸实体（2）

（17）单击"菜单"→"插入"→"关联复制"→"阵列特征"，弹出"阵列特征"对话框，设置"选择特征"为步骤（16）创建的拉伸实体，"指定矢量"设为 YC，"指定点"如图 2-205 所示，"数量"设为 6，"节距角"设为 60，单击"确定"。

（18）单击"菜单"→"插入"→"设计特征"→"拉伸"，弹出"拉伸"对话框，设置"选择曲线"为图 2-206 所示的直径为 56 和 52 的两个圆，"指定矢量"设为 YC，"开始距离"设为 0，"结束距离"设为 3，"布尔"操作选择"无"，单击"应用"。重复上述操作，选择直径为 50 和 45 的两个圆，"开始距离"设为 0，"结束距离"设为 3，单击"应用"。

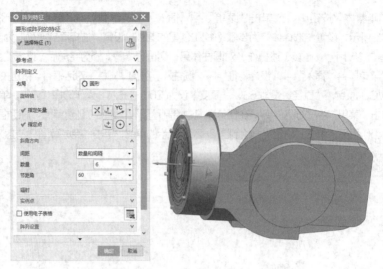

图 2-205　阵列特征

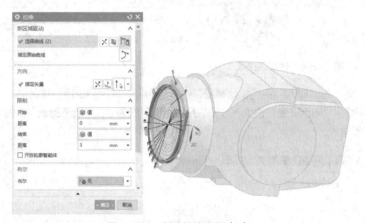

图 2-206　创建拉伸实体（3）

（19）重复拉伸操作，如图 2-207 所示，设置"选择曲线"为直径为 40 和 20 的两个圆，以及直径为 5 的 6 个小圆，"指定矢量"设为 YC，"开始距离"设为 0，"结束距离"设为 15，单击"确定"。

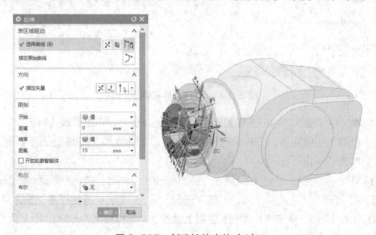

图 2-207　创建拉伸实体（4）

2.1.7　IRB120 机器人整体装配

【例 2-15】创建 ABB IRB120 工业机器人装配模型。

操作步骤如下。

视频：例 2-15
操作步骤

（1）新建装配文件，将其命名为"ABB120-本体装配"，单击"确定"，弹出"添加组件"对话框，单击"打开"按钮🖆，更改文件路径，选择"ABB120-底座(1 轴)"模型。"放置"类型选择"移动"，其他设置如图 2-208 所示，单击"确定"，弹出"创建固定约束"对话框，单击"是"，完成第一个组件底座模型的添加。

（2）单击"装配"选项卡下的"添加"按钮🖇⁺，或单击"菜单"→"装配"→"组件"→"添加组件"，弹出"添加组件"对话框。单击"打开"按钮🖆，更改文件路径，选择"ABB120-腰部(2 轴)"模型。"放置"类型选择"约束"。如图 2-209 所示，"约束类型"选择"同心"，单击"选择两个对象"，分别单击"ABB120-腰部(2 轴)"模型最下方的圆柱底面边，以及"ABB120-底座(1 轴)"最上方的圆柱顶面边，单击"确定"完成腰部模型的添加。

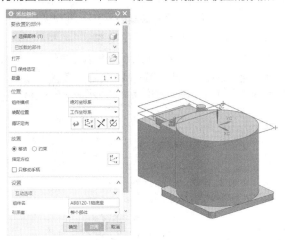

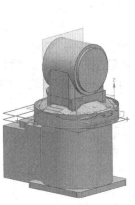

图 2-208　添加"ABB120-底座(1 轴)"模型　　　图 2-209　"添加 ABB120-腰部(2 轴)"模型

（3）单击"装配"选项卡下的"添加"按钮🖇⁺，弹出"添加组件"对话框，进行另一种方式装配。在弹出的"添加组件"对话框中，单击"打开"按钮🖆，更改文件路径，选择"ABB120-大臂(3 轴)"模型。"放置"类型选择"移动"。如图 2-210 所示，单击激活"指定方位"，按住鼠标左键将"ABB120-大臂(3 轴)"拖动到某一位置（也可以调整其角度），单击"确定"，完成大臂模型的添加。

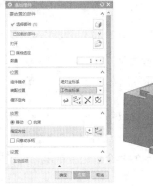

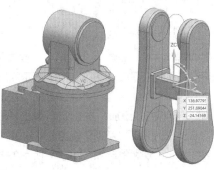

图 2-210　添加"ABB120-大臂(3 轴)"模型

（4）单击"装配"选项卡下的"装配约束"按钮🗝，或单击"菜单"→"装配"→"组件位置"→"装配约束"，弹出"装配约束"对话框。设置"选择两个对象"分别为图2-111所示的两个圆边，单击"确定"，完成装配约束的设置。

图2-211　进行"ABB120-大臂(3轴)"模型的装配约束设置

（5）单击"装配"选项卡下的"添加"按钮🗝⁺，弹出"添加组件"对话框。单击"打开"按钮🗂，更改文件路径，选择"ABB120-肘部(4轴)"模型。"放置"类型选择"约束"。"约束类型"选择"同心"，单击"选择两个对象"，分别单击图2-212所示的两个圆边，单击"确定"完成肘部模型的添加。

（6）单击"装配"选项卡下的"添加"按钮🗝⁺，弹出"添加组件"对话框，进行另一种方式装配。在弹出的"添加组件"对话框中，单击"打开"按钮🗂，更改文件路径，选择"ABB120-小臂(5轴)"模型。"放置"类型选择"移动"。如图2-213所示，单击激活"指定方位"，按住鼠标左键将"ABB120-小臂(5轴)"拖动到某一位置（也可调整其角度），单击"确定"。

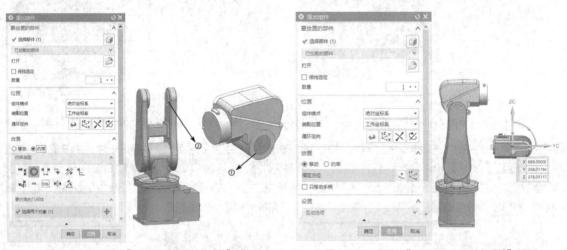

图2-212　添加"ABB120-肘部(4轴)"模型　　　　图2-213　添加"ABB120-小臂(5轴)"模型

（7）单击"装配"选项卡下的"移动组件"按钮🗝，或单击"菜单"→"装配"→"组件位置"→"移动组件"，弹出"移动组件"对话框。选择图2-214所示的出发点与目标点，单击"确定"，完成组件的移动。

（8）单击"装配"选项卡下的"添加"按钮🗝⁺，弹出"添加组件"对话框。单击"打开"按钮🗂，更改文件路径，选择"ABB120-腕部(6轴)"模型。"放置"类型选择"约束"。"约束类型"选择"同心"，单击"选择两个对象"，分别单击图2-215所示的两个圆边，单击"确定"，完成腕部模型的添加。

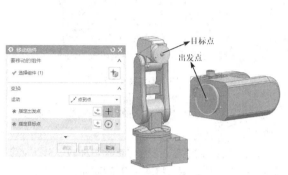

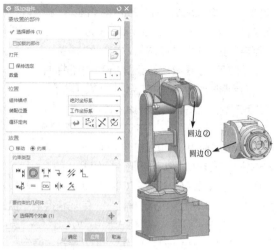

图 2-214　"移动 ABB120-小臂(5 轴)"模型

图 2-215　添加"ABB120-腕部(6 轴)"模型

任务 2.2　快换工具建模

2.2.1　母盘

【例 2-16】创建图 2-216 所示的工业机器人母盘。

操作步骤如下。

（1）新建文件，将其命名为"母盘"。单击"菜单"→"插入"→"在任务环境中绘制草图"，弹出"创建草图"对话框，选择基准坐标系的 *xy* 平面作为工作平面，单击"确定"，进入"草图"工作界面，绘制图 2-217 所示的草图，单击"完成草图"，退出草图绘制环境。

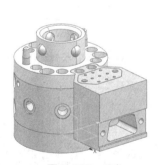

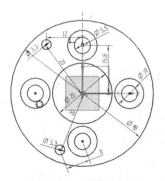

视频：例 2-16
操作步骤

图 2-216　母盘

图 2-217　绘制草图（1）

（2）单击"拉伸"按钮，或单击"菜单"→"插入"→"设计特征"→"拉伸"，弹出"拉伸"对话框。"曲线规则"选择"单条曲线"，设置"选择曲线"为步骤（1）绘制的直径为 48 的大圆，"指定矢量"设为-ZC，"开始距离"设为 0，"结束距离"设为 10，单击"应用"。重复拉伸操作，设置"选择曲线"为步骤（1）绘制的直径为 20 的圆，"指定矢量"设为-ZC，"开始距离"设为-2，"结束距离"设为 10，"布尔"操作选择"合并"，单击"应用"。单击"倒斜角"按钮，或单击"菜单"→"插入"→"细节特征"→"倒斜角"，弹出"倒斜角"对话框，如图 2-218 所示，选择直径为 20 的圆柱的顶边，"距离"设为 0.5，单击"确定"完成倒斜角操作。

（3）单击"拉伸"按钮，弹出"拉伸"对话框。"曲线规则"选择"单条曲线"，设置"选择曲线"为步骤（1）绘制的直径为 5.5 的 4 个圆，"指定矢量"设为–ZC，"开始距离"设为 0，"结束距离"设为 4.3，"布尔"操作选择"减去"，单击"应用"。重复拉伸操作，设置"选择曲线"为步骤（1）绘制的直径为 10 的 4 个圆，"指定矢量"设为–ZC，"开始距离"设为 4.3，"结束距离"设为 10，"布尔"操作选择"减去"，单击"应用"。重复拉伸操作，设置"选择曲线"为步骤（1）绘制的直径为 3.3 的 2

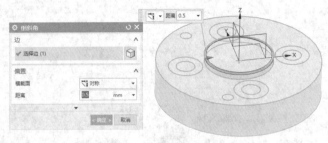

图 2-218　倒斜角（1）

个圆，"指定矢量"设为–ZC，"开始距离"设为 0，"结束距离"设为 10，"布尔"操作选择"减去"，如图 2-219 所示，单击"确定"，完成快换法兰盘的建模。

（4）单击"菜单"→"格式"→"WCS"→"原点"，弹出"点"对话框，设置"参考"为 WCS，"XC""YC""ZC"分别设为 0、0、–10，单击"确定"。按"Ctrl+B"组合键，将法兰盘及草图隐藏。单击"菜单"→"插入"→"在任务环境中绘制草图"，弹出"创建草图"对话框，选择 xy 平面为工作平面，单击"确定"，进入"草图"工作界面，绘制图 2-220 所示的草图。

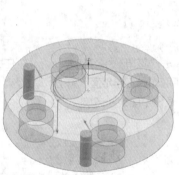

图 2-219　快换法兰盘打孔

图 2-220　绘制草图（2）

（5）单击"拉伸"按钮，弹出"拉伸"对话框。"曲线规则"选择"单条曲线"，设置"选择曲线"为步骤（4）绘制的直径为 48 的圆及长度为 9.5 的两段线段，"指定矢量"设为–ZC，"开始距离"设为 0，"结束距离"设为 24，单击"应用"。重复拉伸操作，设置"选择曲线"为图 2-221 所示的曲线，"指定矢量"设为–ZC，"开始距离"设为 0，"结束距离"设为 22.7，"布尔"操作选择"减去"，单击"应用"。

（6）单击"倒斜角"按钮，或单击"菜单"→"插入"→"细节特征"→"倒斜角"，弹出"倒斜角"对话框，选择图 2-222 所示的两条边，"距离"设为 1，完成倒斜角操作。

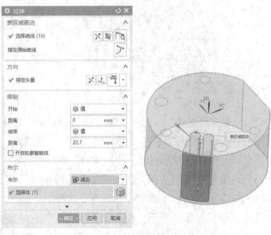

图 2-221　拉伸草图（1）

（7）单击"菜单"→"插入"→"在任务环境中绘制草图"，弹出"创建草图"对话框，选择步骤（6）创建的实体的底面为草图平面，单击"确定"，进入"草图"工作界面，绘制图 2-223 所示的曲线。

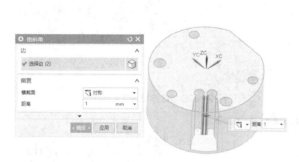

图 2-222　倒斜角（2）

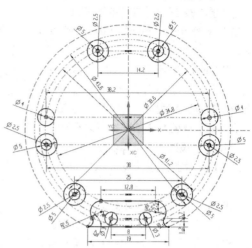

图 2-223　绘制草图（3）

（8）单击"拉伸"按钮，弹出"拉伸"对话框。"曲线规则"选择"单条曲线"，如图 2-224 所示，设置"选择曲线"为步骤（7）绘制的直径为 5 的 6 个圆及直径为 3 的 2 个圆，"指定矢量"设为 ZC，"开始距离"设为 0，"结束距离"设为 5，"布尔"操作选择"减去"，单击"应用"。重复拉伸操作，设置"选择曲线"为步骤（7）绘制的直径为 2.5 的 6 个圆，"指定矢量"设为 ZC，"开始距离"设为 5，"结束距离"设为 12，"布尔"操作选择"减去"，单击"应用"。

（9）重复拉伸操作，设置"选择曲线"为图 2-225 所示的曲线，"指定矢量"设为 ZC，"开始距离"设为 0，"结束距离"设为 3，"布尔"操作选择"减去"，单击"应用"。重复拉伸操作，设置"选择曲线"为步骤（7）绘制的直径为 3 的 2 个圆，"指定矢量"设为 ZC，"开始距离"设为 0，"结束距离"设为 11，"布尔"操作选择"减去"，单击"确定"，完成拉伸操作。

（10）重复拉伸操作，设置"选择曲线"为图 2-226 所示的曲线，"指定矢量"设为 ZC，"开始距离"设为 3，"结束距离"设为 14，"布尔"操作选择"减去"，单击"应用"。重复拉伸操作，设置"选择曲线"为步骤（7）绘制的直径为 3 的 2 个圆，"指定矢量"设为 ZC，"开始距离"设为 0，"结束距离"设为 11，"布尔"操作选择"减去"，单击"确定"，完成拉伸操作。

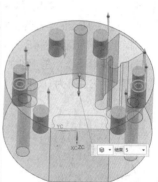

图 2-224　拉伸打孔（1）

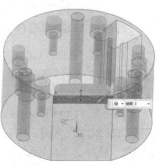

图 2-225　拉伸草图（2）

（11）单击"菜单"→"插入"→"基准/点"→"基准平面"，弹出"基准平面"对话框，选择图 2-227 所示实体的上表面，"距离"设为 12，单击"确定"，插入一个基准平面。

（12）单击"菜单"→"插入"→"派生曲线"→"投影"，弹出"投影曲线"对话框，设置要投影的曲线为步骤（7）绘制的直径为 5 的 6 个圆、直径为 3 的 2 个圆以及直径为 48 的圆柱边，投影平面选择步骤（11）创建的基准平面，"指定矢量"设为 ZC，单击"确定"。按"Ctrl+B"组合键，将除基准平面和投影曲线外的曲线和实体隐藏。单击"菜单"→"插入"→"在任务环境中绘制草图"，弹出"创建草图"对话框，选择基准平面为工作平面，单击"确定"，进入"草图"工作界面，绘制图 2-228 所示的草图。

（13）单击"菜单"→"插入"→"设计特征"→"圆柱"，弹出"圆柱"对话框，选择图 2-229 所示的半径为"指定矢量"，设

图 2-226　拉伸打孔（2）

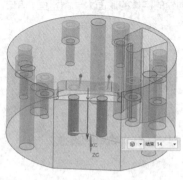

图 2-227　插入基准平面（1）

置"指定点"为直径为 48 的圆与半径的交点，"直径"设为 8，"高度"设为 0.5，单击"应用"，创建一个圆柱体。重复操作，在"圆柱"对话框中，"直径"设为 5，"高度"设为 7.5，"布尔"操作选择"合并"，选择直径为 8、高为 0.5 的圆柱体，单击"应用"。重复上述操作，创建 6 个圆柱体。

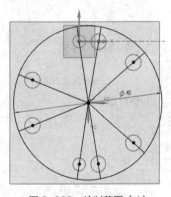

图 2-228　绘制草图（4）

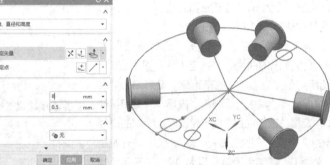

图 2-229　创建圆柱体（1）

（14）在"圆柱"对话框中，选择图 2-230 所示的半径为"指定矢量"，设置"指定点"为直径为 48 的圆与半径的交点，"直径"设为 3，"高度"设为 4，"布尔"操作选择"无"，单击"应用"。重复上述操作，创建两个圆柱体。

（15）按"Ctrl+T"组合键，或者单击"菜单"→"编辑"→"移动对象"，弹出"移动对象"对话框，设置"选择对象"为图 2-231 所示的直径为 3、高度为 4 的两个圆柱体，"运动"类型选择"距离"，"指定矢量"设为-ZC，"距离"设为 9，"结果"选择"复制原先的"，单击"确定"，然后将原先的直径为 3、高度为 4 的两个圆柱体删除（仅保留复制的）。

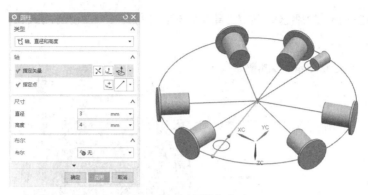

图 2-230　创建圆柱体（2）

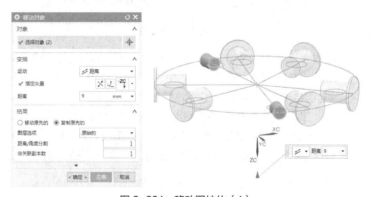

图 2-231　移动圆柱体（1）

（16）按"Ctrl+T"组合键，弹出"移动对象"对话框，设置"选择对象"为图 2-232 所示的圆柱体，"运动"类型选择"角度"，"指定矢量"设为 ZC，"指定轴点"设为圆心点，"角度"设为 32，"结果"选择"复制原先的"，单击"应用"，创建第 1 个圆柱复制体。重复移动对象操作，设置"选择对象"为第 1 个复制的圆柱体，"运动"类型选择"距离"，"指定矢量"设为-ZC，"距离"设为 7.5，"结果"选择"复制原先的"，单击"应用"，创建第 2 个圆柱复制体。重复移动对象操作，"运动"类型选择"距离"，"指定矢量"设为 ZC，"距离"设为 7.5，"结果"选择"复制原先的"，单击"确定"，创建第 3 个圆柱复制体。最后将第 1 个圆柱复制体删除。

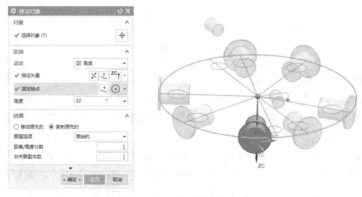

图 2-232　移动圆柱体（2）

（17）单击"减去"按钮，或者单击"菜单"→"插入"→"组合"→"减去"，弹出"求差"对话框，选择目标体为图 2-233 所示的圆柱体，选择工具体为步骤（13）~（16）创建的圆柱体，单击"确定"，完成母盘主体的建模。

图 2-233　求差操作

（18）单击"菜单"→"格式"→"WCS"→"原点"，弹出"点"对话框，设置"参考"为 WCS，"XC""YC""ZC"分别设为 0、0、-24，单击"确定"，实现 WCS 原点的移动。按"Ctrl+B"组合键，将母盘主体隐藏，按"Ctrl+K"组合键将步骤（7）绘制的草图显示。单击"菜单"→"插入"→"设计特征"→"圆柱"，弹出"圆柱"对话框，"指定矢量"设为-ZC，设置"指定点"为 WCS 原点，"直径"设为 48，"高度"设为 7，单击"应用"，创建一个圆柱体。重复拉伸操作，设置"选择曲线"为图 2-234 所示的曲线，"指定矢量"设为-ZC，"开始距离"设为 0，"结束距离"设为 7，"布尔"操作选择"减去"，单击"确定"。

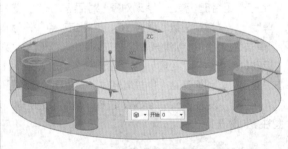

图 2-234　倒斜角（3）

（19）单击"菜单"→"插入"→"基准/点"→"基准平面"，弹出"基准平面"对话框，选择图 2-235 所示的平面，单击"确定"，插入一个基准平面。单击"修剪体"按钮▥，或单击"菜单"→"插入"→"修剪"→"修剪体"，均可打开"修剪体"对话框，选择目标体为圆柱体，选择刚才创建的基准平面为工具，并调整方向，完成修剪体操作。

（20）单击"菜单"→"插入"→"设计特征"→"圆柱"，弹出"圆柱"对话框，"指定矢量"设为-ZC，"直径"设为 25，"高度"设为 19.5，"布尔"操作选择"合并"，单击"应用"。重复圆柱操作，"指定矢量"设为-ZC，"直径"设为 27.5，"高度"设为 1，"布尔"操作选择"减去"，单击"应用"。重复圆柱操作，"指定矢量"设为-ZC，"直径"设为 24，"高度"设为 1，"布尔"操作选择"合并"，单击"应用"。重复圆柱操作，"指定矢量"设为-ZC，"直径"设为 18.5，"高度"设为 19.5，"布尔"操作选择"减去"，单击"确定"。单击"倒斜角"按钮，或单击"菜单"→"插入"→"细节特征"→"倒斜角"，弹出"倒斜角"对话框，选择图 2-236 所示的底部圆边，"距离"设为 1.5，完成倒斜角操作。

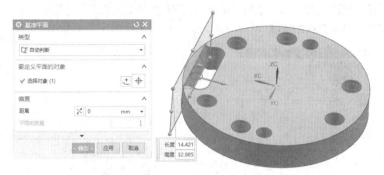

图 2-235　插入基准平面（2）

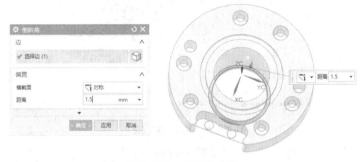

图 2-236　倒斜角（4）

（21）单击"菜单"→"插入"→"设计特征"→"圆柱"，弹出"圆柱"对话框，"指定矢量"设为 XC，以相对 WCS 原点的坐标（0，0，-14）为"指定点"，"直径"设为 6，"高度"设为 20，"布尔"操作选择"减去"，单击"确定"。单击"菜单"→"插入"→"关联复制"→"阵列特征"，弹出"阵列特征"对话框。如图 2-237 所示，设置"选择特征"为孔，"布局"选择"圆形"，"指定矢量"设为 ZC，设置"指定点"为 WCS 原点，"数量"设为 4，"节距角"设为 90，单击"确定"，完成母盘前端盖的建模。

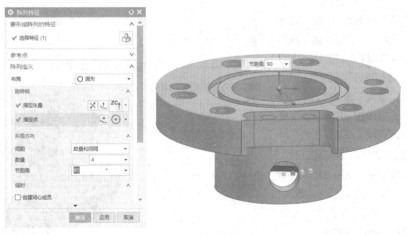

图 2-237　阵列特征（1）

（22）单击"菜单"→"插入"→"设计特征"→"球"，弹出"球"对话框，以相对 WCS 原点的坐标

（12.5，0，−14）为"指定点"，"直径"设为 6，单击"确定"，创建球体。单击"菜单"→"插入"→"关联复制"→"阵列特征"，弹出"阵列特征"对话框。如图 2-238 所示，设置"选择特征"为球体，"布局"选择"圆形"，"指定矢量"设为 ZC，设置"指定点"设置为 WCS 原点，"数量"设为 4，"节距角"设为 90，单击"确定"，完成球体的建模。

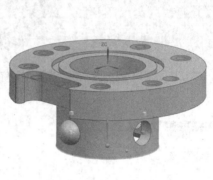

图 2-238　阵列特征（2）

（23）单击"拉伸"按钮，弹出"拉伸"对话框。"曲线规则"选择"单条曲线"，如图 2-9 所示，设置"选择曲线"为图 2-239 所示的曲线，"指定矢量"设为 ZC，"开始距离"设为−10，"结束距离"设为 2，"布尔"操作选择"无"，单击"确定"。

（24）单击"菜单"→"插入"→"设计特征"→"圆锥"，弹出"圆锥"对话框，如图 2-240 所示，"指定矢量"设为ZC，以步骤（23）创建的圆柱的顶部圆心为"指定点"，"底部直径"设为 4，"顶部直径"设为 3，"高度"设为 1.5，"布尔"操作选择"无"，单击"应用"。重复上述操作，创建两个圆锥台。在"圆锥"对话框中，将以创建的圆锥台的顶部圆心设为"指定点"，"底部直径"设为 3，"顶部直径"设为 4，"高度"设为 1.5，"布尔"操作选择"合并"，单击"应用"。重复上述操作，创建两个倒置圆锥台。

（25）单击"菜单"→"插入"→"设计特征"→"圆柱"，弹出"圆柱"对话

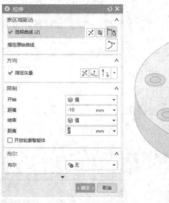
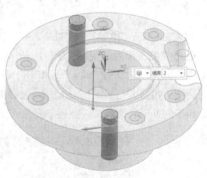

图 2-239　拉伸特征

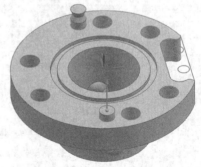

图 2-240　创建圆锥台

框，"指定矢量"设为 ZC，以步骤（24）创建的圆锥台的顶部圆心为"指定点"，"直径"设为 4，"高度"设为 4.5，"布尔"操作选择"合并"，单击"应用"。重复上述操作，创建两个圆柱，并对圆柱的顶部边进行倒斜角操作，"距离"设为0.5，如图 2-241 所示。

（26）单击"菜单"→"插入"→"设计特征"→"圆锥"，弹出"圆锥"对话框，如图 2-242 所示，"指定矢量"设为-ZC，以步骤(23)创建的圆柱的底部圆心为"指定点"，"底部直径"设为 4，"顶部直径"设为 3，"高度"设为 5，"布尔"操作选择"合并"，单

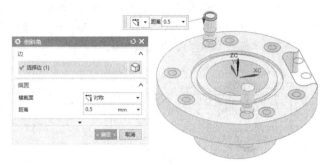

图 2-241　倒斜角（5）

击"应用"。重复上述操作，创建两个圆锥台。选择圆锥台顶部边进行边倒圆操作，"半径 1"设为 1，完成定位销的创建，按"Ctrl+K"组合键将定位销和前端盖隐藏，仅显示步骤（7）绘制的草图。

图 2-242　创建圆台

（27）单击"拉伸"按钮，弹出"拉伸"对话框。选择图 2-243 所示的曲线，"指定矢量"设为-ZC，"开始距离"设为-3，"结束距离"设为 7，"布尔"操作选择"无"，单击"确定"，完成拉伸实体的创建。

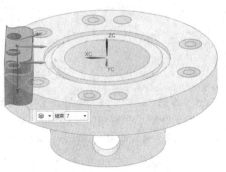

图 2-243　拉伸草图（3）

（28）单击"菜单"→"插入"→"在任务环境中绘制草图"，弹出"创建草图"对话框，选择步骤（27）拉伸实体底面（图 2-243 下部，拉伸结束位置）为草图平面，单击"确定"，进入"草图"工作界面，绘制

图 2-244 所示的草图。

（29）单击"拉伸"按钮🖼️，弹出"拉伸"对话框。"曲线规则"选择"单条曲线"，设置"选择曲线"为图 2-245 所示的曲线，"指定矢量"设为 ZC，"开始距离"设为 0，"结束距离"设为 1，"布尔"操作选择"无"，单击"确定"，并将其隐藏。

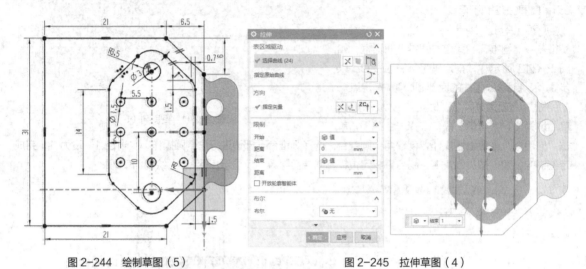

图 2-244 绘制草图（5）　　　　　　　　　　　图 2-245 拉伸草图（4）

（30）重复拉伸操作，设置"选择曲线"为图 2-246 所示的曲线，"指定矢量"设为 ZC，"开始距离"设为 0，"结束距离"设为 15，"布尔"操作选择"无"，单击"确定"，并将其隐藏。

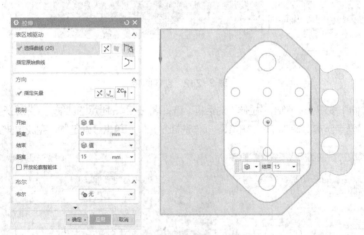

图 2-246 拉伸草图（5）

（31）重复拉伸操作，设置"选择曲线"为图 2-247 所示的曲线，"指定矢量"设为 ZC，"开始距离"设为 11，"结束距离"设为 20.5，"布尔"操作选择"无"，单击"应用"。

（32）重复拉伸操作，设置"选择曲线"为图 2-248 所示的曲线，"指定矢量"设为 ZC，"开始距离"设为 15，"结束距离"设为 30，"布尔"操作选择"合并"，求和对象为步骤（31）创建的拉伸实体，单击"应用"。

（33）单击"菜单"→"插入"→"在任务环境中绘制草图"，弹出"创建草图"对话框，选择步骤（28）绘制的草图平面为工作平面，单击"确定"，进入"草图"工作界面，绘制图 2-249 所示的草图，单击"完成草图"，退出草图绘制环境。单击"拉伸"按钮🖼️，弹出"拉伸"对话框。"曲线规则"选择"单条曲线"，设置"选择曲线"为新绘制的草图，"指定矢量"设为-ZC，"开始距离"设为 11，"结束距离"设为 20.5，

"布尔"操作选择"减去"，求差对象为步骤（32）创建的拉伸实体，单击"确定"。

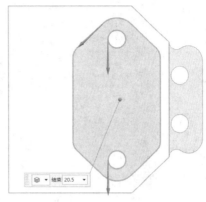

图 2-247　拉伸草图（6）

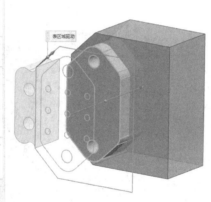

图 2-248　拉伸草图（7）

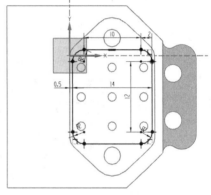

图 2-249　绘制草图（6）

（34）单击"菜单"→"插入"→"在任务环境中绘制草图"，弹出"创建草图"对话框，选择图 2-248 拉伸实体的右侧面为工作平面，单击"确定"，进入"草图"工作界面，绘制图 2-250 所示的草图，单击"完成草图"，退出草图绘制环境。

（35）单击"拉伸"按钮，弹出"拉伸"对话框。"曲线规则"选择"单条曲线"，设置"选择曲线"为图 2-251 所示的草图，"指定矢量"设为-XC，"开始距离"设为 0，"结束距离"设为 1，"布尔"操作选择"减去"，求差对象为步骤（32）创建的拉伸实体，单击"应用"。

（36）重复拉伸操作，设置"选择曲线"为图 2-252 所示的草图，"指定矢量"设为-XC，"开始距离"设为 0，"结束距离"设为 15，"布尔"操作选择"减去"，求差对象为步骤（32）创建的拉伸实体，单击"确定"，完成接线盒的创建。

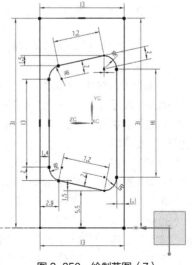

图 2-250　绘制草图（7）

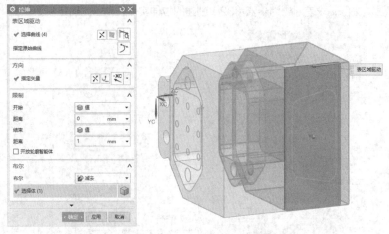

图 2-251　拉伸草图（8）

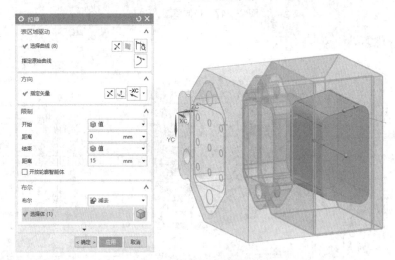

图 2-252　拉伸草图（9）

2.2.2　平口手爪

【例 2-17】创建图 2-253 所示的工业机器人平口手爪。

操作步骤如下。

（1）新建模型文件，将其命名为"平口手爪工具"。单击"菜单"→"插入"→"在任务环境中绘制草图"，弹出"创建草图"对话框，选择基准坐标系的 xy 平面为工作平面，单击"确定"，进入"草图"工作界面，绘制图 2-254 所示的草图，单击"完成草图"，退出草图绘制环境。

视频：例 2-17
操作步骤

（2）单击"拉伸"按钮，或单击"菜单"→"插入"→"设计特征"→"拉伸"，弹出"拉伸"对话框。如图 2-255 所示，设置"选择曲线"为步骤（1）绘制的草图，"指定矢量"设为-ZC，"开始距离"设为 0，"结束距离"设为 16，单击"确定"。

（3）单击"菜单"→"插入"→"基准/点"→"基准平面"，弹出"基准平面"对话框。如图 2-256 所示，"类型"选择"按某一距离"，"平面参考"选择步骤（2）创建的拉伸实体的上表面，"距离"设为 8，单击"反向"，单击"确定"，插入一个基准平面。

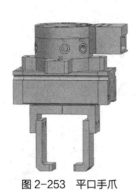

图 2-253　平口手爪

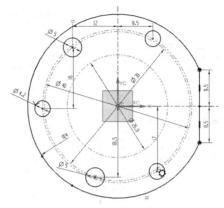

图 2-254　绘制草图（1）

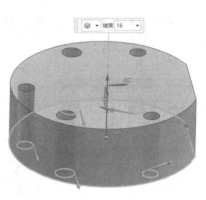

图 2-255　在斜面上绘制草图

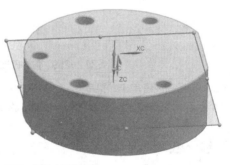

图 2-256　插入基准平面

（4）单击"菜单"→"插入"→"在任务环境中绘制草图"，弹出"创建草图"对话框，选择步骤（3）创建的基准平面为工作平面，单击"确定"，进入"草图"工作界面，绘制图 2-257 所示的草图，单击"完成草图"，退出草图绘制环境。

（5）单击"菜单"→"插入"→"设计特征"→"圆柱"，弹出"圆柱"对话框，选择图 2-258 所示的半径为"指定矢量"，设置"指定点"为直径为 48 的圆与半径的交点，"直径"设为 8，"高度"设为 0.5，单击"应用"，创建一个圆柱体。重复操作，在"圆柱"对话框中，"直径"设为 5，"高度"设为 7.5，"布尔"操作选择"合并"，求和对象直径为 8、高为 0.5 的圆柱体，单击"应用"。重复上述操作，创建 6 个圆柱体。

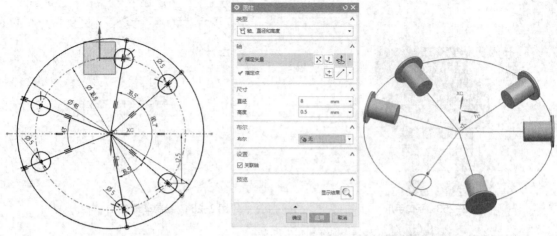

图 2-257　绘制草图（2）　　　　　　　　图 2-258　创建圆柱体（1）

（6）单击"拉伸"按钮![btn]，弹出"拉伸"对话框，如图 2-259 所示，"曲线规则"选择"单条曲线"。设置"选择曲线"为步骤（4）绘制的直径为 5 的 6 个圆，"指定矢量"设为-ZC，"开始距离"设为 0，"结束距离"设为 8，单击"确定"。

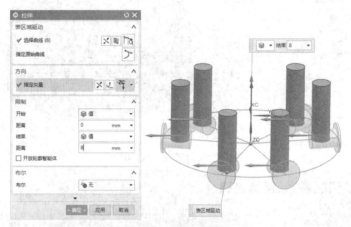

图 2-259　拉伸圆柱实体

（7）单击"减去"按钮，或者单击"菜单"→"插入"→"组合"→"减去"，弹出"求差"对话框，如图 2-260 所示，选择目标体为步骤（2）创建的拉伸实体，选择工具体为步骤（5）和步骤（6）创建的圆柱体，单击"确定"。

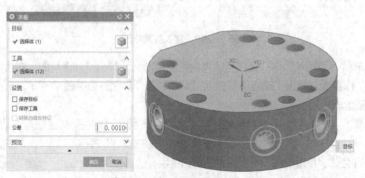

图 2-260　求差操作（1）

（8）单击"菜单"→"插入"→"在任务环境中绘制草图"，弹出"创建草图"对话框，选择步骤（7）创建的实体的顶部平面为工作平面，单击"确定"，进入"草图"工作界面，绘制图 2-261 所示的草图，单击"完成草图"，退出草图绘制环境。

（9）单击"拉伸"按钮，弹出"拉伸"对话框，"曲线规则"选择"单条曲线"。选择图 2-262 所示曲线，"指定矢量"设为-ZC，"开始距离"设为 0，"结束距离"设为 9，单击"确定"。

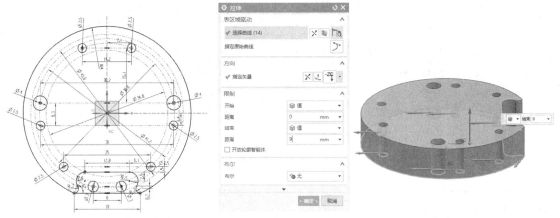

图 2-261　绘制草图（3）　　　　　　　　　　图 2-262　拉伸实体（1）

（10）单击"菜单"→"插入"→"设计特征"→"圆锥"，弹出"圆锥"对话框，"指定矢量"设为 ZC，选择图 2-263 所示的圆心点为"指定点"，"底部直径"设为 6.5，"顶部直径"设为 4.75，"高度"设为 2.5，"布尔"操作选择"减去"，"选择体"为步骤（9）创建的拉伸实体，单击"确定"。重复上述操作，完成 6 个圆锥台的创建并求差。

（11）单击"拉伸"按钮，弹出"拉伸"对话框，"曲线规则"选择"单条曲线"。设置"选择曲线"为图 2-264 所示的草图，"指定矢量"设为-ZC，"开始距离"设为-1，"结束距离"设为 9，单击"确定"。

图 2-263　创建圆锥台并求差　　　　　　　　图 2-264　拉伸实体（2）

（12）单击"减去"按钮，弹出"求差"对话框，选择目标体为步骤（2）创建的拉伸实体，选择工具体为步骤（11）创建的拉伸实体，勾选"保存工具"复选框，单击"确定"。单击"拉伸"按钮，弹出"拉伸"对话框，"曲线规则"选择"单条曲线"。选择图 2-265 所示的两个圆，"指定矢量"设为-ZC，"开始距离"设为–1，"结束距离"设为9，"布尔"操作选择减去，求差对象为步骤（11）创建的实体，单击"确定"。

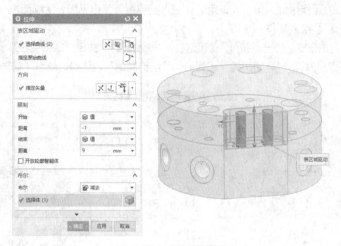

图 2-265　创建圆柱并求差

（13）单击"菜单"→"插入"→"在任务环境中绘制草图"，弹出"创建草图"对话框，选择步骤（11）创建的拉伸实体的顶部平面为工作平面，单击"确定"，进入"草图"工作界面，绘制图 2-266 所示的草图，单击"完成草图"，退出草图绘制环境。

（14）单击"拉伸"按钮，弹出"拉伸"对话框。"曲线规则"选择"单条曲线"，设置"选择曲线"为图 2-267 所示的曲线，"指定矢量"设为 ZC，"开始距离"设为 0，"结束距离"设为 1，"布尔"操作选择"无"，单击"确定"，并将其隐藏。

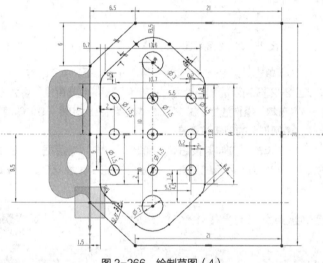

图 2-266　绘制草图（4）

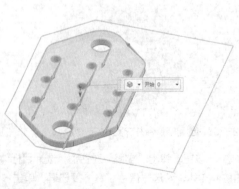

图 2-267　拉伸实体（3）

（15）重复拉伸操作，设置"选择曲线"为图 2-268 所示的曲线，"指定矢量"设为 ZC，"开始距离"设为 0，"结束距离"设为 22.5，"布尔"操作选择"无"，单击"确定"，并将其隐藏。

（16）重复拉伸操作，设置"选择曲线"为图 2-269 所示的曲线，"指定矢量"设为 ZC，"开始距离"设为 0，"结束距离"设为 11，"布尔"操作选择"减去"，求差对象为步骤（15）创建的拉伸实体，单击"应用"。

（17）单击"菜单"→"插入"→"在任务环境中绘制草图"，弹出"创建草图"对话框，选择步骤（15）创建的拉伸实体右侧面为工作平面，单击"确定"，进入"草图"工作界面，绘制图 2-270 所示的草图，单击"完成草图"，退出草图绘制环境。

（18）单击"拉伸"按钮，弹出"拉伸"对话框。"曲线规则"选择"单条曲线"，设置"选择曲线"为图 2-271 所示的草图，"指定矢量"设为-XC，"开始距离"设为 0，"结束距离"设为 1，"布尔"操作选择"减去"，求差对象为步骤（15）创建的拉伸实体，单击"应用"。

（19）重复拉伸操作，设置"选择曲线"为图 2-272 所示的草图，"指定矢量"设为-XC，"开始距离"设为 0，"结束距离"

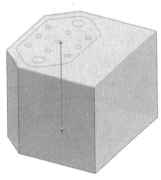

图 2-268　拉伸实体（4）

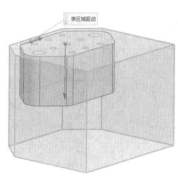

图 2-269　拉伸实体（5）

设为 15，"布尔"操作选择"减去"，求差对象为步骤（15）创建的拉伸实体，单击"确定"，完成接线盒的创建。

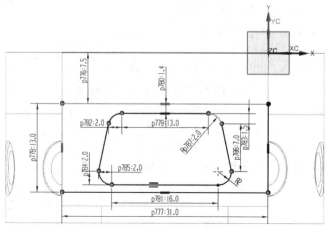

图 2-270　绘制草图（5）

105

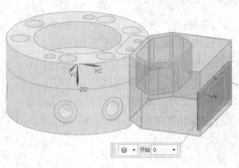

图 2-271　拉伸实体（6）

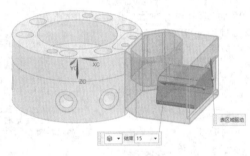

图 2-272　拉伸实体（7）

（20）单击"菜单"→"插入"→"在任务环境中绘制草图"，弹出"创建草图"对话框，选择步骤（2）创建的拉伸实体的底面为工作平面，单击"确定"，进入"草图"工作界面，绘制图 2-273 所示的草图，单击"完成草图"，退出草图绘制环境。

（21）单击"拉伸"按钮■，弹出"拉伸"对话框。"曲线规则"选择"单条曲线"，设置"选择曲线"为图 2-274所示的草图，"指定矢量"设为 ZC，"开始距离"设为 0，"结束距离"设为 10，"布尔"操作选择"无"，单击"确定"。

（22）单击"倒斜角"按钮┐，或单击"菜单"→"插入"→"细节特征"→"倒斜角"，弹出"倒斜角"对话框，设置"选择边"为图 2-275 所示的曲线，"距离"设为 1，单击"确定"。

（23）单击"菜单"→"插入"→"基准/点"→"基准平面"，弹出"基准平面"对话框。如图 2-276 所示，"类型"

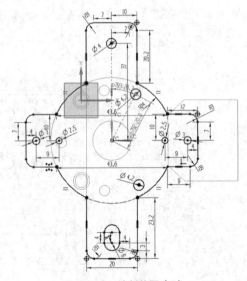

图 2-273　绘制草图（6）

选择"按某一距离"，设置"选择平面对象"为基准坐标系的 yz 平面，"距离"设为 39，单击"确定"，插入一个基准平面。

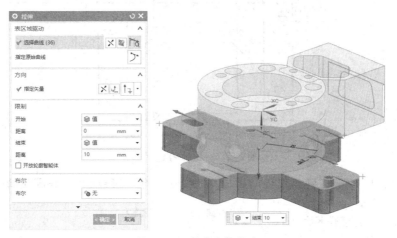

图 2-274　拉伸实体（8）

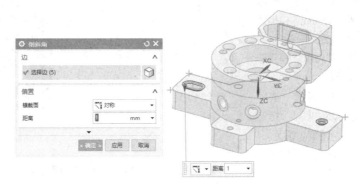

图 2-275　倒斜角

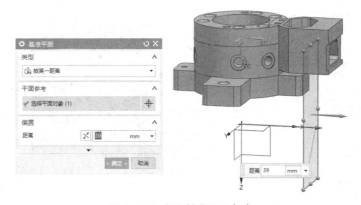

图 2-276　插入基准平面（1）

（24）单击"菜单"→"插入"→"在任务环境中绘制草图"，弹出"创建草图"对话框，选择步骤（23）创建的基准平面为工作平面，单击"确定"，进入"草图"工作界面，绘制图 2-277 所示的草图，单击"完成草图"，退出草图绘制环境。

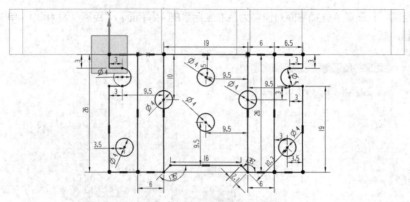

图 2-277　绘制草图（7）

（25）单击"拉伸"按钮，弹出"拉伸"对话框，"曲线规则"选择"单条曲线"。设置"选择曲线"为图 2-278
所示的曲线，"指定矢量"设为-XC，"开始距离"设为 0，"结束距离"设为 3.5，"布尔"操作选择"无"，单击"确定"。

（26）重复拉伸操作，设置"选择曲线"为图 2-279 所示的曲线，"指定矢量"设为-XC，"开始距离"设为 0，"结束距离"设为 4.5，"布尔"操作选择"合并"，单击"应用"。

（27）重复拉伸操作，设置"选择曲线"为图 2-280 所示的曲线，"指定矢量"设为-XC，"开始距离"设为 0，"结束距离"设为 8，"布尔"操作选择"合并"，单击"应用"。

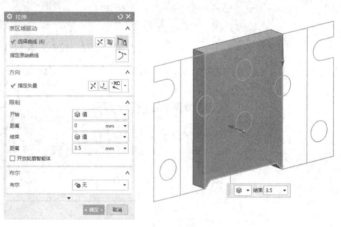

图 2-278　拉伸实体（9）

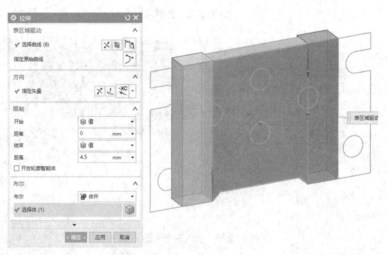

图 2-279　拉伸实体（10）

（28）单击"菜单"→"插入"→"关联复制"→"镜像几何体"，弹出"镜像几何体"对话框，如图 2-281
所示，设置"选择对象"为步骤（27）得到的实体，设置"指定平面"为 yz 平面，单击"确定"，完成镜像几何体的操作。

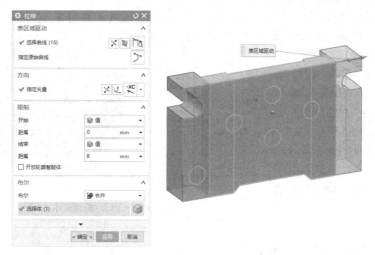

图 2-280　拉伸实体（11）

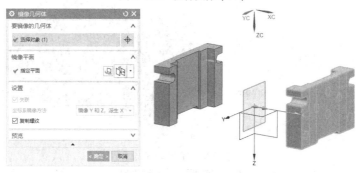

图 2-281　镜像几何体（1）

（29）单击"菜单"→"插入"→"在任务环境中绘制草图"，弹出"创建草图"对话框，选择步骤（28）创建的镜像几何体的左侧面为工作平面，单击"确定"，进入"草图"工作界面，绘制图 2-280 所示的草图，单击"完成草图"，退出草图绘制环境。

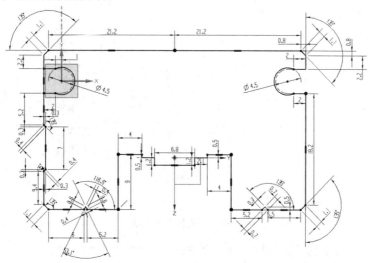

图 2-282　绘制草图（8）

（30）单击"拉伸"按钮，弹出"拉伸"对话框，"曲线规则"选择"单条曲线"。设置"选择曲线"为图2-283所示的曲线，"指定矢量"设为XC，"开始距离"设为0，"结束距离"设为78，"布尔"操作选择"无"，单击"确定"。

（31）单击"减去"按钮，弹出"求差"对话框，如图2-284所示，选择目标体为步骤（30）创建的拉伸实体，选择工具体为步骤（27）创建的几何体和步骤（28）创建的镜像几何体，勾选"保存工具"复选框，单击"确定"。

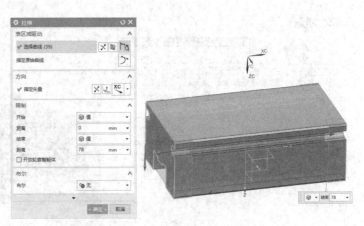

图2-283 拉伸实体（12）

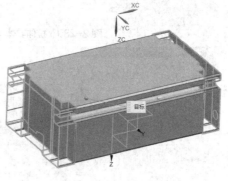

图2-284 求差操作（2）

（32）单击"拉伸"按钮，弹出"拉伸"对话框，"曲线规则"选择"单条曲线"。选择图2-285所示的两个圆，"指定矢量"设为-XC，"开始距离"设为0，"结束距离"设为1.5，"布尔"操作选择减去，求差对象为步骤（27）创建的实体，单击"应用"。

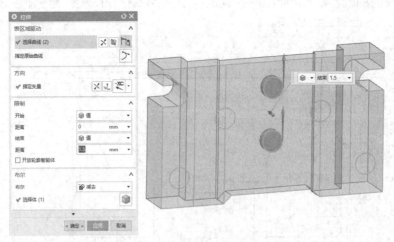

图2-285 拉伸实体（13）

（33）重复拉伸操作，设置"选择曲线"为图2-286所示的曲线，"指定矢量"设为-XC，"开始距离"设为0，"结束距离"设为3，"布尔"操作选择"减去"，单击"确定"。重复操作，完成另一侧的打孔。

（34）单击"拉伸"按钮，弹出"拉伸"对话框，"曲线规则"选择"单条曲线"。选择图 2-287 所示的曲线，"指定矢量"设为 XC，"开始距离"设为 25，"结束距离"设为 40，"布尔"操作选择"无"，单击"应用"。重复操作，"开始距离"设为 55，"结束距离"设为 70，"布尔"操作选择"无"，单击"应用"。

（35）单击"菜单"→"插入"→"设计特征"→"圆柱"，弹出"圆柱"对话框，如图 2-288 所示，"指定矢量"设为-XC，"直径"设为 1.5，"高度"设为 12，单击"确定"。重复操作，完成两个圆柱的创建。

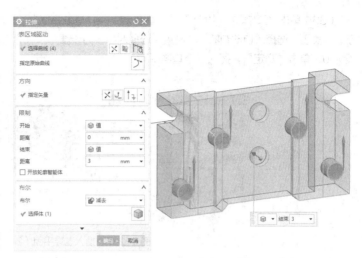

图 2-286　拉伸实体（14）

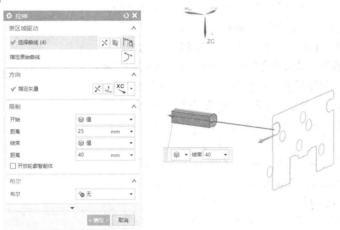

图 2-287　拉伸实体（15）

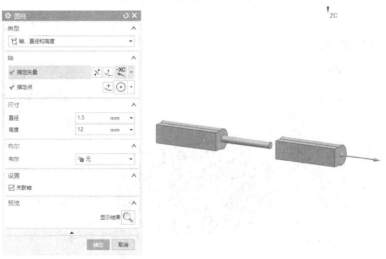

图 2-288　创建圆柱体（2）

（36）单击"菜单"→"插入"→"基准/点"→"基准平面"，弹出"基准平面"对话框。如图2-289所示，"类型"选择"自动判断"，设置"选择对象"为步骤（27）创建的实体的右侧面（–*xc*方向），"距离"设为0，单击"确定"，插入一个基准平面。

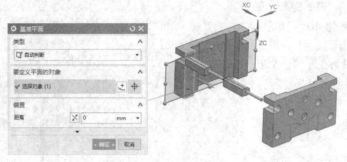

图2-289　插入基准平面（2）

（37）单击"菜单"→"插入"→"在任务环境中绘制草图"，弹出"创建草图"对话框，选择步骤（23）创建的基准平面为工作平面，单击"确定"，进入"草图"工作界面，绘制图2-290所示的草图，单击"完成草图"，退出草图绘制环境。

（38）单击"拉伸"按钮 ，弹出"拉伸"对话框，"曲线规则"选择"单条曲线"。设置"选择曲线"图2-291所示的曲线，"指定矢量"设为–XC，"开始距离"设为8.6，"结束距离"设为31，"布尔"操作选择"无"，单击"确定"。重复操作，"开始距离"设为31，"结束距离"设为53.4，"布尔"操作选择"无"，单击"确定"。

（39）单击"菜单"→"插入"→"在任务环境中绘制草图"，弹出"创建草图"对话框，选择步骤（38）创建的实体的左侧平面（图2-291所示的左侧面）为工作平面，单击"确定"，进入"草图"工作界面，绘制图2-292所示的草图，单击"完成草图"，退出草图绘制环境。

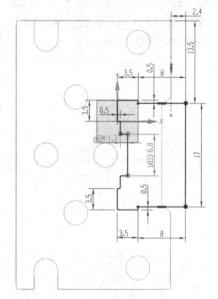

图2-290　绘制草图（9）

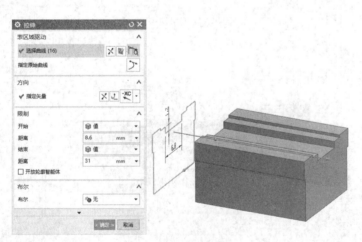

图2-291　拉伸实体（16）

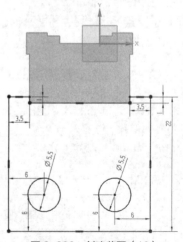

图2-292　创建草图（10）

（40）单击"拉伸"按钮，弹出"拉伸"对话框，"曲线规则"选择"单条曲线"。设置"选择曲线"为图 2-293所示的曲线，"指定矢量"设为-XC，"开始距离"设为-4.5，"结束距离"设为 22.5，"布尔"操作选择"无"，单击"确定"。

（41）单击"菜单"→"插入"→"在任务环境中绘制草图"，弹出"创建草图"对话框，选择步骤（40）创建的实体的正面（-yc 方向）为工作平面，单击"确定"，进入"草图"工作界面，绘制图 2-294 所示的草图，单击"完成草图"，退出草图绘制环境。

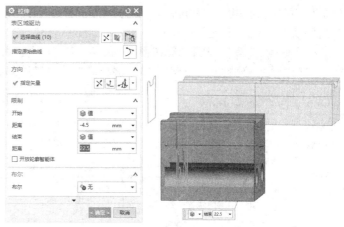

图 2-293　拉伸实体（17）

（42）单击"拉伸"按钮，弹出"拉伸"对话框，"曲线规则"选择"单条曲线"。设置"选择曲线"为图 2-295所示的曲线，"指定矢量"设为 YC，"开始距离"设为 0，"结束距离"设为 24，"布尔"操作选择"减去"，求差对象为步骤（41）拉伸的实体，单击"确定"。

（43）单击"菜单"→"插入"→"在任务环境中绘制草图"，弹出"创建草图"对话框，选择步骤（42）创建的

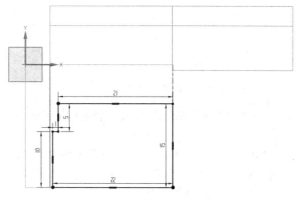

图 2-294　绘制草图（11）

实体的正面（-yc 方向）为工作平面，单击"确定"，进入"草图"工作界面，绘制图 2-296 所示的草图，单击"完成草图"，退出草图绘制环境。

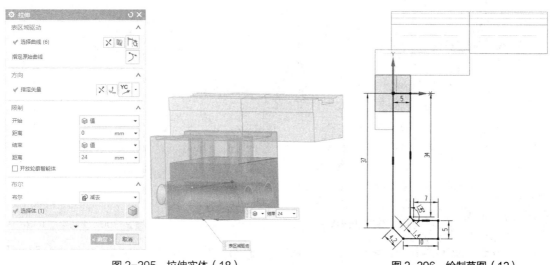

图 2-295　拉伸实体（18）　　　　　　图 2-296　绘制草图（12）

（44）单击"拉伸"按钮，弹出"拉伸"对话框，"曲线规则"选择"单条曲线"。设置"选择曲线"

为图 2-297 所示的曲线，"指定矢量"设为 YC，"开始距离"设为 0，"结束距离"设为 24，"布尔"操作选择"无"，单击"确定"。

（45）重复拉伸操作，设置"选择曲线"为图 2-298 所示的曲线，"指定矢量"设为-XC，"开始距离"设为 0，"结束距离"设为 15，"布尔"操作选择"减去"，求差对象为步骤（44）创建的实体，单击"确定"。

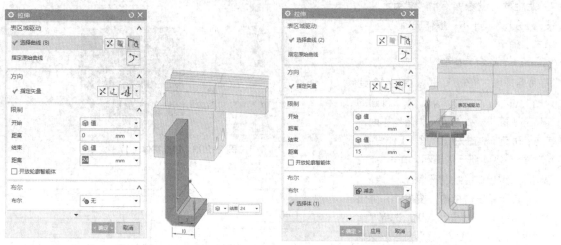

图 2-297　拉伸实体（19）　　　　　　　　　　　图 2-298　拉伸实体（20）

（46）单击"边倒圆"按钮，弹出"边倒圆"对话框，选择图 2-299 所示的两条边，"半径 1"设为 2，单击"确定"。

（47）单击"菜单"→"插入"→"在任务环境中绘制草图"，弹出"创建草图"对话框，选择步骤（46）创建的实体下部的上表面为工作平面，单击"确定"，进入"草图"工作界面，绘制图 2-300 所示的草图，单击"完成草图"，退出草图绘制环境。

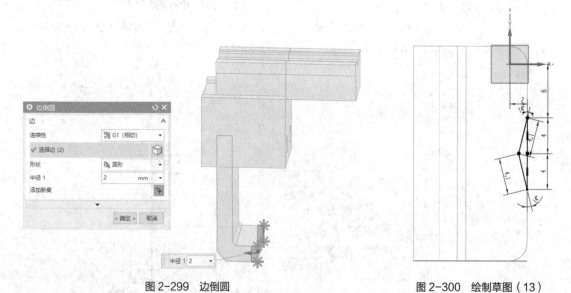

图 2-299　边倒圆　　　　　　　　　　　　　　图 2-300　绘制草图（13）

（48）单击"拉伸"按钮，弹出"拉伸"对话框，"曲线规则"选择"单条曲线"。设置"选择曲线"为图 2-301 所示的曲线，"指定矢量"设为 YC，"开始距离"设为 0，"结束距离"设为 10，"布尔"操作选择"减去"，单击"确定"。

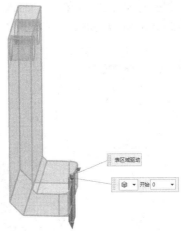

图 2-301　拉伸实体（21）

（49）单击"菜单"→"插入"→"关联复制"→"镜像几何体"，弹出"镜像几何体"对话框，如图 2-302 所示，设置"选择对象"为步骤（42）和步骤（48）创建的几何体，设置"指定平面"为 yz 平面，单击"确定"，完成平口手爪工具的建模。

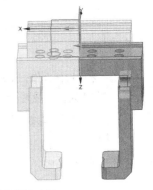

图 2-302　镜像几何体（2）

任务 2.3　周边设备（传输线）建模

【例 2-18】创建图 2-303 所示的传输线。

操作步骤如下。

（1）新建文件，将其命名为"传输线"。单击"菜单"→"插入"→"在任务环境中绘制草图"，弹出"创建草图"对话框，选择基准坐标系的 xy 平面作为工作平面，单击"确定"，进入"草图"工作界面，绘制图 2-304 所示的草图，单击"完成草图"，退出草图绘制环境。

视频：例 2-18
操作步骤

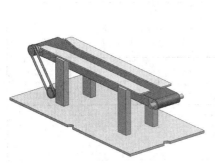

图 2-303　传输线

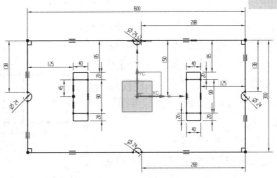

图 2-304　绘制草图（1）

115

（2）单击"拉伸"按钮，或单击"菜单"→"插入"→"设计特征"→"拉伸"，弹出"拉伸"对话框，设置"选择曲线"为图 2-305 所示的曲线，"指定矢量"设为-ZC，"开始距离"设为 0，"结束距离"设为 8，单击"确定"。

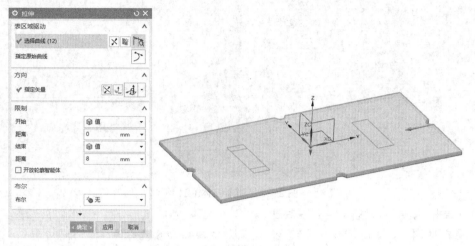

图 2-305　拉伸实体（1）

（3）重复拉伸操作，设置"选择曲线"为图 2-306 所示的曲线，"指定矢量"设为 ZC，"开始距离"设为 0，"结束距离"设为 150，单击"确定"。

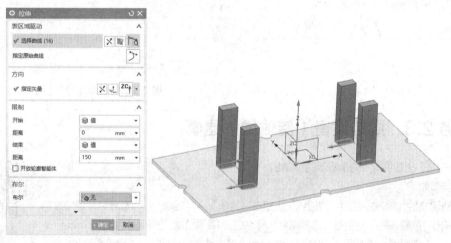

图 2-306　拉伸实体（2）

（4）单击"菜单"→"插入"→"在任务环境中绘制草图"，弹出"创建草图"对话框，选择步骤（3）创建的长方体的顶部平面为工作平面，单击"确定"，进入"草图"工作界面，绘制图 2-307 所示的草图，单击"完成草图"，退出草图绘制环境。

（5）单击"拉伸"按钮，弹出"拉伸"对话框，设置"选择曲线"为图 2-308 所示的曲线，"指定矢量"设为-ZC，"开始距离"设

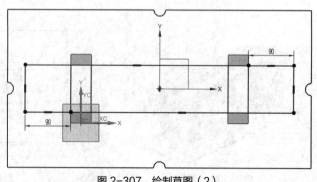

图 2-307　绘制草图（2）

为 0，"结束距离"设为 30，单击"确定"。

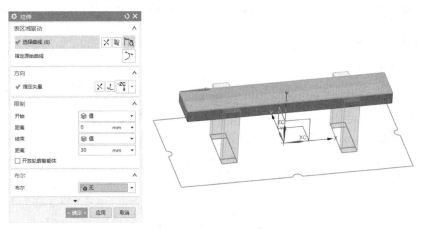

图 2-308　拉伸实体（3）

（6）单击"菜单"→"插入"→"在任务环境中绘制草图"，弹出"创建草图"对话框，选择步骤（3）创建的长方体的顶部平面为工作平面，单击"确定"，进入"草图"工作界面，绘制图 2-309 所示的草图，单击"完成草图"，退出草图绘制环境。

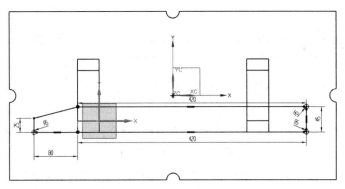

图 2-309　绘制草图（3）

（7）单击"拉伸"按钮，弹出"拉伸"对话框，设置"选择曲线"为图 2-310 所示的曲线，"指定矢量"设为 ZC，"开始距离"设为 5，"结束距离"设为 10，单击"确定"。

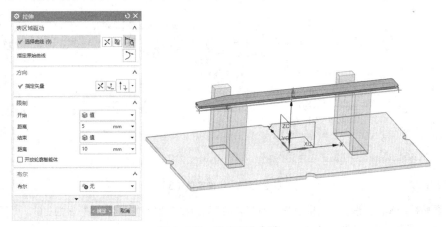

图 2-310　拉伸实体（4）

（8）单击"菜单"→"插入"→"关联复制"→"镜像几何体"，弹出"镜像几何体"对话框，如图 2-311 所示，设置"选择对象"为步骤（7）创建的拉伸实体，设置"镜像平面"为 xz 基准平面，单击"确定"。

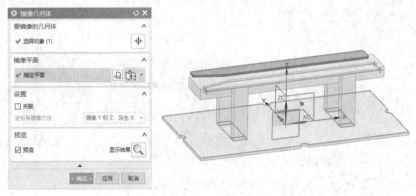

图 2-311　镜像几何体

（9）单击"菜单"→"插入"→"在任务环境中绘制草图"，弹出"创建草图"对话框，选择步骤（5）创建的拉伸实体的正面（-yc 方向）为工作平面，单击"确定"，进入"草图"工作界面，绘制图 2-312 所示的草图，单击"完成草图"，退出草图绘制环境。

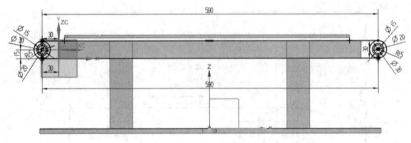

图 2-312　绘制草图（4）

（10）单击"拉伸"按钮，弹出"拉伸"对话框，"曲线规则"选择"单条曲线"，设置"选择曲线"为图 2-313 所示的圆，"指定矢量"设为 YC，"开始距离"设为 0，"结束距离"设为 90，单击"应用"。

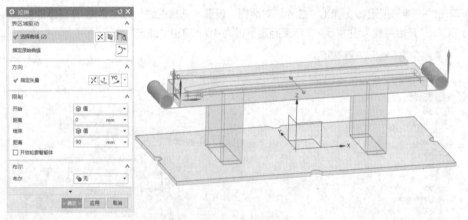

图 2-313　拉伸实体（5）

（11）重复拉伸操作，设置"选择曲线"为图 2-314 所示的圆，"指定矢量"设为 YC，"开始距离"设为-10，"结束距离"设为 100，单击"应用"。

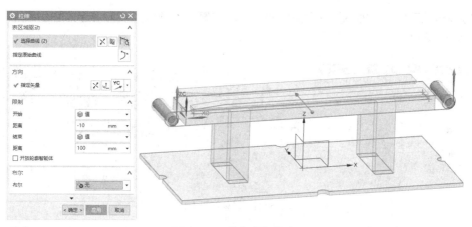

图 2-314　拉伸实体（6）

（12）重复拉伸操作，设置"选择曲线"为图 2-315 所示的圆，"指定矢量"设为 YC，"开始距离"设为-20，"结束距离"设为 110，单击"确定"。

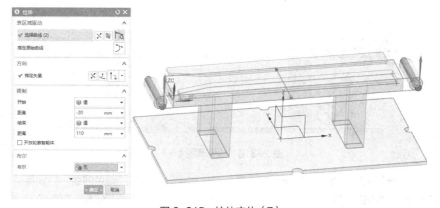

图 2-315　拉伸实体（7）

（13）重复拉伸操作，设置"选择曲线"为图 2-316 所示的曲线，"指定矢量"设为 YC，"开始距离"设为 0，"结束距离"设为 90，"体类型"选择"片体"，单击"确定"。

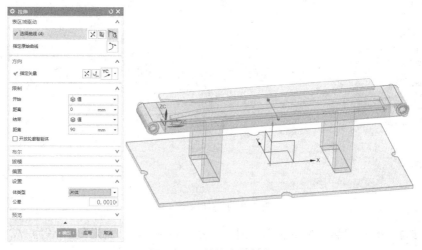

图 2-316　拉伸片体（1）

（14）单击"菜单"→"插入"→"偏置/缩放"→"加厚"，选择图2-317所示的曲面片体，"偏置1"设为1，单击"确定"。

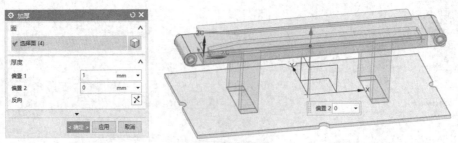

图2-317　片体加厚（1）

（15）单击"菜单"→"插入"→"在任务环境中绘制草图"，弹出"创建草图"对话框，选择步骤（12）创建的拉伸圆柱体的正面（$-yc$方向）为工作平面，单击"确定"，进入"草图"工作界面，绘制图2-318所示的草图，单击"完成草图"，退出草图绘制环境。

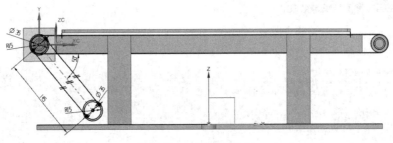

图2-318　绘制草图（5）

（16）单击"拉伸"按钮，弹出"拉伸"对话框，"曲线规则"选择"单条曲线"，设置"选择曲线"为图2-319所示的圆，"指定矢量"设为-YC，"开始距离"设为-10，"结束距离"设为-8.5，单击"应用"。

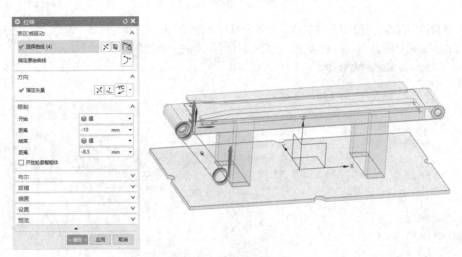

图2-319　拉伸实体（8）

（17）重复拉伸操作，设置"选择曲线"为图2-320所示的曲线，"指定矢量"设为-YC，"开始距离"设为-8，"结束距离"设为-1，"体类型"选择"片体"，单击"确定"。

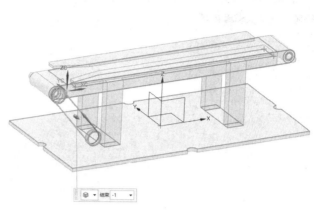

图 2-320　拉伸片体（2）

（18）单击"菜单"→"插入"→"偏置/缩放"→"加厚"，选择图 2-321 所示的曲面片体，"偏置 1"设为 1，单击"确定"。

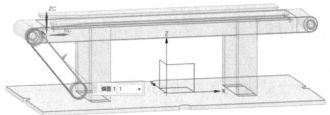

图 2-321　片体加厚（2）

（19）单击"拉伸"按钮，弹出"拉伸"对话框，"曲线规则"选择"单条曲线"，设置"选择曲线"为图 2-322 所示的圆（直径为 30），"指定矢量"设为-YC，"开始距离"设为-10，"结束距离"设为 0，单击"应用"。

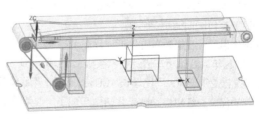

图 2-322　拉伸实体（9）

（20）重复拉伸操作，设置"选择曲线"为图 2-323 所示的曲线，"指定矢量"设为-YC，"开始距离"设为-0.5，"结束距离"设为 1，单击"确定"。

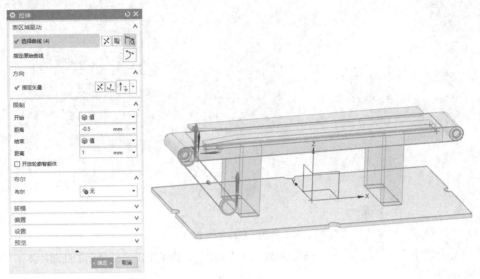

图 2-323　拉伸实体（10）

【项目小结】

本项目主要介绍了 NX 软件的三维造型功能，包括二维草图绘制、三维建模和装配等。在此基础上，本项目还详细介绍了工业机器人本体（ABB IRB120）、快换工具（母盘和平口手爪）、周边设备（传输线）的建模方法和流程。

通过对本项目的学习，读者能够加深对工业机器人集成系统结构的认识，熟悉 NX 软件建模模块的功能和使用方法，具备设计工业机器人集成系统中各种非标零部件的能力。

【扩展阅读】

案例：涅槃重生，红旗轿车的数字化转型之路。

1958 年，第一辆红旗轿车诞生，并成为国家领导人和国家重大活动用车。从此，作为国产汽车的代表，红旗不仅是一个著名的汽车品牌，还蕴含深深的情怀和记忆。

近年来，一汽红旗抓住数字化转型机遇，实现了高质量发展。据悉，数字化手段让汽车的研发效率提升 40% 以上，研发周期缩减 6 个月以上。此外，在制造环节，红旗建立了数字化工厂运营模式，将整车生产准备周期压缩 7 个月，使订单交付周期缩短 26% 以上。

借助各种数字化手段，红旗轿车的外形设计更加高端大气，性价比不断提升，红旗轿车产品也因此得到了消费者的喜爱。2018 年，红旗轿车累计销量突破 3 万辆。2019 年，红旗轿车累计销量突破 10 万辆。2020 年，红旗轿车销量突破 20 万辆，同比增长 100%。2021 年红旗轿车销量突破 30 万辆，同比增长 50% 以上。作为民族汽车品牌的代表，红旗借助数字化转型实现了"涅槃重生"。

【思考与练习】

【练习 2-1】在 NX 软件中先绘制图 2-324 所示的监控系统二维草图，再通过拉伸进行三维建模。

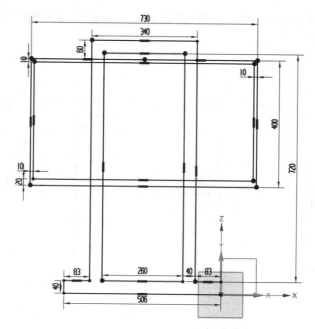

视频:思考与练习
2-1 操作步骤

图 2-324　监控系统二维草图

【练习 2-2】在 NX 软件中先绘制图 2-325 所示的轴的二维草图，再通过旋转进行三维建模。

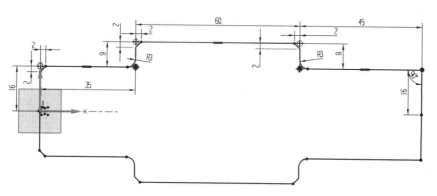

图 2-325　轴的二维草图

【练习 2-3】在 NX 软件中创建图 2-326 所示工作台模型（未标尺寸自拟）。

【练习 2-4】在 NX 软件中创建图 2-327 所示控制台模型（未标尺寸自拟）。

视频:思考与练习
2-2 操作步骤

视频:思考与练习
2-3 操作步骤

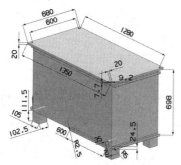

图 2-326　工作台模型

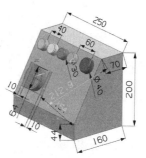

图 2-327　控制台模型

视频:思考与练习
2-4 操作步骤

【练习 2-5】使用 NX 软件，参考图 2-328 的二维草图和三维模型，进行变位机模型的三维设计。

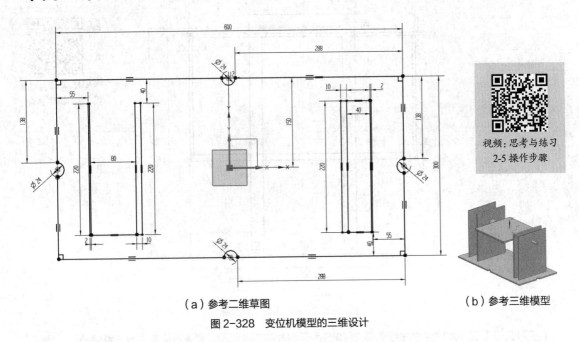

视频：思考与练习
2-5 操作步骤

（a）参考二维草图 （b）参考三维模型

图 2-328 变位机模型的三维设计

项目3
基于PS软件的工业机器人集成系统仿真

【学习目标】

知识目标

（1）了解 PS 软件的基本功能；

（2）熟悉 PS 软件的界面。

能力目标

（1）掌握 PS 软件的模型导入等基本操作；

（2）掌握 PS 软件的设备定义方法；

（3）掌握 PS 软件操作的创建方法；

（4）掌握 PS 软件的机器人仿真操作。

素质目标

（1）具有良好的职业道德、扎实的实践能力、较强的创新能力；

（2）能够适应岗位的变化，完成各种 PS 软件仿真任务；

（3）能够通过独立学习，掌握 PS 软件新的功能。

【学习导图】

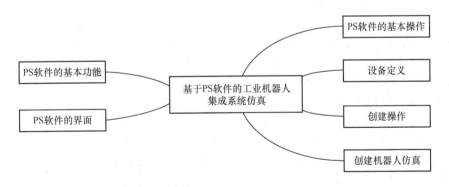

【知识准备】

知识 3.1 PS 软件的基本功能

3.1.1 PS 软件的功能概述

Process Simulate（PS）是一款用于工艺过程仿真的软件。它与 Process Designer（PD）合称为 PDPS，都属于西门子公司数字化制造解决方案 Tecnomatix 软件的组件。其中，PD 侧重于数据管理与工艺规划，PS 侧重于仿真验证与离线编程。

PS 与 Mechatronics Concept Designer（NX MCD）的主要区别在于 MCD 包含在 NX 软件中，可以兼顾三维设计，而 PS 的三维设计功能较弱，常用于仿真和调试；MCD 的设计、仿真，主要针对单工作站，而 PS 主要针对的领域是生产线级别的虚拟仿真和调试，特别是多个机器人、动作较复杂的场景，如汽车生产线的机器人焊装车间等。PS 的机器人模块支持多款机器人控制器，如 FANUC、ABB、KUKA、安川、那智不二越、三菱等名牌的机器人控制器，可进行多机器人多工位的过程仿真、离线编程和虚拟调试。

PS 软件支持 CAD 导入，能够进行干涉检查、自动路径生成，支持多种工艺、虚拟传感器，能够进行可达性验证、PLC 连接、机器人程序下载以及节拍计算与优化。PS 软件还具有点焊仿真、连续工艺仿真、装配仿真、人因仿真、机器人仿真及离线编程等诸多功能，能够实现从工厂布局仿真验证到生产线布局仿真验证，再到单个工位的仿真验证。

（1）CAD 导入。PS 通过 CAD Translators 组件可方便地导入各种主流 CAD 格式的数据，包括 IGES、STEP、NX、JT、ProE、DXF 及 CATIA 等。机器人程序员可依据这些精确的数据编制精度更高的机器人程序，从而提高产品质量。

（2）干涉检查。干涉检查功能可避免设备碰撞造成的严重损失。选定检测对象后，PS 可自动监测并显示程序执行时这些对象是否会发生干涉。

（3）自动路径生成。自动路径生成功能是 PS 中最能节省时间的功能之一。该功能通过干涉检查，便可自动生成并跟踪加工曲线所需要的机器人位置（路径）。

（4）支持多种工艺。PS 支持多种工艺仿真，如点焊、弧焊、激光焊、铆接、装配、包装、搬运、去毛倒刺、涂胶、抛光、喷涂、滚边等。

（5）支持虚拟传感器。PS 可以进行带有虚拟传感器的现实自动化设计。

（6）可达性验证。用户可通过该功能任意移动机器人或工件，并且可以将其移动到任意位置，在数分钟之内便可完成工作单元平面布置的验证和优化。

（7）PLC 连接。PS 通过 OPC DA、OPC UA 服务器或者 PLCSIM Advanced 软件，可以轻松地与 PLC 通信。其中，PLCSIM Advanced 所连接的 PLC 可以为软件生成的虚拟 PLC。

（8）机器人程序下载。仿真验证后，用户可以将机器人程序导出，并下载到机器人中。

（9）节拍计算与优化。软件在仿真环境下可以估算并且生成节拍，软件依据机器人运动速度、工艺因素和外围设备的运行时间进行节拍估算，然后通过优化机器人的运动轨迹来优化节拍、提高效率。通过 RCS 接口，软件可以获得更精确的工作节拍。

基于 PS 软件平台，工艺规划师和仿真工程师可采用单独或群组的方式工作，利用数字化建模和仿真的各种技术手段来模拟产品的整个生产制造过程，并把这一过程用三维动画的方式呈现出来，从而验证设计和制造工艺的可行性，帮助工艺规划师和仿真工程师尽早发现问题、解决问题，有助于企业缩短新产品研发周期，提高产品质量，降低研发和生产成本，降低风险。

3.1.2　PS 软件的仿真流程

PS 软件的仿真流程包括导入模型、定义设备、创建操作、运行仿真、虚拟调试等。

（1）创建或打开一个研究文件；

（2）导入产品及资源设备的数字化模型；

（3）定义设备运动机构，定义不同的工具设备类型；

（4）在工作区域对资源设备进行布局定位；

（5）创建对应的操作步骤，关联相关产品零件，制造特征和工具设备；

（6）定义操作步骤序列；

（7）分析和调整路径；

（8）分析和调整操作时间；

（9）创建仿真优化路径，调整布局和节拍；

（10）根据需要，导出机器人离线编程的程序；

（11）根据需要，连接 PLC 进行虚拟调试；

（12）根据仿真结果，指导优化现场生产线调试。

知识 3.2　PS 软件的界面

3.2.1　PS 软件的欢迎界面

软件安装成功后，双击桌面的快捷方式 ，或者单击桌面左下角的"开始"按钮 ，单击"Tecnomatix"→"PS on eMS Standalone"，启动 PS 软件，弹出图 3-1 所示的"欢迎使用"界面。

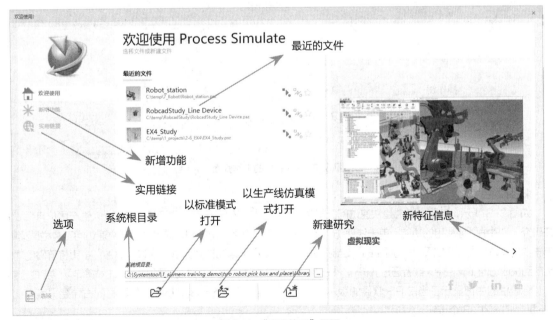

图 3-1　"欢迎使用"界面

PS 软件的"欢迎使用"界面提供了多种快捷功能，用户可以进行以下操作。

（1）最近的文件：选择及打开一个最近使用过的研究文件。

（2）新增功能：单击"新增功能"，可以切换到"新功能"界面。

（3）实用链接：单击"实用链接"，可以进入 PS 社区进行技术交流。

（4）系统根目录：设置研究数据存放的系统根目录。

（5）选项：设置 PS 软件选项。

（6）以标准模式打开：以标准模式打开一个研究文件。

（7）以生产线仿真模式打开：以生产线仿真模式打开一个研究文件。

（8）新建研究：新建一个研究文件。

（9）新特征信息：观看新特征信息及视频。

3.2.2　PS 软件的工作界面

PS 软件的工作界面如图 3-2 所示，该界面也称为"用户使用"功能界面，为方便介绍，在图中给每个功能区分别做了名称标注。

如图 3-2 所示，PS 软件的工作界面主要由标题栏、菜单栏、工具栏、图形显示区、图形查看器工具栏、仿真监视器、对象树、操作树、序列编辑器、路径编辑器、干涉查看器、状态栏等部分组成。

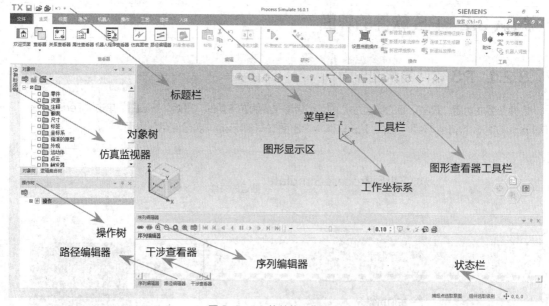

图 3-2　PS 软件的工作界面

1. 标题栏

如图 3-3 所示，标题栏左端是快速访问工具栏，其中包括"保存研究""打开研究""以生产线仿真模式打开研究""撤销"等常用的功能。单击快速访问工具栏最右侧的倒三角按钮，弹出"定制快速访问工具栏"菜单，单击"更多命令"，弹出图 3-4 所示的"定制"对话框，用户可以在该对话框中通过"添加"按钮将所需的功能定制到快速访问工具栏中，或者通过"移除"按钮将快速访问工具栏中的功能选项删除，单击"确定"，完成定制。

标题栏的中部显示了当前 PS 软件的版本号及研究文件名（创建新研究后）。标题栏的右端是"最小化""还原""关闭"3 个按钮。

2. 菜单栏及工具栏

PS 软件工作界面中的菜单栏包括"文件""主页""视图""建模""机器人""操作""工艺""控

件""人体"选项卡以及一个"搜索"功能区等，不同的选项卡包括不同的工具命令，这些工具命令的具体功能和用法将在后续任务中详细介绍。用户可通过"搜索"功能区快速查询工具命令。如图 3-5 所示，输入工具命令部分或完整名称后，工作界面中会显示与之相关的工具命令、对象。

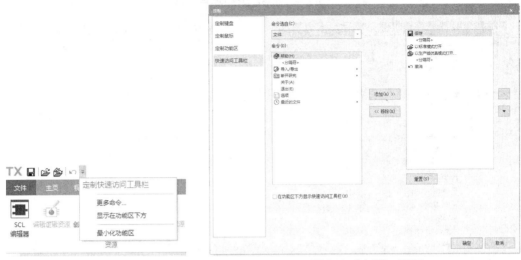

图 3-3　快速访问工具栏　　　　　　　　　　图 3-4　"定制"对话框

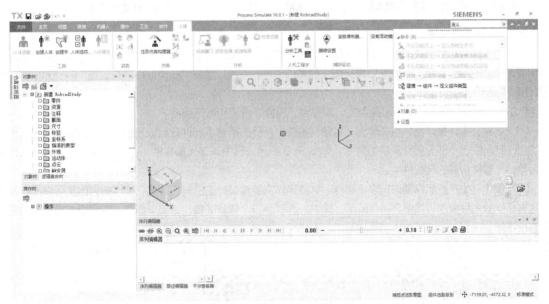

图 3-5　"搜索"功能区

3. 图形查看器工具栏

图形查看器工具栏如图 3-6 所示，该工具栏位于图形显示区上方的中间。图形查看器工具栏提供了"缩放""快速指定视图方向""着色模式""显示或隐藏""选择点""选取级别""通过过滤类型选择""放置对象""重定位对象""测量"等诸多功能。如果不想显示该工具栏，可单击"文件"→"选项"→"图形查看器"，在弹出的对话框中取消勾选"显示图形查看器工具栏"复选框，如图 3-7 所示。

4. 仿真监视器

仿真监视器在工作界面的最左端，默认处于隐藏状态。当鼠标指针移动到仿真监视器所在的位置时，仿真监视器将显示图 3-8 所示的界面，在该界面中可以观察仿真的运行状态。

图 3-6　图形查看器工具栏

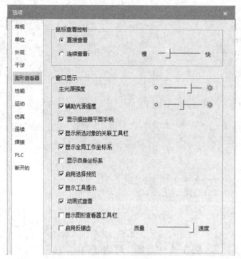

图 3-7　取消勾选"显示图形查看器工具栏"复选框

图 3-8　仿真监视器

5. 对象树和操作树

对象树包含与项目相关的所有实体类型对象，如零件、资源、注释、标签、尺寸和坐标系等节点；操作树显示操作所需的操作步骤、节点（如焊接仿真的焊点）等。可通过单击"主页"→"查看器"→"对象树"或"操作树"显示相应的内容。

PS 软件主要包括 4 个基本对象类型，即零件、操作、资源和制造特征。

（1）零件：零件是产品的组成单元，对象树将整个产品的所有零部件分层级列出，这种层级结构清晰地显示了整个产品中各个部分相互关联的特性，如图 3-9 所示。其中，▷代表零件，▷代表可更改零件，▷代表复合零件（零件构成的装配件）。

（2）操作：生产产品需要进行多个操作，这些操作需要遵循一定的执行顺序，操作树列出了所有操作及执行这些操作的先后顺序，如图 3-10 所示。其中，▣代表多个操作，▣代表单个操作，不同操作类型的标识符号有所不同。

图 3-9　零件列表

图 3-10　操作树及不同操作的标识符号

（3）资源：资源是指在制造工厂内执行生产产品操作的对象，包括操作工人、生产线、机器、工装夹具等。对象树中的资源列表下列出了工人、机器人、加工设备、工装夹具等的顺序和位置，如图 3-11 所示。其中， 代表复合资源， 代表单个资源， 代表可更改资源。不同资源类型的标识符号有所不同，如图 3-11 所示。

（4）制造特征：制造特征用于表示多个零件之间的特定关系，制造特征包括焊点以及机器人沿着零件轮廓进行弧焊、喷涂、打磨等操作的路径曲线等。制造特征查看器如图 3-12 所示。

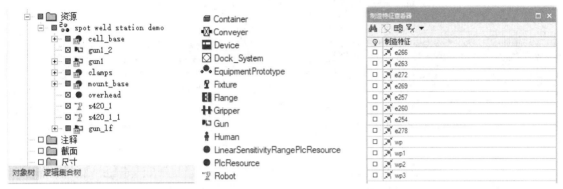

图 3-11　资源列表　　　　　　　　　　　　　　　　　图 3-12　制造特征查看器

6. 序列编辑器、路径编辑器和干涉查看器

如图 3-13 所示，序列编辑器、路径编辑器和干涉查看器分别用来设置和编辑仿真序列、运动路径，查看运动仿真过程中发生的干涉碰撞，它们的具体功能和用法将在后续任务中详细介绍。

图 3-13　序列编辑器、路径编辑器和干涉查看器

7. 导航方块及坐标系

导航方块如图 3-14 所示，用于快速进行视图转换操作。导航方块只有当新建研究后才会显示，它一般同时标识 x、y、z 3 个坐标轴的方向及 "Top" "Right" "Front" "Left" "Back" "Bottom" 6 个面。当鼠标指针移动到其上方后，y 坐标轴被隐藏，同时导航方块周围会出现 "旋转" 、"复位" 、"设置" 3 个标识。单击不同的面标识，可将视图转换到 "俯视" "右视" "前视" "左视" "后视" "仰视" 方位；单击 "旋转" 标识，可将视图顺时针或逆时针旋转；单击 "复位" 标识，可恢复为初始视图方位；单击 "设置" 标识，弹出 "导航设置" 对话框，在该对话框中可以设置导航方块以及坐标系的显示状态和旋转方法。

8. 状态栏

状态栏显示在 PS 软件工作界面的底部。右击状态栏，弹出 "状态栏配置" 快捷菜单，如图 3-15 所示，单击其中的命令，可进行个性化定制状态栏。

9. 帮助文档

按 "F1" 键，可启动帮助文档，如图 3-16 所示。通过帮助文档，用户可以学习如何使用各种工具命令。通过搜索以及查找功能，用户可以快速找到需要的内容。帮助文档的默认位置位于 "Siemens PLM Doc Center" 中，帮助文档需要联网才能打开。为了更方便地打开帮助文档，可将帮助文档的启动位置更改到本地，具体方法为在程

序启动栏单击 ，弹出"Tecnomatix Doctor"界面（见图 3-17），单击"Tools"→"Help Settings"，弹出"Help Settings"对话框（见图 3-18），选择"Local file（.chm）"，单击"OK"，重启 PS 软件。

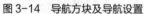

图 3-14　导航方块及导航设置　　　　　　　　　　　　　图 3-15　"状态栏配置"菜单

图 3-16　帮助文档

图 3-17　"Tecnomatix Doctor"界面　　　　　　　　　　图 3-18　"Help Settings"对话框

【项目实施】

任务 3.1　PS 软件的基本操作

PS 软件的基本操作主要包括文件操作、主页操作、视图操作、图形查看器工具栏操作、建模操作等。

3.1.1　文件操作

1. 文件的新建、打开、保存和软件的退出

（1）新建文件。如图 3-19 所示，单击"文件"→"断开研究"→"新建研究"，弹出"新建研究"对话框，"模板"保持默认设置，"研究类型"选择"RobcadStudy"（机器人仿真），单击"创建"，完成新研究文件的创建（PS 文件的扩展名为".psz"）。

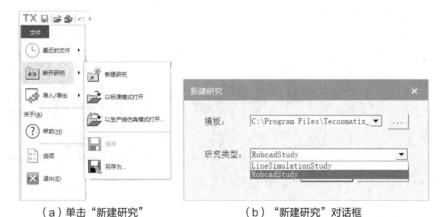

（a）单击"新建研究"　　　　　　（b）"新建研究"对话框

图 3-19　新建文件

（2）打开已有的文件。打开已有的 PS 文件有两种方式，分别为"以标准模式打开"和"以生产线仿真模式打开"。其中，标准模式即基于时间的仿真，也就是根据操作的时间次序来仿真，通常用于一般的设备和机器人路径仿真；生产线仿真模式，也称为线仿真模式，即基于事件的仿真，也就是根据自动化设备的信号来仿真，通常用于复杂的自动化生产场景、多机器人同步协同工作场景。

此外，单击"文件"→"最近的文件"，在右侧出现最近使用过的 PS 文件，可快速打开最近使用过的研究文件；双击扩展名为".psz"的 PS 文件，也可以直接打开已有的研究文件。

（3）保存或另存文件。单击"文件"→"断开研究"→"保存"，可以保存研究文件；单击"文件"→"断开研究"→"另存为"，可以将研究文件另存为一个新文件。文件"保存"或"另存为"操作的默认存储位置都是系统的根目录。

（4）退出软件。单击"文件"→"退出"，可以关闭并退出 PS 软件，快捷键为"Alt+F4"。

或者在 PS 软件右上角单击"关闭"按钮 ×，也可以关闭并退出软件。

2. 导入/导出

如图 3-20 所示，PS 软件的"导入/导出"功能有：转换并插入 CAD 文件

图 3-20　导入/导出

（需要安装相关的 CAD 转换器）、导出 JT 文件、将查看器导出至 Excel、导出图像、导出至 Web 等。其中，"转换并插入 CAD 文件"功能最为常用，利用该功能可以将 JT、NX、CATIA、ProE、STEP、IGES、DXF 等数据格式的文档转换为 CAD 文档，并作为零部件或者资源插入 PS 软件中进行仿真研究。

【例 3-1】新建研究，导入 CAD 数据并保存。

操作步骤如下。

（1）双击 PS 软件的桌面快捷方式，启动 PS 软件，弹出欢迎界面和工作界面。

（2）根据需要设置系统根目录（用来存储与研究对象相关的数据文件，如产品零件文件和资源设备的三维数模文件）。

视频：例 3-1 操作
步骤

方法一：如图 3-21 所示，在欢迎界面的"系统根目录路径"文本框中输入路径或单击右侧的"浏览文件夹"按钮，弹出"浏览文件夹"对话框，新建或选择已有的文件夹，单击"确定"。

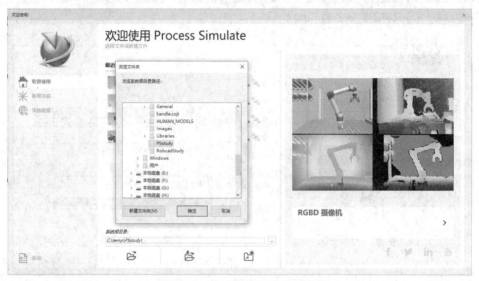

图 3-21　在欢迎界面设置系统根目录

方法二：如图 3-22 所示，在工作界面依次单击"文件"→"选项"→"断开的"，在弹出的"选项"对话框中修改系统根目录路径或单击右侧"浏览文件夹"按钮，弹出"浏览系统根目录路径"对话框，新建或选择已有的文件夹，单击"确定"后，返回"选项"对话框，再次单击"确定"。

📖 注意

"选项"对话框的"确定"在最下方，如果没有显示，可通过"Tab"键逐行切换到"140"的下一个，按回车键。或更改"Windows 设置"→"系统"→"缩放与布局"→"更改文本、应用等项目的大小"，调整为"125%"或"100%"。

（3）在工作界面单击"文件"→"断开研究"→"新建研究"，弹出"新建研究"对话框，"模板"保持默认路径，"研究类型"选择默认的"RobcadStudy"，单击"创建"，弹出"已成功创建研究"提醒，单击"确定"。

（4）单击"文件"→"导入/导出"→"转换并插入 CAD 文件"，弹出"转换并插入 CAD 文件"对话框，如图 3-23 所示。单击"添加"，弹出"打开"对话框，如图 3-24 所示。选择"IRB120 本体装配"文件，单击"打开"，弹出"文件导入设置"对话框，如图 3-25 所示。设置"路径"为系统根目录（不允许修改），"基本类"选择"资源"，"复合类"保持默认的"PmCompoundResource"，"原型类"选择"Robot"，勾选"插入组件"复选框，单击"确定"，返回"转换并插入 CAD 文件"对话框，单击"导入"，弹出"CAD

文件导入进度"对话框，如图 3-26 所示。等待转换完成后关闭对话框。如图 3-27 所示，单击图形查看器工具栏的"缩放至合适尺寸"按钮 🔍，得到图 3-28 所示的 IRB120 机器人模型。

图 3-22　设置系统根目录

图 3-23　"转换并插入 CAD 文件"对话框

图 3-24　"打开"对话框

图 3-25　"文件导入设置"对话框

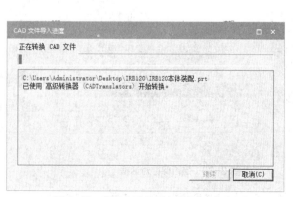

图 3-26　"CAD 文件导入进度"对话框

图 3-27 "缩放至合适尺寸"按钮

图 3-28 导入的 IRB120 机器人模型

📖 **注意**

在"文件导入设置"对话框中，如果导入的模型是用于生产装配的零部件，则"基本类"选择"零件"。如果导入的模型是工装、设备、工具等类型，则选择"资源"。如果选择了"资源"，则还要在"复合类"和"原型类"中选择具体的类型，如机器人、焊枪、夹具等。

（5）如图 3-29 所示，CAD 模型导入成功后，在 PS 软件的系统根目录下会自动生成文件名包含".cojt"的文件夹，该文件夹包含"JT"类型的文件，该文件类型是 PS 软件的轻量化模型的标准格式文档。此时，如果直接关闭软件，则弹出图 3-30 所示的内容为"是否要保存新研究？"的对话框，如果单击"否"，则退出 PS 软件，但是上述系统根目录下的数据文件仍然存在；如果单击"是"，则弹出"另存为"对话框，如图 3-31 所示。

（a）文件夹　　　　　　　　　　　　（b）数据文件

图 3-29 系统根目录下的数据文件

图 3-30 是否保存对话框

图 3-31 "另存为"对话框

（6）实际上，CAD 模型导入成功后，单击"文件"→"断开研究"→"保存"，或者单击"文件"→"断开研究"→"另存为"，也都可以打开"另存为"对话框。如图 3-31 所示，文件可以保存在 PS 软件的系统根目录文件夹，也可以由用户选择保存位置。此时文件名也可修改，如将文件名修改为"IRB120"，单击"保存"，则得到扩展名为".psz"的 PS 文件，如图 3-32 所示。

图 3-32　保存的扩展名为".psz"的文件

📖 **注意**

无论该扩展名为".psz"的文件保存在何处，系统根目录下生成的数据文件均不可删除或更改存放位置。否则，打开扩展名为".psz"的文件时会出现图 3-33 所示的错误提示。

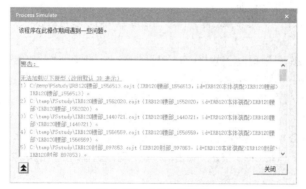

图 3-33　文件加载错误

3.1.2　主页操作

"主页"选项卡下的常用工具包括"查看器""编辑""研究""操作"等工具，如图 3-34 所示。此处仅介绍前 3 类工具的操作，后两类工具的操作在后续任务中介绍。

图 3-34　"主页"选项卡

1. "查看器"工具

"查看器"工具包含的按钮有"欢迎页面""查看器""关系查看器""属性查看器""机器人程序查看器""路径编辑器"和"对象查看器"。

（1）"欢迎页面"按钮：单击该按钮可以重新打开欢迎界面。

（2）"查看器"按钮：单击该按钮可以打开所需要的查看器。其下拉菜单提供了14种不同类型的查看器，其中默认打开的有6种，即操作树、对象树、仿真监视器、干涉查看器、路径编辑器和序列编辑器。

（3）"关系查看器"按钮：单击该按钮可以查看所选对象与其他对象或操作之间的关系。不同对象的多个"关系查看器"可同时打开。

（4）"属性查看器"按钮：单击该按钮，显示所选对象的属性。

（5）"机器人程序查看器"按钮：单击该按钮，可查看机器人操作和程序。

（6）"仿真面板"按钮：单击该按钮，可打开新的仿真面板，可以查看信号和逻辑块元素，并可以与它们进行交互。可以打开多个仿真面板。

（7）"路径编辑器"按钮：单击该按钮，可打开新的路径编辑器，可以查看程序路径及位置，并可以与它们进行交互。可以打开多个路径编辑器。

（8）"对象查看器"按钮：先选中某对象，再单击该按钮，可以查看目标对象的层次结构。

2. "编辑"工具

如图3-34所示，"编辑"工具包含的按钮有"粘贴" 📋 、"剪切" ✂ 、"复制" 🗐 、"删除所选对象" ✕ 、"撤销" ↶ 、"重做" ↷ 、"重命名对象" ⓐⓔ 等。

（1）"粘贴"（Ctrl+V）按钮：单击该按钮，可以粘贴所选择的对象。

（2）"剪切"（Ctrl+X）按钮：单击该按钮，可以剪切所选择的对象。

（3）"复制"（Ctrl+C）：单击该按钮，可以将所选内容复制到剪贴板。

（4）"删除所选对象"（Delete）按钮：单击该按钮，可以删除所选择的对象，对象可以是操作、零件、设备、坐标系、资源、尺寸等。

（5）"撤销"（Ctrl+Z）按钮：单击该按钮，可以撤销之前的操作。

（6）"重做"（Ctrl+Y）按钮：单击该按钮，可以重做之前的操作。

（7）"重命名对象"按钮：单击该按钮，可重命名选中的对象，可以使用规则同时对名称类似的对象进行重命名。

3. "研究"工具

如图3-34所示，"研究"工具包含的按钮有"标准模式""生产线仿真模式""应用变量过滤器"等。

（1）"标准模式"按钮：单击该按钮，可进行基于时间的仿真研究。

（2）"生产线仿真模式"按钮：单击该按钮，可进行基于事件的仿真研究。

（3）"应用变量过滤器"按钮：单击该按钮，可对项目视图应用变量过滤器，变量过滤器是为了过滤对象而应用于视图的变量表达式。

3.1.3 视图操作

通过"视图"选项卡里的工具，用户可以创建、打开多个窗口，建立自己喜欢的工作界面布局，调整模型显示状态，以及进行渲染等。

1. "屏幕布局"工具

"屏幕布局"工具如图3-35所示，"屏幕布局"工具主要包括"查看器""关系查看器""属性查看器""仿真面板""新建窗口""布置窗口""切换窗口""布局管理器""显示地板开/关" 🗔 、"调整地板" ▦ 。其中，前4个已经介绍过，因此这里不再重复介绍。

图 3-35 "屏幕布局"工具

（1）"新建窗口"按钮：单击该按钮，可打开新的图形查看器窗口，多次单击，可打开多个图形查看器窗口，从多个视角观察仿真研究，如图 3-36 所示。

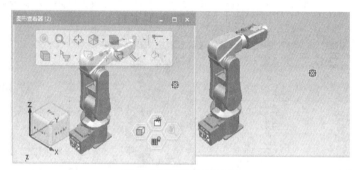

图 3-36 图形查看器窗口

（2）"布置窗口"按钮：单击"布置窗口"下方的倒三角，如图 3-37 所示，其中包含垂直、水平、平铺式、层叠式和选项卡式 5 种不同的布置方式。

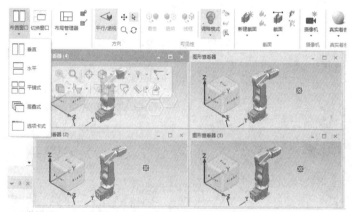

图 3-37 "布置窗口"按钮

（3）"切换窗口"按钮：单击该按钮，可在打开的图形查看器窗口之间进行切换，如图 3-38 所示，选择不同的图形查看器，则图形查看器工具栏将切换到不同的窗口中。

（4）"布局管理器"按钮：单击"布局管理器"下方的倒三角，如图 3-39 所示，可以选择不同的工作界面布局，不同的布局针对不同的仿真任务，模型的大小、查看器的类型和位置等会有所不同。

（5）"显示地板开/关"按钮：单击该按钮，可显示地板网格，如图 3-40 所示，再次单击即取消显示，快捷键是"Alt+F"。

（6）"调整地板"按钮：单击该按钮，将弹出"调整地板"对话框，在该对话框中可以设置地板尺寸以及网格尺寸，如图 3-41 所示。单击"自动调整"按钮，地板尺寸会根据研究模型的大小进行自动调整。

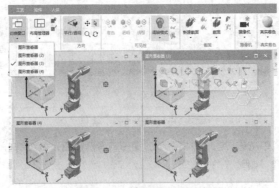

图 3-38 "切换窗口"按钮

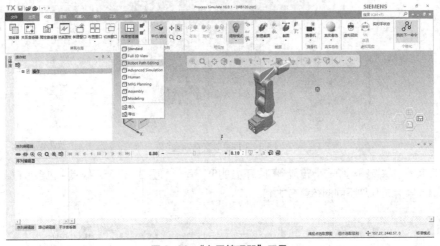

图 3-39 "布局管理器"工具

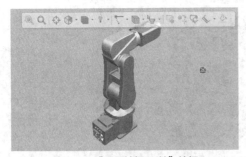

图 3-40 "显示地板开/关"按钮

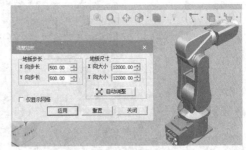

图 3-41 "调整地板"按钮

2. "方向"工具

"方向"工具用来调整模型的姿态、大小、位置等。如图 3-42 所示，"方向"工具包括"平行/透视""平移"、"选择"、"缩放" Q 、"旋转" ○ ，其中后 4 个为鼠标按下后的操作模式，默认情况下为"选择"模式。

图 3-42 "方向""可见性"和"截面"工具

（1）"平行/透视"按钮：单击该按钮，则切换当前视图模式以进入平行或透视模式。在平行模式下，空间的平行线显示为平行线。在透视模式下，特意让绘图变形以体现深度，使对象显得更加逼真。

（2）"平移"按钮：单击该按钮，鼠标左键将用于平移视图。

（3）"选择"按钮：单击该按钮，鼠标左键将用于选择。

（4）"缩放"按钮：单击该按钮，鼠标左键将用于缩放视图。

（5）"旋转"按钮：单击该按钮，鼠标左键将用于旋转视图。

📖 **注意**

鼠标的用法。

① 左键：在各种窗口中选择不同的对象。

② 右键：根据选择的对象不同，单击鼠标右键会弹出不同的快捷菜单。

③ 中键（滚轮）：在图形显示区中滚动中键可缩放模型，按住中键拖动鼠标指针可以旋转图形显示区中的对象。

④ 中键+右键：同时按住鼠标中键和右键，拖动鼠标指针可以平移图形显示区中的对象。

⑤ "Shift"键+左键：按住"Shift"键，并分别单击不同的对象，能在对象树等连续列表中选择多个对象。如在对象树中，先选择第一个对象，然后按住"Shift"键并选择列表中的另一个对象，或者直接按住"Shift"键，分别选择两个对象，都能选中多个对象。选中的对象在图形显示区中以草绿色突出显示。

⑥ "Ctrl"键+左键：按住"Ctrl"键，在对象树、操作树或图形查看器中单击每个所需要的对象，可以选中多个对象。选中的对象在图形显示区中以草绿色突出显示。

⑦ 左键框选：按住鼠标左键，在图形显示区中移动鼠标指针，沿着对角线向上或向下拖动鼠标指针来绘制方框，被方框框起的多个对象将被选中，并以草绿色突出显示。

⑧ 鼠标位置：在图形查看器中将鼠标指针放置于任一对象上时，该对象将被高亮显示，并显示名字，如图 3-43（a）所示，当鼠标指针移开后，所选对象恢复原来的颜色和亮度；当单击任一对象并停留在该对象上时，该对象被选中且以草绿色突出显示，并显示"对象工具栏"，如图 3-43（b）所示。"对象工具栏"包含与该对象相关工具命令的图标。移开鼠标指针时，"对象工具栏"消失；重新选择该对象时，"对象工具栏"重新出现。不同对象的"对象工具栏"内容不一定相同。"对象工具栏"默认显示，可单击"文件"→"选项"→"图形查看器"，打开"图形查看器"对话框，在其中取消勾选"显示所选对象的关联工具栏"复选框，按回车键隐藏对象工具栏。

（a）悬停显示　　　　　　（b）单击显示

图 3-43　悬停和单击显示对比

3."可见性"工具

"可见性"工具用来调整模型的显示模式。如图 3-42 所示，"可见性"工具包括："着色""透明""线框""调暗模式""恢复颜色" 🔧 、"立体 3D 开/关" 🔬 、"位置/坐标系始终显示在正前面" 🔲 。选中对象后，上述"可见性"工具将高亮显示，处于激活状态。

（1）"着色"按钮：单击该按钮，选取的对象将以着色模式显示，如图 3-44（a）所示。

（2）"透明"按钮：单击该按钮，选取的对象将以透明模式显示，如图 3-44（b）所示。

（3）"线框"按钮：单击该按钮，选取的对象将以线框模式显示，如图 3-44（c）所示。

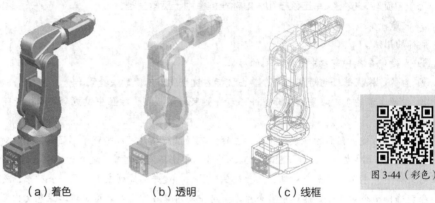

图 3-44（彩色）

（a）着色　　　　　　　　（b）透明　　　　　　　　（c）线框

图 3-44　着色、透明、线框 3 种可见性的对比

（4）"调暗模式"按钮：其下拉列表中包含两种模式，"颜色调暗模式" 💡 和"灰度调暗模式" 💡 。单击选中（显示背景色）该按钮，则打开调暗功能；再次单击（无背景色），则关闭调暗功能。

①"颜色调暗模式"按钮：此模式打开后，当通过"放置操控器"按钮 🔧 对选择的对象进行位置或角度的调整时，其余对象会被调暗显示，图 3-45 展示了"颜色调暗模式"打开后模型的显示状态。

②"灰度调暗模式"按钮：此模式打开后，当通过"放置操控器"按钮对选择的对象进行位置或角度的调整时，其余对象会被显示为暗灰色，图 3-46 展示了"灰度调暗模式"打开后的模型显示状态。

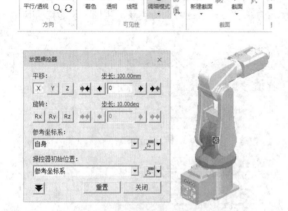

图 3-45　颜色调暗模式　　　　　　　　　图 3-46　灰度调暗模式

（5）"恢复颜色"按钮：单击该按钮，则恢复所选对象的原始颜色。

（6）"立体 3D 开/关"按钮：单击该按钮，可切换立体 3D 模式。使用立体 3D 模式可增强研究的可视化效果，需要显卡、屏幕监视器和支持主动立体视觉的眼镜。

图 3-45（彩色）　　图 3-46（彩色）

（7）"位置/坐标系始终显示在正前面"按钮：单击该按钮，启动功能（按钮显示背景色），所有位置及坐标系都会在其他对象上面显示（即把位置、坐标系置于顶层显示），方便用户查看及选择。

4."截面"工具

"截面"工具提供了观察模型截面结构的功能。如图 3-47 所示，"截面"工具包括："新建截面""激活截面" 、"停用截面" 、"截面""动态裁剪平面开/关" 、"动态裁剪平面设置" 。其中，"新建截面"下拉列表包括"新建截平面" 、"新建截面体" ，"截面"下拉列表包括"截面管理器" 、"新建截面查看器" 、"调整截平面大小" 、"将视图定向到截平面" 、"截面对齐" 、"翻转截平面方向" 、"裁剪截面" 、"剪切截面" 、"内部裁剪" 、"外部裁剪" 、"截面着色" 、"添加剖面线" 、"显示截面轮廓" 、"截面轮廓另存为组件" 。

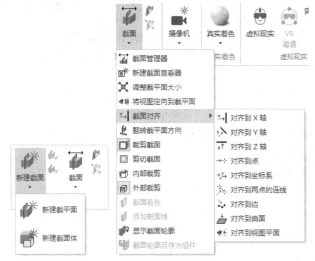

图 3-47 "截面"工具

（1）"新建截面"按钮：用于新建平面截面或体截面。

① "新建截平面"按钮：单击该按钮，弹出"截面管理器"对话框，如图 3-48 所示，在该对话框中可设置新截面的位置和名称。

② "新建截面体"按钮：单击该按钮，弹出"截面管理器"对话框，如图 3-49 所示，在该对话框中可设置新截面体的位置和名称。

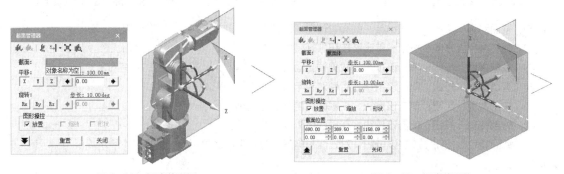

图 3-48 新建截平面　　　　　　　　　　图 3-49 新建截面体

（2）"激活截面"按钮：选中截面或截面体后，单击"激活截面"按钮，可激活图形查看器中用于裁剪或剪切的截面，如图 3-50（a）所示。最大激活截面数由计算机的显卡决定，无法同时激活截平面和截面体。

（3）"停用截面"按钮：选中已经激活的截面，单击"停用截面"按钮，可禁用所选截面的裁剪或剪切功能，并恢复之前被该截面裁剪的所有对象，如图3-50（b）所示。

（4）"截面"按钮："截面"按钮的下拉列表中包含多个按钮，当选中截面后，"截面"按钮将变为激活状态。

①"截面管理器"按钮：单击该按钮，弹出"截面管理器"对话框，如图3-51所示，在该对话框中可调整截面的位置和名称，也可使用"激活截面" 、"停用截面" 、"翻转截平面方向" 、"对齐到X轴" 、"对齐到Y轴" 、"对齐到Z轴" 、"对齐到点" 、"对齐到坐标系" 、"对齐到两点的连线" 、"对齐到边" 、"对齐到曲面" 、"对齐到视图平面" ，"调整截平面大小" 、"预览截面轮廓" 等工具按钮。

（a）激活截面　　（b）停用截面
图3-50　激活截面与停用截面

②"新建截面查看器"按钮：单击该按钮，弹出图3-52所示的截平面查看器，可调整方位，从各种角度查看模型。

③"调整截平面大小"按钮：单击该按钮，可将选中截平面的大小调整为将所有当前显示对象的界线框在截平面方向的大小，不能改变截面体。

④"将视图定向到截平面"按钮：单击该按钮，更改视图使视线朝向截面z轴正方向，如图3-53所示。

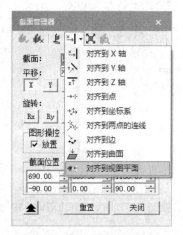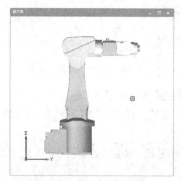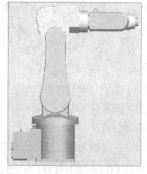
图3-51　"截面管理器"对话框　　图3-52　截平面查看器　　图3-53　将视图定向到截平面

⑤"截面对齐"按钮：该按钮与"截面管理器"对话框中的"截面对齐"按钮的功能一致。

⑥"翻转截平面方向"按钮：单击该按钮，翻转截面方向。

⑦"裁剪截面"按钮：单击该按钮，裁剪掉截面正面的所有对象，显示反面的所有对象。

⑧"剪切截面"按钮：单击该按钮，绘制对象与截面相交处的轮廓。

⑨"内部裁剪"按钮：单击该按钮，在截面体内部进行裁剪。

⑩"外部裁剪"按钮：单击该按钮，在截面体外部进行裁剪。

⑪"截面着色"按钮：单击该按钮，对截面裁剪的所有对象曲面着色，如图3-54所示（仅当显示轮廓时才适用）。

⑫"添加剖面线"按钮：单击该按钮，在截面裁剪的所有对象曲面上显示斜线，如图3-55所示（仅当显示轮廓时才适用）。

⑬"显示截面轮廓"按钮：此按钮在裁剪模式下激活，单击该按钮，可显示截面轮廓，移动截面时，轮廓

自动更新。

⑭"截面轮廓另存为组件"按钮：单击该按钮，将截面轮廓另存为组件。

（5）"动态裁剪平面开/关"按钮：单击该按钮，可打开动态裁剪模式，再次单击该按钮则关闭动态裁剪模式。

（6）"动态裁剪平面设置"按钮：在动态裁剪模式下，单击该按钮，弹出"动态裁剪平面设置"对话框，如图 3-56 所示。

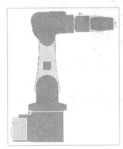
图 3-54　截面着色

图 3-55　添加剖面线

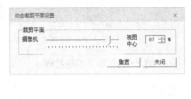

图 3-56　"动态裁剪平面设置"对话框

5."摄像机"工具

"摄像机"工具用来显示特定视角的图像。如图 3-57（a）所示，摄像机工具包括"创建摄像机""打开摄像机查看器""将摄像机与当前视图对齐"和"将当前视图添加为摄像机位置"。

（1）"创建摄像机"按钮：单击图形查看窗口的任意位置，再单击该按钮，则在该位置创建一个摄像机，如图 3-57（b）所示。

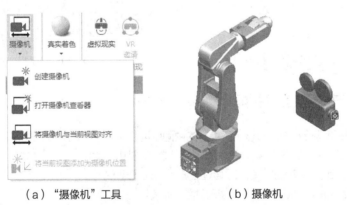
（a）"摄像机"工具　　　　　　　（b）摄像机
图 3-57　创建摄像机

（2）"打开摄像机查看器"按钮：单击摄像机，再单击该按钮，则打开摄像机查看器，其中显示摄像机观察到的图像，如图 3-58 所示。

（3）"将摄像机与当前视图对齐"按钮：单击摄像机，再单击该按钮，则摄像机自动与当前视图对齐，如图 3-59 所示。

（4）"将当前视图添加为摄像机位置"按钮：单击该按钮，则将当前视图作为位置添加到摄像机观察对象仿真的对象流操作中。

6."真实着色"工具

"真实着色"工具用来调整地板的显示模式，其中包括"地板阴影""地板反射"和"全局纹理"（必须打开"显示地板开关" ■ ），如图3-60所示。可以选择其中的一项或两项，也可以全选；进行选择后，图形显示区将会显示更高质量的渲染效果。

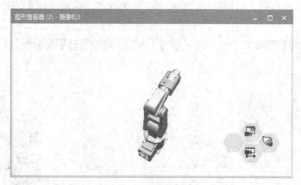

图3-58　摄像机查看器

图3-59　摄像机与当前视图对齐

7."虚拟现实"工具

单击"虚拟现实"按钮 ■ ，可将研究添加到虚拟现实界面，如图3-61所示。

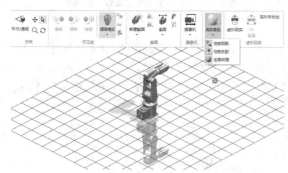

图3-60　"真实着色"工具

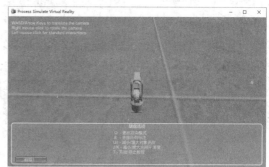

图3-61　虚拟现实界面

3.1.4　图形查看器工具栏操作

图形查看器工具栏默认位置在图形显示区上方的中间位置，如图3-62所示。图形查看器工具栏包含"缩放至选择" ■ 、"缩放至合适尺寸" ■ 、"视图中心" ■ 、"视点" ■ 、"视图样式" ■ 、"显示" ■ 、"捕捉点选取意图" ■ 、"组件选取级别" ■ 、"通过过滤类型选择开/关" ■ 、"放置操控器" ■ 、"重定位" ■ 、"单个或多个位置操控" ■ 、"测量" ■ 、"修改颜色" ■ 等。

图3-62　图形查看器工具栏

（1）"缩放至选择"（Alt+S）按钮：先选中对象，再单击该按钮，则所选对象将缩放至选择的大小。

（2）"缩放至合适尺寸"（Alt+Z）按钮：先选中对象，再单击该按钮，则所有对象缩放至适合屏幕的大小。

（3）"视图中心"（Alt+C）按钮：单击该按钮，然后单击图形显示区中的任意一个点，则可将该点作为视图中心，即对象旋转的中心点。

（4）"视点"按钮：移动鼠标指针到该按钮右侧的黑色倒三角上，或单击该倒三角，则出现图3-63所示的各视点方向，单击某个视点方向，可以将视图快速旋转到所选方向。

（5）"视图样式"按钮：移动鼠标指针到该按钮右侧的黑色倒三角上，或单击该倒三角，则出现图 3-64 所示的各个视图样式，包括"着色模式" ▣、"实体上的特征线" ▣，"线框模式" ▢、"特征线" ▢ 4 种。如图 3-65 所示，单击其中的某个视图样式，可以在该样式下显示所有对象。

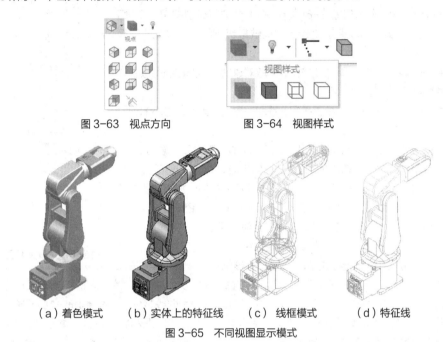

图 3-63　视点方向　　　　图 3-64　视图样式

（a）着色模式　　（b）实体上的特征线　　（c）线框模式　　（d）特征线

图 3-65　不同视图显示模式

（6）"显示"按钮：移动鼠标指针到该按钮右侧的黑色倒三角上，或单击该倒三角，则出现图 3-66 所示的各个显示按钮，包括"隐藏选择" ▣（右侧小灯泡图标为白色）、"显示选择" ▣（右侧小灯泡图标为黄色），"仅显示所选对象" ▣、"全部显示" ▣、"切换显示" ▣，"按类型显示" ▣ 6 种。

①"隐藏选择"（Alt＋B）按钮：先选中对象，再单击该按钮，则隐藏所选的对象。

②"显示选择"（Alt＋D）按钮：在对象树中先选中已经隐藏的对象，再单击该按钮，则重新显示所选的对象。

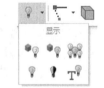

图 3-66　显示按钮

③"仅显示所选对象"按钮：先选中对象，再单击该按钮，则仅显示所选的对象，其他所有对象都将被隐藏。

④"全部显示"按钮：单击该按钮，将显示所有对象。

⑤"切换显示"按钮：单击该按钮，则切换所有对象的显示模式，即已经显示的对象将被隐藏，已经隐藏的对象将被显示。

⑥"按类型显示"按钮：单击该按钮，将弹出"按类型显示"对话框，如图 3-67 所示，选择某一种类型或几种类型（"Shift"键+鼠标左键可连续选择，"Ctrl"键+鼠标左键可间隔选择），可执行"显示所选类型" ▣（右侧小灯泡图标为黄色）、"隐藏所选类型" ▣（右侧小灯泡图标为白色）、"仅显示所选类型" ▣、"全部显示" ▣（小灯泡图标为黄色）、"全部隐藏" ▣（小灯泡图标为白色）、"删除所选类型" ▣ 6 种操作。

（7）"捕捉点选取意图"按钮：移动鼠标指针到该按钮右侧的黑色倒三角上，或单击该倒三角，则出现图 3-68 所示的各个选取意图按钮，包括"捕捉点选取意图" ▣、"边上点选取意图" ▣，"选取点选取意图" ▣、"自原点选取意图" ▣ 4 种。

①"捕捉点选取意图"按钮：单击该按钮，则选择与所选点最接近的顶点、边端点、边中点或面中点。

②"边上点选取意图"按钮：单击该按钮，则选取与所选点最接近的边上的点。

③"选取点选取意图"按钮：单击该按钮，则选取实际单击点。

④"自原点选取意图"按钮：单击该按钮，则选取坐标系的原点。

图 3-67 "按类型显示"对话框

（8）"组件选取级别"按钮：移动鼠标指针到该按钮右侧的黑色倒三角上，或单击该倒三角，则出现图 3-69 所示的 4 个选取级别按钮，即"组件选取级别" 🖻、"实体选取级别" 📦，"面选取级别" 🖻、"边选取级别" 🗋。

①"组件选取级别"按钮：单击该按钮，选取对象时，则选取组件级别的对象（即选中对象所在的整个组件）。

②"实体选取级别"按钮：单击该按钮，选取对象时，则选取最小的独立对象。

③"面选取级别"按钮：单击该按钮，选取对象时，则选取对象面。

④"边选取级别"按钮：单击该按钮，选取对象时，则选取对象边。

（9）"通过过滤类型选择开/关"按钮：移动鼠标指针到该按钮右侧的黑色倒三角上，或单击该倒三角，则出现图 3-70 所示的各个按钮（在"组件选取级别"下高亮激活），包括"通过过滤器选择全部" 🗞、"选择类型-坐标系" 🗞、"选择类型-位置" 🗞、"选择过滤命令" 🗞。移动鼠标指针到"选择过滤命令"按钮右侧的黑色倒三角上，或单击该倒三角，则显示"选择过滤器"下拉列表，包括"选择类型-零件" 🗞、"选择类型-实体/曲面" 🗞、"选择类型-资源" 🗞、"选择类型-坐标系" 🗞、"选择类型-位置" 🗞、"选择类型-直线/曲线" 🗞、"选择类型-制造特征" 🗞、"选择类型-注释" 🗞、"选择类型-路径" 🗞、"选择类型-PMI" 🗞、"选择类型-点" 🗞、"选择类型-焊点" 🗞、"选择类型-全部" 🗞、"选择类型-无" 🗞。可以选择某一种对象类型过滤器，也可以选择多种对象类型过滤器，再单击"通过过滤器选择全部"（Ctrl+A）按钮，来选择对象。

图 3-68 选取意图按钮

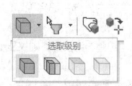

图 3-69 选取级别按钮

图 3-70 通过过滤类型选择

（10）"放置操控器"（Alt+P）按钮：单击该按钮，则弹出图 3-71 所示的"放置操控器"对话框，通过设置具体参数，可以将选定的一个或多个对象沿着指定轴方向移动一定的距离，或者绕指定轴旋转一定的角度。

（11）"重定位"（Alt+R）按钮：单击该按钮，则弹出图 3-72 所示的"重定位"对话框，通过设置具体参数，可以将选定的对象从一个坐标位置移动到另一个坐标位置。

（12）"单个或多个位置操控"按钮：重定位所选择的一个或多个位置，如果选择多个位置，将弹出"多个位置操控"对话框。

（13）"测量"按钮：移动鼠标指针到该按钮右侧的黑色倒三角上，或单击该倒三角，则出现图 3-73 所示的各个测量工具，这些测量工具可以用来测量距离、角度及曲线长度等。"测量"按钮包括"最小距离" 🗞、"点到点距离" 🗞、"线性距离" 🗞、"角度测量" 🗞、"曲线长度" 🗞、"3 点测角度" 🗞 6 个。

图 3-71 "放置操控器"对话框

图 3-72 "重定位"对话框

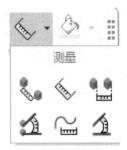

图 3-73 测量工具

①"最小距离"按钮：测量两个对象间的最小距离。单击该按钮，弹出图 3-74 所示的对话框，选择"面选取级别"，分别选择底座电机箱前后两个面，单击"创建尺寸"按钮，软件将自动计算两个对象之间的最小距离，并将其标注在图形显示区。

②"点到点距离"按钮：测量两个点之间的距离。单击该按钮，弹出图 3-75 所示的对话框，选择"捕捉点选取意图"，分别选择底座垫板边上两个点，单击"创建尺寸"按钮，软件将自动计算两个点之间的距离，并将其标注在图形显示区。

图 3-74 "最小距离"对话框

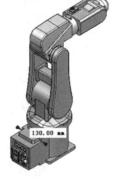

图 3-75 "点到点距离"对话框

③"线性距离"按钮：测量位于平行平面和/或线上的对象之间的线性距离。单击该按钮，弹出图 3-76 所示的对话框，选择"面选取级别"，分别选择大臂前后两个平行平面，单击"创建尺寸"按钮，软件将自动计算两个平行平面之间的距离，并将其标注在图形显示区。

④"角度测量"按钮：测量位于相交平面和/或相交线上的对象之间的角度。单击该按钮，弹出图 3-77 所示的对话框，选择"线选取级别"，分别选择底座电机箱上面两条边，单击"创建尺寸"按钮，软件将自动计算两条线之间的角度，并将其标注在图形显示区。

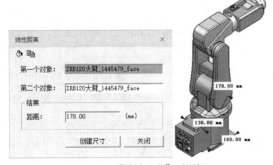

图 3-76 "线性距离"对话框

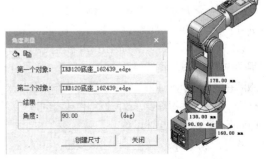

图 3-77 "角度测量"对话框

⑤ "曲线长度"按钮：测量曲线的长度。单击该按钮，弹出图 3-78 所示的对话框，选择"线选取级别"，选择大臂侧面一条曲线，单击"创建尺寸"按钮，软件将自动计算曲线的长度，并将其标注在图形显示区。

⑥ "3 点测角度"按钮：根据 3 个点测量角度。单击该按钮，弹出图 3-79 所示的对话框，选择"边上点选取意图"，选择底座电机箱上面的直角顶点为中心点，并在两条直角边上分别选取一个点，则图形显示区显示由 3 个点确定角的角度。

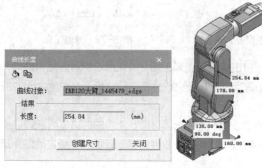

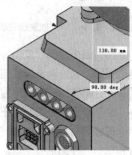

图 3-78　"曲线长度"对话框　　　　　　　　　图 3-79　"3 点测角度"对话框

（14）"修改颜色"按钮：选择对象，移动鼠标指针到该按钮右侧的黑色倒三角上，或单击该倒三角，则出现图 3-80 所示的调色板。在调色板中选择一种颜色，即可更改对象的颜色，如图 3-81 所示。

图 3-81（彩色）

图 3-80　调色板　　　　　　图 3-81　修改对象颜色

3.1.5　建模操作

利用"建模"选项卡下的工具，可以展开模型、设置工作坐标系、重新加载组件；可以新建零件、组件、资源及复合资源；可以快速放置对象、恢复对象初始位置、创建全局坐标系、创建简单的几何体等。

1. "范围"工具

如图 3-82 所示，"范围"工具包括"设置建模范围""结束建模""设置工作坐标系"、"设置自身坐标系"、"重新加载组件"、"将组件另存为"、"更改范围" 新建 RobcadStudy 。

（1）"设置建模范围"按钮：单击该按钮，可以激活所选组件的建模模式。图 3-83（a）和图 3-83（b）分别显示了激活并展开"produce"组件前后的状态。组件激活为活动组件后，用户可根据需要修改所选组件或者创建新零件。允许同时对多个组件进行上述设置。

（2）"结束建模"按钮：单击该按钮，可以将修改后的组件或者新创建的组件复制到软件系统根目录或者其他位置。

图 3-82　"范围"工具

（a）激活并展开"produce"组件前　　（b）激活并展开"produce"组件后

图 3-83　设置建模范围

（3）"设置工作坐标系"按钮：单击此按钮，弹出图 3-84 所示的对话框，可以在该对话框中设置新的工作坐标系或者将工作坐标系恢复到初始位置。

（4）"设置自身坐标系"按钮：将建模对象的自身坐标系设为当前建模范围。单击此按钮，会弹出图 3-85 所示的对话框，设置"从坐标"和"到坐标系"的参数，可以将所选组件对象的自身坐标系定位到新的位置。

图 3-84　"设置工作坐标系"对话框　　　图 3-85　"设置自身坐标系"对话框

📖 **注意**

该按钮激活的条件如下。

① 利用"设置建模范围"按钮将组件激活并展开。

② 在"选项"对话框的"图形查看器"中勾选"显示自身坐标系"复选框，如图 3-86 所示。

③ 新建组件自身坐标系。

（5）"重新加载组件"按钮：单击该按钮，会弹出图 3-87 所示的"重新加载组件"对话框，单击"是"，可以将已做修改但尚未保存的研究对象恢复到修改前的状态。

（6）"将组件另存为"按钮：一般组件修改完成后单击"结束建模"按钮，修改结果就会被保存到原组件中；如果不希望更改原组件，则可以单击"将组件另存为"按钮，如图 3-88 所示，系统将创建一个新的组件。

（7）"更改范围"按钮：在打开已进行建模的组件中选择一个作为当前范围（单击右侧的黑色倒三角，打开下拉列表，在其中进行切换），则建模过程中所做的更改将影响到该组件的原型。

2."组件"工具

如图 3-89 所示，"组件"工具包括"插入组件""点云""定义组件类型""新建零件"▷※、"新建复合零件"🔧※、"新建资源"💣※、"新建复合资源"💣※。

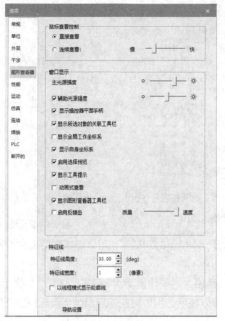

图 3-86　勾选"显示自身坐标系"复选框

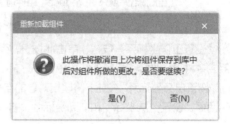

图 3-87　"重新加载组件"对话框

图 3-88　将组件另存为一个新的组件

图 3-89　"组件"工具

（1）"插入组件"按钮：单击该按钮，弹出图 3-90 所示的"插入组件"对话框，单击文件名包含".cojt"的文件夹，单击"打开"，或者直接双击文件夹，可以插入已有的零件或资源。同一个零件或资源可多次插入。

（2）"点云"按钮：点云是一组数据点，表示由多个空间点构成的三维模型，通常由一个三维扫描仪测量并保存为 POD 格式的点云文件。单击"点云"按钮下方的黑色倒三角，显示图 3-91 所示的点云命令组，包括"插入点云""编辑点云""创建点云层""选择矩形""将所选点移至层""清除选择""退出编辑模式"。其中，使用"插入点云"命令必须首先设置点云文件的根目录。如图 3-92 所示，依次单击"文件"→"选项"→"常规"→"点云"，弹出"点云选项"对话框，单击"浏览"，设置文件路径，单击"确定"，返回"选项"对话框，单击"确定"，完成点云文件的根目录设置。其他点云命令的具体用法将在后续任务中介绍。

图 3-90 "插入组件"对话框

图 3-91 点云命令组

图 3-92 点云文件的根目录设置

（3）"定义组件类型"按钮：单击该按钮，弹出图 3-93 所示的"浏览文件夹"对话框。选择需要定义组件类型的文件夹，单击"确定"，弹出"定义组件类型"对话框，如图 3-94 所示，可以在组件的右侧选择其类型（图中组件类型已经注册为 Robot，故已不能更改）。

（4）"新建零件"按钮：单击该按钮，弹出图 3-95 所示的"新建零件"对话框，节点类型包括"ConsumablePartPrototype"（耗材原型）和"PartPrototype"（零件原型）两种。一般选择"PartPrototype"，单击"确定"，则在对象树中的零件文件夹下增加一个名为"PartPrototype"的新零件，如图 3-96 所示。单击新零件，再次单击或者按"F2"键，可修改零件名。

（5）"新建复合零件"：单击该按钮，则新建一个复合零件，如图 3-97 所示，复合零件下还可新建零件或复合零件。

（6）"新建资源"：单击该按钮，弹出图 3-98 所示的"新建资源"对话框，在"节点类型"下拉列表中选择新建资源的类型（此处选择"Robot"），单击"确定"，则在对象树中的资源文件夹下增加一个名为"Robot"的新资源。单击新资源，再次单击或者按"F2"键，可修改资源名。

图 3-93 "浏览文件夹"对话框

图 3-94 "定义组件类型"对话框

图 3-95 "新建零件"对话框

图 3-96 新零件所在的对象树

图 3-97 新建复合零件

图 3-98 "新建资源"对话框

（7）"新建复合资源"：单击该按钮，则新建一个复合资源，如图 3-99 所示，复合资源下还可新建资源或复合资源。

3."布局"工具

如图 3-100 所示，"布局"工具包括"快速放置" 、"恢复对象到初始位置" 、"复制对象" 、"镜像对象" 、"对齐命令" 、"创建坐标系"。

（1）"快速放置"按钮：先选中对象，再单击该按钮，鼠标指针变为手状，按住鼠标左键可任意拖动所选对象，将所选对象或者组件在 xy 平面上快速移动并放置到新的位置。

（2）"恢复对象到初始位置"按钮：单击该按钮，弹出消息提醒框，单击"确定"，可以将所选对象或者组件快速还原到所选对象或组件的初始位置。

（3）"复制对象"按钮：先选中对象，再单击该按钮，弹出图 3-101 所示的对话框，可通过分别设置沿 x 轴、y 轴、z 轴的实例数量和间距，获得多个所选对象的复制体。

图 3-99　新建复合资源　　　图 3-100　"布局"工具　　图 3-101　"复制"对话框

（4）"镜像对象"按钮：先选中对象，再单击该按钮，弹出图 3-102 所示的对话框。可通过"镜像平面操控"区域的平移和旋转设置，以及"对齐到 X 轴"、"对齐到 Y 轴"等约束调整镜像平面的位置，选择目标范围（如新建的零件），单击"确定"，可得到所选对象的镜像体。

（5）"对齐命令"按钮：沿轴对齐或分布。通过"设置建模范围"按钮将组件激活，并选中两个以上对象时，该按钮将激活并高亮显示。单击其右侧的黑色倒三角，显示图 3-103 所示的下拉列表，选择不同的对齐或分布约束，可调整所选对象的相对位置。

（6）"创建坐标系"按钮：单击该按钮，弹出图 3-104 所示的下拉列表，包括"通过 6 个值创建坐标系""通过 3 点创建坐标系""在圆心创建坐标系""在 2 点之间创建坐标系"4 个选项，可以选择并创建仿真研究所需的坐标系。"创建坐标系"是 PS 软件中非常重要的工具，下面结合实例来说明其用法。

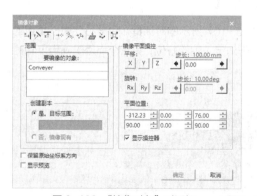

图 3-102　"镜像对象"对话框　　图 3-103　"对齐命令"下拉列表　　图 3-104　"创建坐标系"下拉列表

【例 3-2】新建研究，导入 CAD 数据，使用不同的方法创建坐标系。

操作步骤如下。

（1）打开 PS 软件，新建研究，导入"Conveyer.prt"CAD 模型文件。如图 3-105 所示，"基本类"选择"资源"，"原型类"选择"Conveyer"，勾选"插入组件"复选框，单击"确定"，完成模型的导入。单击"保存"按钮 📇，更改研究文件名为"Conveyer.psz"。

视频：例 3-2 操作步骤

（2）"通过 6 个值创建坐标系"按钮。单击该按钮，弹出图 3-106 所示的"6 值创建坐标系"对话框。在"相对位置"的"X""Y""Z"输入框中分别输入 0、0、151，在"相对方向"的"Rx""Ry""Rz"输入框中分别输入 0、0、0，分别确定坐标系原点的位置及坐标轴的方位，如图 3-106 所示。

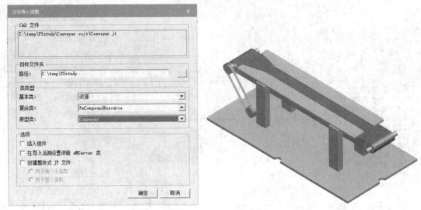

图 3-105　导入传输线模型

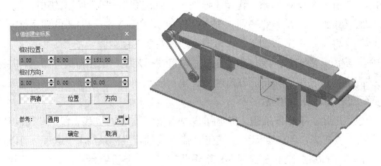

图 3-106　通过 6 个值创建坐标系

（3）"通过 3 点创建坐标系"按钮。单击该按钮，弹出图 3-107 所示的对话框。每一行代表一个点的坐标，其中第一个点用于确定坐标系原点的位置；第二个点用于确定 x 轴的方位；第三个点用于确定 y 轴的方位。

图 3-107　通过 3 点创建坐标系

（4）"在圆心创建坐标系"按钮。单击此按钮，会弹出图 3-108 所示的对话框。每一行代表一个点的坐标，通过 3 个点自动定义一个圆。坐标系原点位于圆心，对话框中的第一个点用于确定 x 轴的方位，z 轴垂直于 3 点所在的平面。

（5）"在 2 点之间创建坐标系"按钮。单击该按钮，会弹出图 3-109 所示的对话框。每一行代表一个点的坐标，通过两个点创建坐标系。坐标原点默认在两点之间的中间位置，可以通过对话框中的滑块调节坐标原点的位置，其中的第二个点用于确定 x 轴的方位。

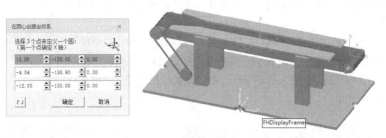

图 3-108　在圆心创建坐标系

📖 **注意**

每新建一个坐标系，在对象树的坐标系文件夹中都会自动增加一个按顺序命名的坐标系，如图 3-110 所示，可利用"F2"键更改坐标系的名字。

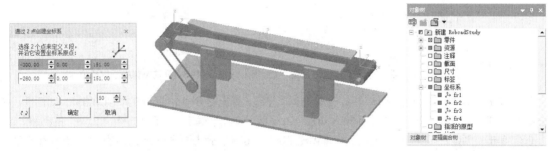

图 3-109　在 2 点之间创建坐标系　　　　　图 3-110　对象树中的新建坐标系

4."几何体"工具

如图 3-111（a）所示，"几何体"工具主要包括"实体""曲线""创建点""创建块""创建 2D 轮廓" ✎、"由边创建虚曲线" ✎、"创建等参数曲线" ✎。其中，"实体"下拉列表包括"创建方体""创建圆柱体""创建圆锥体""创建球体""创建圆环体""求和""求差""相交""缩放""两点间缩放对象""拉伸""旋转""扫掠"等，如图 3-111（b）所示；"曲线"下拉列表包括"创建多段线""创建圆""创建曲线""创建圆弧""倒圆角""倒斜角""合并曲线""在相交处拆分曲线""边界上的曲线""相交曲线""投影曲线""偏置曲线"，如图 3-111（c）所示。

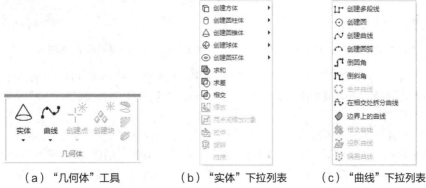

（a）"几何体"工具　　　　　（b）"实体"下拉列表　　　　　（c）"曲线"下拉列表

图 3-111　"几何体"工具及其中的下拉列表

通过应用上述 PS 软件工具，可建模、创建零件或者资源对象，用于当前或其他仿真研究中，下面结合实例来说明其用法。

【例 3-3】新建研究，使用 PS 软件的"几何体"工具创建工作台资源对象。

操作步骤如下。

（1）打开 PS 软件，新建研究，保存为"Table.psz"文件。单击"建模"→"组件"→"新建资源"按钮 ✹，弹出图 3-112 所示的"新建资源"对话框，选择"Work_Table"，单击"确定"，完成资源的创建。如图 3-113 所示，在对象树中修改资源的名字为"Table"，并设置建模范围为"Table"。

视频：例 3-3 操作步骤

图 3-112　"新建资源"对话框

图 3-113　在对象树中新建资源

（2）单击"实体"→"创建方体"→"创建方体"按钮，弹出图 3-114 所示的"创建方体"对话框，在"长度""宽度""高度"输入框中分别输入 40、40、100，单击"确定"，完成方体"box1"的创建。

（3）单击"创建坐标系"→"通过 6 个值创建坐标系"按钮，弹出图 3-115 所示的"6 值创建坐标系"对话框，在"相对位置"下的"Z"输入框中输入 100，其他保持默认，单击"确定"，完成坐标系"fr1"的创建。

图 3-114　"创建方体"box1 对话框

图 3-115　"6 值创建坐标系"对话框

（4）单击"实体"→"创建方体"→"创建方体"按钮，弹出图 3-116 所示的"创建方体"对话框，在"长度""宽度""高度"输入框中分别输入 40、40、750，"定位于"选择坐标系"fr1"，单击"确定"，完成方体"box2"的创建。

（5）单击"创建点"→"3 值创建点"按钮，弹出图 3-117 所示的"3 值创建点"对话框，在"X""Y""Z"输入框中分别输入 20、-20、100，"参考"选择"通用"，单击"确定"，完成点"point1"的创建。

（6）单击"创建点"→"3 值创建点"按钮，弹出图 3-118 所示的"3 值创建点"对话框，在"X""Y""Z"输入框中分别输入 540、20、140，"参考"选择"通用"，单击"确定"，完成点"point2"的创建。

（7）单击"实体"→"创建方体"→"点到点创建方体"按钮，弹出图 3-119 所示的"创建方体"对话框，"第一个角"选择"point1"，"第二个角点"选择"point2"，单击"确定"，完成方体"box3"的创建。

图 3-116 "创建方体"box2 对话框

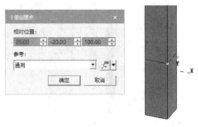

图 3-117 通过 3 值创建点"point1"

图 3-118 通过 3 值创建点"point2"

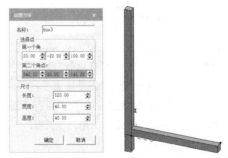

图 3-119 "创建方体"box3 对话框

（8）单击"实体"→"创建方体"→"点到点创建方体"按钮，弹出图 3-120 所示的"创建方体"对话框，"第一个角"设为 540、-20、100，"长度""宽度""高度"分别设为 40、40、750，单击"确定"，创建方体"box4"。

（9）在对象树中，按住"Ctrl"键，分别单击"box1""box2""box3"，单击"布局"→"镜像对象"按钮，弹出图 3-121 所示的"镜像对象"对话框。在"平移"下的"Z"输入框中输入"580"，"创建副本"选择"是"，"目标范围"选择"Table"，单击"确定"，完成方体"box1_1""box2_1""box3_1"的创建。

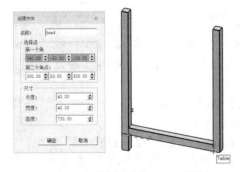

图 3-120 "创建方体"box4 对话框

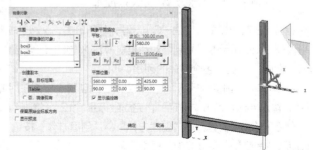

图 3-121 "镜像对象"对话框

（10）在对象树中，按住"Ctrl"键，分别单击"box2""box3""box4""box1_1""box2_1""box3_1"，单击"布局"→"复制对象"按钮，弹出图 3-122 所示的"复制"对话框。"沿 Y 轴的实例数量"设为 3，

"Y 轴上的间距"设为 560，其余保持默认设置，单击"确定"，完成多个方体的创建。

（11）在对象树中，按住"Ctrl"键，分别单击"box1""box1_1"，单击"布局"→"复制对象"按钮⤡，弹出图 3-123 所示的"复制"对话框。"沿 Y 轴的实例数量"设为 2，"Y 轴上的间距"设为 1120，其余保持默认设置，单击"确定"，创建多个方体。

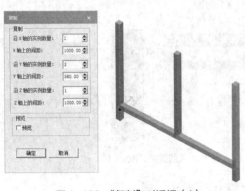

图 3-122 "复制"对话框（1）　　　　　　　　　图 3-123 "复制"对话框（2）

（12）单击"实体"→"创建方体"→"点到点创建方体"按钮，弹出图 3-124 所示的"创建方体"对话框，"第一个角"设为-20、20、100，"长度""宽度""高度"分别设为"40""520""40"，单击"确定"，完成方体"box5"的创建。

（13）单击"实体"→"创建方体"→"点到点创建方体"按钮，弹出图 3-125 所示的"创建方体"对话框，"第一个角"设为-20、580、100，"长度""宽度""高度"分别设为"40""520""40"，单击"确定"，创建方体"box6"。

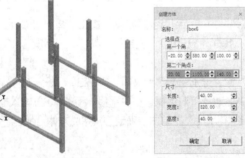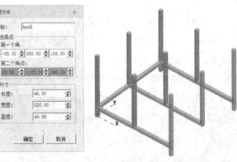

图 3-124 "创建方体"box5 对话框　　　　　　　图 3-125 "创建方体"box6 对话框

（14）在对象树中，按住"Ctrl"键，分别单击"box5""box6"，单击"布局"→"复制对象"按钮⤡，弹出图 3-126 所示的"复制"对话框。"沿 X 轴的实例数量"设为"3"，"X 轴上的间距"设为"560"，单击"确定"，完成多个方体的创建。

（15）单击"创建坐标系"→"在 2 点之间创建坐标系"，弹出"通过 2 点创建坐标系"对话框，如图 3-127所示，输入坐标，单击"确定"，完成坐标系"fr2"的创建。

（16）单击"实体"→"创建方体"→"创建方体"按钮，弹出图 3-128 所示的"创建方体"对话框，在"长度""宽度""高度"输入框中分别输入 1200、1200、20，"对象上的参考"选择"几何中心"，"定位于"选择坐标系"fr2"，单击"确定"，完成方体"box7"的创建。

（17）在对象树中，按住"Ctrl"键，分别单击"box1""box2"，单击"实体"→"求和"按钮，弹出图 3-129 所示的"求和"对话框。如果勾选"删除原始实体"复选框，则求和后将删除"box1""box2"，否则将保留两个方体。单击"确定"，完成求和，创建方体"bool1"。重复操作，完成所有桌脚的求和。利用图形查看器工具栏中的"修改颜色"按钮 ⚒️，更改所有方体的颜色为深灰色。

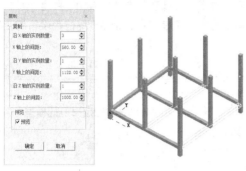

图 3-126 "复制"对话框（3）

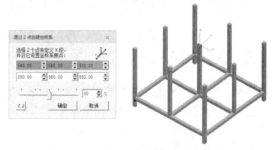

图 3-127 "通过 2 点创建坐标系"对话框

图 3-128 "创建方体"box7 对话框

图 3-129 "求和"对话框

（18）单击"结束建模"，弹出图 3-130 所示的保存组件对话框，单击"保存"，完成组件的保存。此时，对象树中的"Table"资源组件变为不可更改状态，如图 3-131 所示。

图 3-130 保存组件对话框

图 3-131 对象树

任务 3.2 设备定义

PS 是一款用于工艺过程仿真的软件。仿真的目的就是在虚拟的环境中，真实地再现各个设备在工艺过程中的各种动作姿态。为实现上述目标，不仅需要导入各种资源设备的三维模型，还要进行设备定义（或运动机构定义）。PS 中用来定义设备运动的工具是"运动学编辑器"（Kinematics Editor）。

设备定义的主要步骤包括：创建运动学关系，创建设备工作姿态，创建基本坐标系和工具坐标系，编辑设备定义参数，创建设备操作。下面结合具体实例来讲解机器人、工装夹具、抓手、焊枪等设备的定义过程。

3.2.1 机器人定义

机器人的定义即机器人本体的定义。工业机器人实际上是一种多连杆机构。机器人的定义包括模型导入、创建连杆、定义关节属性、设置基准坐标系、创建工具坐标系等。定义工具为"建模"选项卡下的"运动学设备"工具，如图 3-132 所示，其下拉列表中包括"运动学编辑器""姿态编辑器""工具定义""设置抓握对象列表"等。

图 3-132 "运动学设备"工具

【例 3-4】使用 PS 软件的"运动学编辑器"等工具对 ABB IRB120 机器人进行设备定义。

操作步骤如下。

（1）打开 PS 软件，单击"文件"→"断开研究"→"以标准模式打开"，打开名为"IRB120.psz"的文件。该文件包含很多非必要对象，先对其进行精简处理。

视频：例 3-4 操作步骤

具体方法如下。如图 3-133（a）所示，按住"Shift"键，选择所有机器人资源。单击"建模"→"设置建模范围"，则选中的资源变为可更改状态，如图 3-133（b）所示。再次单击"设置建模范围"，单击"+"展开机器人资源，如图 3-133（c）所示，显示"实体""实体 1""实体 2"等 6 个实体。新建机器人资源"Robot"，将 6 个实体移动到该资源下，删除其他所有单个资源和复合资源，完成对象资源的简化，如图 3-133（d）所示。

（a）选择所有机器人资源　　（b）机器人资源变为　　（c）展开机器人资源　　（d）将实体移动到资源
　　　　　　　　　　　　　　可更改状态　　　　　　　　　　　　　　　　　　　Robot 下

图 3-133 简化对象资源

（2）将建模范围更改为"Robot"，单击"建模"→"运动学设备"→"运动学编辑器"，弹出图 3-134 所示的运动学编辑器。

（3）在运动学编辑器中单击"创建连杆"按钮，弹出图 3-135 所示的"连杆属性"对话框，将"名称"修改为"Base"，"连杆单元"的"元素"选择"实体 4"（即机器人底座），单击"确定"，完成连杆"Base"的创建。连杆创建完成后，将在运动学编辑器中显示，如图 3-136 所示，连杆按钮的底色与包含实体的颜色相同。

（4）重复创建连杆操作，分别创建连杆"lnk1""lnk2""lnk3""lnk4""lnk5""lnk6"，如图 3-137（a）~（f）所示，"连杆单元"的"元素"分别选择"实体 3"（腰部）、"实体 2"（大臂）、"实体 1"（肘部）、"实体"（小臂）、"实体 6"（腕部）、"实体 5"（法兰）。创建连杆完毕后，运动学编辑器如图 3-138 所示。

图 3-136（彩色）

图 3-134　运动学编辑器　图 3-135　"连杆属性"对话框　图 3-136　连杆"Base"着色显示

（a）创建连杆"lnk1"　（b）创建连杆"lnk2"　（c）创建连杆"lnk3"

（d）创建连杆"lnk4"　（e）创建连杆"lnk5"　（f）创建连杆"lnk6"

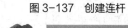

图 3-137　创建连杆

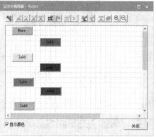

图 3-138　定义 7 个连杆

图 3-138（彩色）

（5）连杆创建完毕后，定义关节属性。如图 3-139（a）所示，单击"Base"连杆图标，将其选中。按住鼠标左键将"Base"连杆图标向"lnk1"连杆图标拖动，释放鼠标左键后，如图 3-139（b）所示。重复上述操作，分别创建"j2""j3""j4""j5""j6"关节，如图 3-140 所示。双击任意关节连线，可弹出对应的"关节属性"对话框。

（a）"j1"关节

（b）"关节属性"对话框

图 3-139 在"Base"和"lnk1"之间创建"j1"关节

（6）选中底座，然后单击鼠标右键，弹出图 3-141（a）所示的快捷菜单，单击"仅显示"，仅显示底座，方便后续操作。双击"j1"关节连线，弹出"关节属性"对话框。如图 3-141（b）所示，在"关节属性"对话框中，"从点"选择底座顶部的圆心，此时，"从点"显示圆心的坐标为（690，300，972），"到点"坐标设为（690，300，1072），即 x 和 y 坐标值相同、z 坐标值增加 100，单击"确定"，完成"j1"关节属性的设置。

📖 **注意**

完成关节属性的设置后，代表"旋转"关节类型运动关系的带箭头直线为黑色，代表"平移"关节类型运动关系的带箭头直线为蓝色。

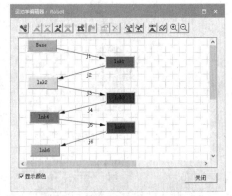

图 3-140 运动学编辑器中的 6 个关节

（a）仅显示底座

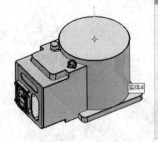

（b）选择两个点确定轴

图 3-141 设置"j1"关节的属性

（7）在对象树中，选中"lnk1"下的"实体 3"，单击鼠标右键，在弹出的快捷菜单中单击"仅显示"，将腰部显示。双击"j2"关节连线，弹出"关节属性"对话框，如图 3-142 所示，"从点"选择圆柱左侧的圆心，"到点"选择圆柱右侧的圆心，单击"确定"，完成"j2"关节属性的设置。

（8）在对象树中，选中"lnk2"下的"实体 2"，单击鼠标右键，在弹出的快捷菜单中单击"仅显示"，将大臂显示。双击"j3"关节连线，弹出"关节属性"对话框，如图 3-143 所示，"从点"选择左侧圆心，"到点"选择右侧圆心，单击"确定"，完成"j3"关节属性的设置。

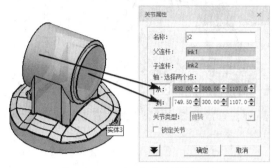

图 3-142 设置"j2"关节的属性

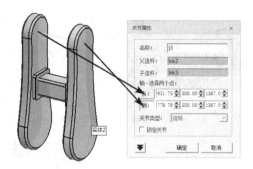

图 3-143 设置"j3"关节的属性

（9）在对象树中，选中"lnk3"下的"实体 1"，单击鼠标右键，在弹出的快捷菜单中单击"仅显示"，将肘部显示。双击"j4"关节连线，弹出"关节属性"对话框，如图 3-144 所示，"从点"选择圆柱顶部的圆心，此时，"从点"显示圆心的坐标为（688，449，1439），"到点"坐标设为（688，499，1439），即 x 和 z 坐标值相同、y 坐标值增加 50，单击"确定"，完成"j4"关节属性的设置。

（10）在对象树中，选中"lnk4"下的"实体"，单击鼠标右键，在弹出的快捷菜单中单击"仅显示"，将小臂显示。双击"j5"关节连线，弹出"关节属性"对话框，如图 3-145 所示，"从点"选后侧圆心，"到点"选前侧圆心，单击"确定"，完成"j5"关节属性的设置。

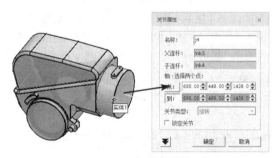

图 3-144 设置"j4"关节的属性

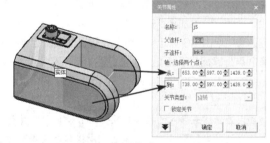

图 3-145 设置"j5"关节的属性

（11）在对象树中，选中"lnk5"下的"实体 6"，单击鼠标右键，在弹出的快捷菜单中单击"仅显示"，将腕部显示。双击"j6"关节连线，弹出"关节属性"对话框，如图 3-146 所示，"从点"选择圆柱圆心，此时，"从点"显示圆心的坐标为（689，667，1439），"到点"坐标设为（689，717，1439），即 x 和 z 坐标值相同、y 坐标值增加 50，单击"确定"，完成"j6"关节属性的设置。

（12）关节属性的设置完成后，在图形显示区空白处单击鼠标右键，在弹出的快捷菜单中单击"全部显示"，将机器人模型完整显示。在运动学编辑器中单击"打开关节调整"按钮，弹出图 3-147 所示的"关节调整"对话框。按住鼠标左键，拖动各个关节的"转向/姿态"滑块，可调整各个关节的姿态。可以输入各个关节转动的"下限"和"上限"限制关节的变化范围。单击"重置"，可使各个关节恢复到初始位置。单击"关闭"，退出"关节调整"对话框。

（13）在运动学编辑器中单击"设置基准坐标系"按钮，弹出"设置基准坐标系"对话框，如图 3-148（a）所示。选择底座底面中心点，如图 3-148（b）所示。在"设置基准坐标系"对话框中，单击右侧的黑色倒三角，在下拉列表中单击"6 值定坐标系"，弹出"位置"对话框，如图 3-148（c）所示，设置"Rx""Ry"

"Rz"均为 0，方向与通用坐标系一致，单击"确定"，完成基准坐标系的创建。此时，在对象树中，基准坐标系显示为"BASEFRAME"，如图 3-148（d）所示。

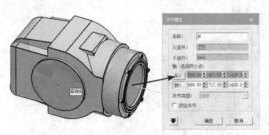
图 3-146 设置"j6"关节的属性

图 3-147 "关节调整"对话框

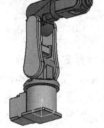

（a）"设置基准坐标系"对话框 （b）选择底面中心点 （c）"位置"对话框 （d）对象树
图 3-148 创建基准坐标系

（14）在运动学编辑器中单击"创建工具坐标系"按钮 ，弹出"创建工具坐标系"对话框，如图 3-149（a）所示。在"创建工具坐标系"对话框中，"位置"选择实体 5（法兰）圆柱右侧的中心点，如图 3-149（b）所示。"附加至链接"通过在对象树中单击"lnk6"设置。单击"位置"输入框右侧的黑色倒三角，在下拉列表中单击"3 点定坐标系"，弹出"3 点定坐标系"对话框，如图 3-149（c）所示，第 1 点坐标不变，第 2 点坐标相对于第 1 点 x 坐标值+20，第 3 点坐标相对于第 1 点 z 坐标值+20，单击"确定"，完成工具坐标系的创建。如图 3-149（d）所示，对象树中显示"REFRAME"和"TCPF"两个新坐标系。

📖 注意

因为新建或导入的模型在软件工作空间的具体位置不同，如图 3-149（a）所示，通过单击选中中心点等操作获得绝对坐标数值可能有差别，以操作时数据为准，下同。

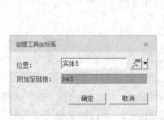

（a）"创建工具坐标系"对话框 （b）选择法兰中心点 （c）"3 点定坐标系"对话框 （d）对象树
图 3-149 创建工具坐标系

（15）在运动学编辑器中单击"打开姿态编辑器"按钮 ，弹出"姿态编辑器-Robot"对话框，如图 3-150（a）所示。选择姿态"HOME"，单击"新建"，弹出"姿态编辑-Robot"对话框，如图 3-150（b）所示。在"姿态名称"文本框中输入"Pos1"，在关节树"j1"的"值"输入框中输入 45，按回车键。在关节树"j2"

的"值"输入框中输入 20，按回车键。单击"姿态编辑-Robot"对话框中的"确定"，完成"Pos1"姿态的创建。单击"姿态编辑器-Robot"对话框中的"重置"，恢复机器人原始姿态，最后单击"关闭"，退出"姿态编辑器-Robot"对话框。

（a）"姿态编辑器-Robot"对话框

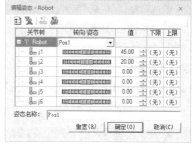

（b）"编辑姿态-Robot"对话框

图 3-150　创建机器人姿态

（16）机器人定义成功后，在机器人模型的任意位置单击鼠标右键，弹出的快捷菜单与机器人定义前不同，机器人定义前后的快捷菜单分别如图 3-151（a）和图 3-151（b）所示。

（17）机器人定义成功后，在机器人模型的任意位置单击鼠标右键，在弹出的快捷菜单中单击"机器人调整"按钮 ，弹出"机器人调整：Robot"对话框，如图 3-152 所示。按住鼠标左键将该模型沿着不同的轴拖动，机器人的姿态可做出相应改变。可以用该工具来验证机器人定义是否成功。

（a）机器定义前　（b）机器人定义后

图 3-151　机器人定义前后的快捷菜单

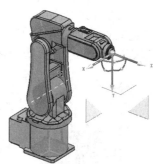

图 3-152　"机器人调整：Robot"对话框

3.2.2　机械手定义

工业机器人末端的工具，经常被称为手爪或机械手，其优劣将决定机器人应用的层次和深度。PS 软件中机械手的定义包括模型导入、创建连杆、定义关节属性、创建设备工作姿态、设置基准坐标系、创建工具坐标系、定义抓握实体等操作。所用到的工具包括"建模"选项卡"运动学设备"下拉列表中的"运动学编辑器""姿态编辑器""工具定义""设置抓握对象列表"等。下面结合具体实例来说明机械手的定义方法和流程。

【例3-5】使用PS软件的"运动学编辑器"等工具对平口手爪工具进行设备定义。

操作步骤如下。

（1）打开PS软件，单击"文件"→"断开研究"→"新建研究"，弹出"新建研究"对话框，单击"创建"，完成新研究的创建。

（2）单击"文件"→"导入/导出"→"转换并插入CAD文件"，弹出"转换并插入CAD文件"对话框，如图3-153（a）所示。单击"添加"，选择"平口手爪工具.prt"文件，弹出"文件导入设置"对话框，如图3-153（b）所示。"基本类"选择"资源"，"复合类"保持默认，"原型类"选择"Gripper"，勾选"插入组件"复选框，单击"确定"，返回"转换并插入CAD文件"对话框，单击"导入"，完成平口手爪工具模型的导入，如图3-153（c）所示。

视频：例3-5操作步骤

（a）"转换并插入CAD文件"对话框　　（b）"文件导入设置"对话框　　（c）平口手爪工具模型

图3-153　导入平口手爪工具模型

（3）导入平口手爪工具模型后，对象树中包含很多非必要对象，需进行删减。具体方法如下。如图3-154（a）所示，按住"Shift"键，选择所有夹爪（抓手、手爪、握爪）资源对象，单击"建模"→"设置建模范围"，则选中的资源变为可更改状态，如图3-154（b）所示。再次单击"设置建模范围"，单击"+"展开夹爪资源，如图3-154（c）所示，显示"实体""实体1""实体2"等实体（如果实体自动命名有错误，即名字显示乱码或相同，可按"F2"键，人工修改实体名字）。新建机器人夹爪资源"Gripper"，将所有显示的实体移动到该资源下，删除其他所有资源，完成资源对象的简化，如图3-154（d）所示。

（a）选择所有夹爪资源　　（b）夹爪资源变为可更改　　（c）展开夹爪资源　　（d）移动实体到Gripper资源下

图3-154　简化对象资源

（4）将建模范围更改为"Gripper"，单击"建模"→"运动学设备"→"运动学编辑器"，弹出图3-155

所示的运动学编辑器。

（5）在运动学编辑器中单击"创建连杆"按钮，弹出图 3-156 所示的"连杆属性"对话框。将"名称"修改为"Base"，"连杆单元"的"元素"选择图 3-156 所示的多个实体（按住鼠标左键使用矩形框框选），单击"确定"，创建连杆"Base"。

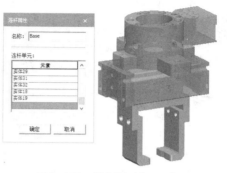

图 3-156（彩色）

图 3-155　运动学编辑器　　　　图 3-156　创建连杆"Base"

（6）重复创建连杆操作，在运动学编辑器中单击"创建连杆"按钮，弹出图 3-157 所示的"连杆属性"对话框。设置"名称"为"lnk1"，"连杆单元"的"元素"分别选择"实体 28""实体 34""实体 36"（左握爪），单击"确定"。

（7）重复创建连杆操作，在运动学编辑器中单击"创建连杆"按钮，弹出图 3-158 所示的"连杆属性"对话框。设置"名称"为"lnk2"，"连杆单元"的"元素"分别选择"实体 27""实体 33""实体 35"（右握爪），单击"确定"。

图 3-157（彩色）

图 3-158（彩色）

图 3-157　创建连杆"lnk1"　　　　图 3-158　创建连杆"lnk2"

（8）连杆创建完毕后，还需要创建连杆之间的运动关系。如图 3-159 所示，在运动学编辑器中，单击"Base"连杆图标，将其选中，按住鼠标左键将"Base"连杆图标向"lnk1"连杆图标拖动，释放鼠标左键后，在两个连杆之间出现带箭头的黑色直线段，并出现标记"j1"，同时弹出"关节属性"对话框。

（9）如图 3-160 所示，在"关节属性"对话框中，"从点"选择"实体 13"的边缘点，"到点"选择"实体 9"的边缘点，"关节类型"选择"移动"，单击"确定"，创建"Base"连杆与"lnk1"连杆之间的运动关系。此时，代表运

图 3-159　在"Base"和"lnk1"之间创建"j1"关节

动关系的"j1"黑色带箭头直线段变为蓝色。

（10）重复连杆创建和运动关系定义操作。如图 3-161 所示，在运动学编辑器中，单击"Base"连杆图标，将其选中，按住鼠标左键从"Base"图标向"lnk2"图标拖动，释放鼠标左键后，在两个连杆之间出现带箭头的黑色直线段，并出现标记"j2"，同时弹出"关节属性"对话框。

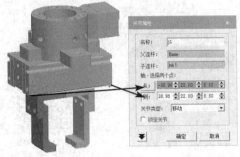

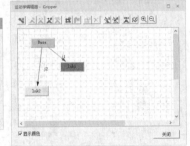

图 3-160　在"Base"和"lnk1"之间创建运动关系　　图 3-161　在"Base"和"lnk2"之间创建"j2"关节

（11）如图 3-162 所示，在"关节属性"对话框中，"从点"选择"实体 9"的边缘点，"到点"选择"实体 13"的边缘点，"关节类型"选择"移动"，单击"确定"，创建"Base"连杆与"lnk2"连杆之间的运动关系。此时，代表运动关系的"j2"黑色带箭头直线段变为蓝色。

（12）连杆之间的运动关系创建完成后，可以通过关节调整来观察所创建的运动关系是否正确。在运动学编辑器中单击"打开关节调整"按钮，弹出"关节调整-Gripper"对话框，如图 3-163 所示，拖动各关节的"转向/姿态"滑块，可看到虽然各关节在移动，但是"j1""j2"两关节不联动，需要调整。单击"重置"，再单击"关闭"，退出"关节调整-Gripper"对话框。

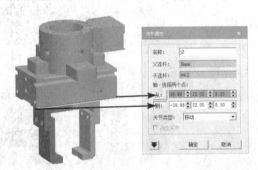
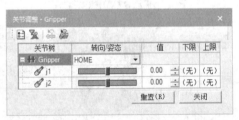

图 3-162　在"Base"和"lnk2"之间创建运动关系　　图 3-163　"关节调整-Gripper"对话框（1）

（13）在运动学编辑器中单击"j2"关节，此时"关节依赖关系"按钮 处于高亮激活状态，如图 3-164 所示。

（14）在运动学编辑器中单击"关节依赖关系"按钮，弹出"关节依赖关系-j2"对话框，如图 3-165（a）所示。选中"关节函数"，单击"关节名称"右侧的黑色倒三角，在展开的下拉列表中单击"j1"，此时按钮"关节名称"从 关节名称 变为"j1" j1 。单击"j1"按钮 j1 ，将依赖关系添加到关节函数表中，如图 3-165（b）所示。单击"应用"，完成关节依赖关系的建立，单击"关闭"，退出"关节依赖关系-j2"对话框。

（15）在运动学编辑器中单击"打开关节调整"按钮，弹出"关节调整-Gripper"对话框，如图 3-166 所示，此时关节树下

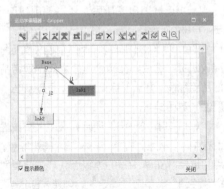

图 3-164　激活"关节依赖关系"按钮

只有一个关节，拖动"转向/姿态"滑块，可看到两个夹板联动。单击"重置"，再单击"关闭"，退出"关节调整-Gripper"对话框。

（a）初始对话框

（b）设置后的对话框

图 3-165　"关节依赖关系-j2"对话框

（16）在运动学编辑器中单击"打开姿态编辑器"按钮，弹出"姿态编辑器-Gripper"对话框，如图 3-167（a）所示。选择姿态"HOME"，单击"编辑"按钮，弹出"编辑姿态-Gripper"对话框，如图 3-167（b）所示。保持"姿态名称"输入框中默认的"HOME"不变，在关节树"j1"的"值"输入框中输入-5，在"下限"输入框中输入-12，在"上限"输入框中输入 0，单击"确定"（或按回车键），完成姿态"HOME"的编辑。

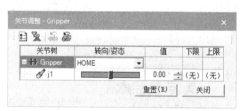

图 3-166　"关节调整-Gripper"对话框（2）

（a）"姿态编辑器-Gripper"对话框

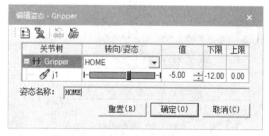
（b）"编辑姿态-Gripper"对话框

图 3-167　编辑姿态"HOME"

（17）在"姿态编辑器-Gripper"对话框中，单击"新建"按钮，弹出"编辑姿态-Gripper"对话框，如图 3-168 所示。在"姿态名称"输入框中输入"OPEN"，在关节树"j1"的"值"输入框中输入-12，在"下限"输入框中输入-12，在"上限"输入框中输入 0，单击"确定"（或按回车键），完成姿态"OPEN"的创建。

（18）重复上述操作，在"姿态编辑器-Gripper"对话框中，单击"新建"，弹出"新建姿态-Gripper"对话框，如图 3-169 所示。在"姿态名称"输入框中输入"CLOSE"，在关节树"j1"的"值"输入框中输入 0，在"下限"输入框中输入-12，在"上限"输入框中输入 0，单击"确定"（或按回车键），完成姿态

"CLOSE"的创建。单击"姿态编辑器-Gripper"对话框中的"重置"，恢复夹爪原始姿态，最后单击"关闭"，退出"姿态编辑器-Gripper"对话框。

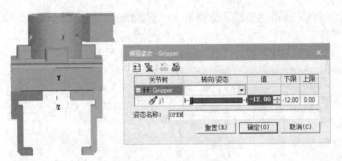

图 3-168 创建姿态"OPEN"

（19）设置完夹爪的姿态后，继续进行工具定义。在对象树中选择"Gripper"，单击"建模"→"运动学设备"→"工具定义"，弹出"工具定义-Gripper"对话框，如图 3-170 所示。"工具类"选择"握爪"，单击"TCP 坐标"输入框最右侧的黑色倒三角，在下拉列表中单击"2 点定坐标系"，弹出"2 点定坐标系"对话框，如图 3-171（a）所示，分别选择左右夹爪外缘的中心点，创建 TCP 坐标系（工具中心点坐标系）。此时，TCP 坐标系的 z 轴方向为竖直向上，单击"翻转坐标系"按钮，将 TCP 坐标系的 z 轴方向调整为竖直向下，如图 3-171（b）所示。单击"确定"，完成 TCP 坐标系的创建。

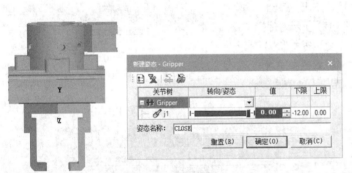

图 3-169 创建姿态"CLOSE"

图 3-170 "工具定义-Gripper"对话框

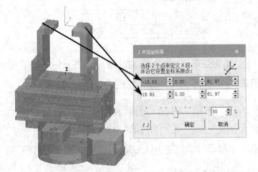

（a）"2 点定坐标系"对话框

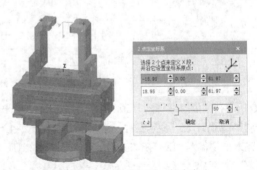

（b）翻转 TCP 坐标系 z 轴方向

图 3-171 创建 TCP 坐标系

（20）在"工具定义-Gripper"对话框中，单击"基准坐标"输入框最右侧的黑色倒三角，在下拉列表中单击"6 值定坐标系",弹出"位置"对话框,如图 3-172 所示,选择夹爪圆柱顶部中心点,单击"翻转坐标系"按钮 ,将"基准坐标系"的 z 轴方向调整为竖直向下(朝向夹爪内部)。单击"确定",完成基准坐标系的创建。

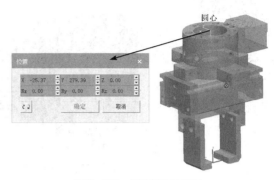

(21)在"工具定义-Gripper"对话框中,单击"抓握实体"中的"实体",在夹爪模型上选择"实体 35"和"实体 36",将其显示在下拉列表中,如图 3-173 所示。在"偏"输入框中输入 1,定义偏置范围(当抓握实体与抓取对象之间的距离在偏置范围内时,夹爪自动抓取)。单击"确定",再单击"关闭",退出"工具定义-Gripper"对话框。至此,完成平口手爪工具的定义。

图 3-172 创建基准坐标系

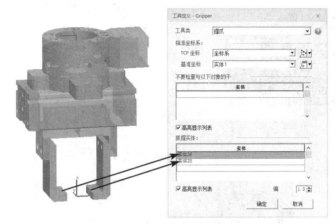

图 3-173 设置抓握实体

【例 3-6】使用 PS 软件的"运动学编辑器"等工具对母盘进行设备定义。

操作步骤如下。

(1)打开 PS 软件,单击"文件"→"断开研究"→"新建研究",弹出"新建研究"对话框,单击"创建",完成新研究的创建。

(2)单击"文件"→"导入/导出"→"转换并插入 CAD 文件",弹出"转换并插入 CAD 文件"对话框。单击"添加",选择"MPlate.jt"文件,弹出"文件导入设置"对话框。"基本类"选择"资源","复合类"保持默认,"原型类"选择"Gripper",勾选"插入组件"复选框,单击"确定",返回"转换并插入 CAD 文件"对话框,单击"导入",完成母盘模型的导入,如图 3-174(a)所示。对象树中包含很多非必要对象,参照例 3-5,进行删减和重命名处理,结果如图 3-174(b)所示。

视频:例 3-6 操作步骤

(3)将建模范围更改为"MPlate",单击"建模"→"运动学设备"→"运动学编辑器",弹出运动学编辑器。如图 3-175 所示,创建 5 个连杆,其中,"lnk1""lnk2""lnk3""lnk4"为 4 个止锁球,其他对象为"Base"。

(4)如图 3-176 所示,单击"Base"连杆图标将其选中,按住鼠标左键将"Base"图标向"lnk1"图标拖动,弹出"关节属性"对话框。如图 3-176 所示,"从点"选择小孔圆心,"到点"选择大孔圆心,再将其 z 轴坐标修改为与"从点"相同(或者直接输入 3 个坐标值),"关节类型"选择"移动",单击"确定"。重复上述操作,分别创建"Base"连杆与"lnk2"连杆、"lnk3"连杆、"lnk4"连杆之间的运动关系。

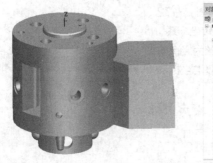

（a）母盘模型　　　　　　　　（b）对象树

图 3-174　导入母盘工具模型

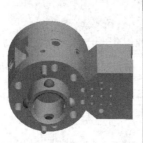
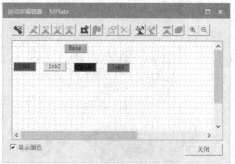

图 3-175　创建 5 个连杆

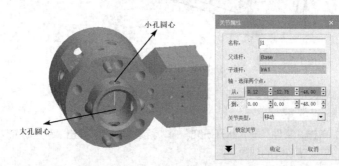

图 3-176　在"Base"和"lnk1"之间创建"j1"关节

（5）在运动学编辑器中单击"j2"关节，单击"关节依赖关系"按钮，弹出"关节依赖关系-j2"对话框。选中"关节函数"，再单击"关节名称"右侧的黑色倒三角，在展开的下拉列表中单击"j1"，此时按钮"关节名称"从 关节名称 变为 j1 。单击"j1"按钮 j1 ，将依赖关系添加到关节函数表中。单击"应用"，完成关节依赖关系的建立，单击"关闭"，退出该对话框。重复上述操作，分别建立"j3"关节、"j4"关节与"j1"关节的依赖关系。

（6）在运动学编辑器中单击"打开关节调整"按钮，弹出"关节调整-MPlate"对话框。拖动"转向/姿态"滑块，可看到移动方式为移动，关节联动。单击"重置"，将"上限"修改为 3，单击"关闭"。

（7）在运动学编辑器中单击"打开姿态编辑器"按钮，弹出"姿态编辑器-MPlate"对话框。单击"新建"，弹出"新建姿态-MPlate"对话框。将"姿态名称"改为"OPEN"，"j1"的"值"设为 3，单击"确定"。重复操作，创建姿态"CLOSE"，"j1"的"值"设为 0，单击"确定"。在"姿态编辑器-MPlate"对话框中单击"重置"，然后单击"关闭"。

（8）在对象树中选择"MPlate"，单击"建模"→"运动学设备"→"工具定义"，弹出"工具定义-MPlate"对话框。"工具类"选择"握爪"，单击"TCP 坐标"输入框最右侧的黑色倒三角，在下拉列表中单击"圆心定坐标系"，弹出"3 点圆心定坐标系"对话框，如图 3-177（a）所示，选择 3 个圆柱外缘点，单击"翻转坐标系"，将 TCP 坐标系的 z 轴方向调整为竖直向上，单击"确定"，完成 TCP 坐标系的创建。

（9）在"工具定义-MPlate"对话框中，单击"基准坐标"输入框最右侧的黑色倒三角，在下拉列表中单击"圆心定坐标系"，弹出"3 点圆心定坐标系"对话框，如图 3-177（b）所示，选择 3 个圆柱外缘点，单击"翻转坐标系"按钮，将基准坐标系的 z 轴方向调整为竖直向下（朝向母盘内部）。单击"确定"，完成基准坐标系的创建。

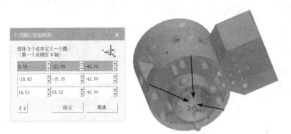

（a）TCP 坐标系　　　　　　　　　　　　（b）基准坐标系

图 3-177　创建母盘坐标系

（10）在"工具定义-MPlater"对话框中，单击"抓握实体"中的"实体"，在母盘模型上选择 4 个球体，将其显示在下拉列表中。在"偏"输入框中输入 0.5，定义偏置范围。单击"确定"，完成母盘工具的定义。

3.2.3　曲柄连杆机构夹具定义

工装夹具常采用曲柄连杆机构，PS 软件提供了向导定义方法。在运动学编辑器中单击"创建曲柄"按钮 ，弹出"创建曲柄"对话框，如图 3-178 所示。

PS 软件支持 5 种曲柄连杆机构类型。

（1）四连杆机构（RRRR）：如图 3-179（a）所示，由 4 个连杆和 4 个旋转接头组成的连杆机构。

（2）滑块连杆机构：由一个移动副和 3 个旋转副组成，有 RPRR、PRRR、RRRP 这 3 种类型，如图 3-179（b）、图 3-179（c）、图 3-179（d）所示，它们的固定连杆、输入连杆和输出连杆各不相同。

（3）三点连杆机构：如图 3-179（e）所示，由一个菱形关节和 6 个旋转关节组成。其固定连杆上有 3 个点，所以称为三点连杆机构。

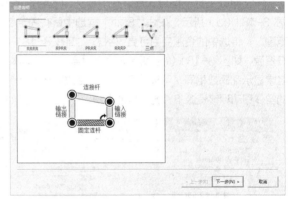

图 3-178　"创建曲柄"对话框

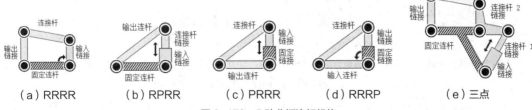

（a）RRRR　　　（b）RPRR　　　（c）PRRR　　　（d）RRRP　　　（e）三点

图 3-179　5 种曲柄连杆机构

下面结合具体实例来说明曲柄连杆机构夹具的定义方法和流程。

【例3-7】使用PS软件的"运动学编辑器"等工具对曲柄连杆机构夹具进行设备定义。

操作步骤如下。

视频：例3-7操作步骤

（1）打开PS软件，单击"文件"→"断开研究"→"新建研究"，弹出"新建研究"对话框，单击"创建"，完成新研究的创建。

（2）单击"文件"→"导入/导出"→"转换并插入CAD文件"，弹出"转换并插入CAD文件"对话框，如图3-180（a）所示。单击"添加"，选择"电缸夹具.prt"文件，弹出"文件导入设置"对话框，如图3-180（b）所示。"基本类"选择"资源"，"原型类"选择"Fixture"，勾选"插入组件"复选框，单击"确定"，返回"转换并插入CAD文件"对话框，单击"导入"，完成电缸夹具模型的导入，如图3-180（c）所示。

（a）"转换并插入CAD文件"对话框　　（b）"文件导入设置"对话框　　（c）电缸夹具模型

图3-180　导入电缸夹具模型

（3）电缸夹具模型导入后，在对象树中包含很多非必要对象，需要进行删减处理。具体方法如下。如图3-181（a）所示，按住"Shift"键选中所有固定装置（Fixture）资源对象，单击"建模"→"设置建模范围"，将选中的资源变为可更改状态，如图3-181（b）所示。再次单击"设置建模范围"，单击"+"展开资源，如图3-181（c）所示，显示"实体""实体1""实体2"等实体（如果实体自动命名有错误，如名字显示乱码或相同，可按"F2"键，修改实体名字）。新建机器人固定装置资源"Fixture"，将所有显示的实体移动到该资源下，删除其他资源，完成资源对象的简化，如图3-181（d）所示。

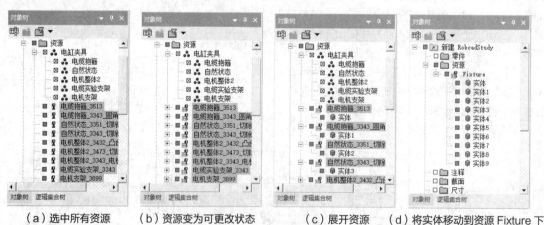

（a）选中所有资源　　（b）资源变为可更改状态　　（c）展开资源　　（d）将实体移动到资源Fixture下

图3-181　简化资源对象

（4）在对象树中选中"Fixture"，单击"建模"→"设置建模范围"，将建模范围更改为"Fixture"，单击"建模"→"运动学设备"→"运动学编辑器",弹出运动学编辑器。

（5）在运动学编辑器中单击"创建连杆"按钮,弹出"连杆属性"对话框,如图 3-182 所示。将"名称"修改为"Base","连杆单元"的"元素"选择"实体 7"和"实体 9",单击"确定",完成连杆"Base"的创建。

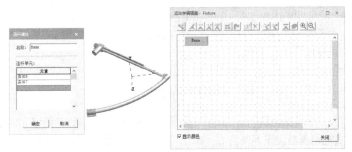

图 3-182　创建连杆"Base"

（6）在运动学编辑器中单击"创建连杆"按钮,弹出"连杆属性"对话框,如图 3-183 所示。将"名称"修改为"lnk1","连杆单元"的"元素"选择"实体 4""实体 6""实体 8",单击"确定",完成连杆"lnk1"的创建。

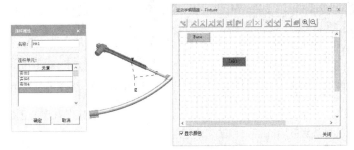

图 3-183　创建连杆"lnk1"

（7）在运动学编辑器中单击"创建连杆"按钮,弹出"连杆属性"对话框,如图 3-184 所示。将"名称"修改为"lnk2","连杆单元"的"元素"选择"实体 5",单击"确定",完成连杆"lnk2"的创建。

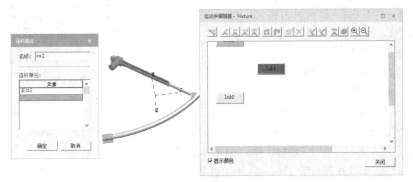

图 3-184　创建连杆"lnk2"

（8）在运动学编辑器中单击"创建连杆"按钮,弹出"连杆属性"对话框,如图 3-185 所示。将"名称"修改为"lnk3","连杆单元"的"元素"选择"实体""实体 1""实体 2",单击"确定",完成连杆"lnk3"的创建。

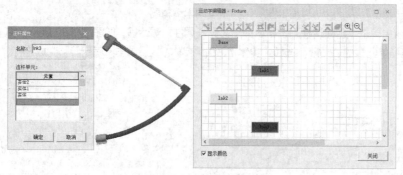

图 3-185（彩色）

图 3-185　创建连杆"lnk3"

（9）单击"建模"→"创建坐标系"→"在两点之间创建坐标系"，弹出"通过 2 点创建坐标系"对话框，如图 3-186 所示。选择空心圆柱上下两个圆心，单击"确定"，创建坐标系"fr1"。

（10）单击"建模"→"创建坐标系"→"在两点之间创建坐标系"，弹出"通过 2 点创建坐标系"对话框，如图 3-187 所示。选择圆柱上下两个圆心，单击"确定"，创建坐标系"fr2"。

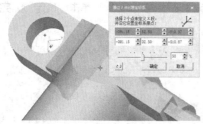

图 3-186　创建坐标系"fr1"

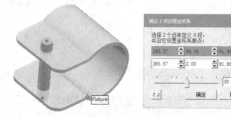

图 3-187　创建坐标系"fr2"

（11）单击"建模"→"创建坐标系"→"在圆心创建坐标系"，弹出"在圆心创建坐标系"对话框，如图 3-188 所示。选择圆柱边缘的 3 个点，单击"确定"，创建坐标系"fr3"。

（12）在对象树中选中"Fixture"，单击"建模"→"运动学设备"→"运动学编辑器"，弹出运动学编辑器，单击"创建曲柄"按钮，弹出"创建曲柄"对话框，如图 3-189（a）所示。单击"RPRR"后，单击"下一步"，弹出"RPRR 曲柄滑块关节"对话框，如图 3-189（b）所示。"固定-输入关节"选择坐标系"fr1"，"连接杆-输出关节"选择坐标系"fr2"，"输出关节"选择坐标系"fr3"，单击"下一步"，弹出偏置设置

图 3-188　创建坐标系"fr3"

界面，如图 3-189（c）所示。保持默认的"不带偏置"状态，单击"下一步"，弹出选择连杆界面，如图 3-189（d）所示。单击"固定连杆"后，在右侧选中"现有连杆"，在下拉列表中选择"Base"。重复上述操作，单击"输入链接"后，在右侧选中"现有连杆"，在下拉列表中选择"lnk1"。单击"连接杆链接"后，在右侧选中"现有连杆"，在下拉列表中选择"lnk2"。单击"连接杆链接"后，在右侧选中"输出连杆"，在下拉列表中选择"lnk3"，单击"完成"，此时运动学编辑器如图 3-189（e）所示。

（13）在运动学编辑器中，单击"打开关节调整"按钮，弹出"关节调整-Fixture"对话框，如图 3-190 所示。此时关节树下只有一个关节，"下限"设为-250，"上限"设为 0，拖动"转向/姿态"滑块，可看到 3 个连杆联动。单击"重置"后，再单击"关闭"，退出"关节调整-Fixture"对话框。

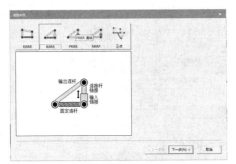

（a）"创建曲柄"对话框

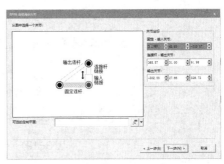

（b）"RPRR 曲柄滑块关节"对话框

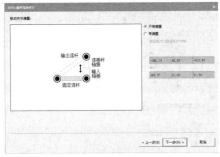

（c）偏置设置界面

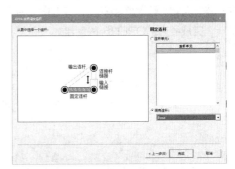

（d）选择连杆界面

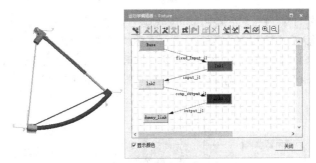

（e）曲柄连杆设置完成

图 3-189　创建曲柄

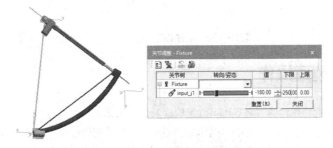

图 3-190　"关节调整-Fixture"对话框

（14）在运动学编辑器中单击"打开姿态编辑器"按钮，弹出"姿态编辑器-Fixture"对话框，如图 3-191 所示。选择姿态"HOME"，单击"编辑"，弹出"姿态编辑-Fixture"对话框。保持"姿态名称"输入框中默认的"HOME"不变，在关节树"j1"的"值"输入框中输入-120，单击"确定"（或按回车键），完成姿态"HOME"的编辑。

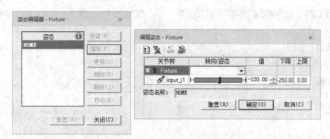

图 3-191　编辑姿态"HOME"

（15）在"姿态编辑器-Fixture"对话框中，单击"新建"，弹出"新建姿态-Fixture"对话框，如图 3-192 所示。在"姿态名称"输入框中输入"OPEN"，在关节树"j1"的"值"输入框中输入 0，单击"确定"（或按回车键），完成姿态"OPEN"的创建。

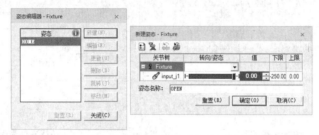

图 3-192　创建姿态"OPEN"

（16）在"姿态编辑器-Fixture"对话框中，单击"新建"，弹出"新建姿态-Fixture"对话框，如图 3-193 所示。在"姿态名称"输入框中输入"CLOSE"，在关节树"j1"的"值"输入框中输入-250，单击"确定"（或按回车键），完成姿态"CLOSE"的创建。在"姿态编辑器-Fixture"对话框中，单击"重置"，再单击"关闭"，退出"姿态编辑器-Fixture"对话框，完成整个曲柄连杆夹具的定义。

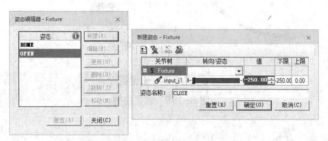

图 3-193　创建姿态"CLOSE"

任务 3.3　创建操作

"操作"是 PS 软件的特殊称谓，其实也可以近似理解为"仿真"，即通过相关设置，实现特定对象的运动，并以动画的形式呈现出来。PS 软件的"操作"选项卡下包括"创建操作""添加位置""编辑路径"等工具。其中，常用的"操作"包括"对象流操作""设备操作""复合操作"等。

3.3.1　创建对象流操作

如图 3-194 所示，单击"新建操作"，展开下拉列表，其中包括"新建复合操作""新建非仿真操作""新建对象流操作""新建设备操作"等。其中，通过新建对象流操作，可以创建沿路径移动对象的仿真。单击"操作"→"新建操作"→"新建对象流操作",弹出"新建对象流操作"对话框,如图 3-195 所示。下面结合具体实例来说明创建对象流操作的方法和过程。

图 3-194 "新建操作"下拉列表(部分)

图 3-195 "新建对象流操作"对话框

【例 3-8】使用 PS 软件的创建对象流操作对传输线进行运动仿真。

操作步骤如下。

(1)打开 PS 软件,单击"文件"→"断开研究"→"以标准模式打开",弹出"打开"对话框,选择例 3-2 创建的传输线文件"Conveyer.psz",单击"打开",打开已有研究。

(2)选择"PartPrototype"为建模范围,单击"建模"→"实体"→"创建方体",弹出"创建方体"对话框,如图 3-196 所示,"长度""宽度""高度"均设为 40,"定位于"选择坐标系"fr4",单击"确定",完成方体的创建。

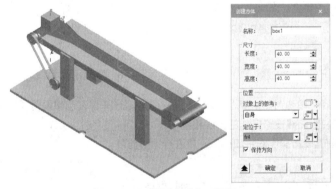

图 3-196 "创建方体"对话框

视频:例 3-8 操作步骤

(3)单击"操作"→"新建操作"→"新建对象流操作",弹出"新建对象流操作"对话框,如图 3-197 所示。在该对话框中可修改"名称",也可保持默认设置,"对象"设为"PartPrototype","范围"设为"操作根目录","起点"设为"当前位置","终点"设为坐标系"fr2","抓握中心"设为"自身","持续时间"设为 5,单击"确定",完成新建对象流的操作。

📖 注意

在创建对象流操作时,抓握坐标系一般与起点坐标系相同。

(4)完成创建对象流的操作后,操作树如图 3-198 所示,单击"PartPrototype_Op"将其选中,再单击"操作"→"设置当前操作" ,将新建的对象流操作设置为当前操作。

(5)完成设置当前操作后,如图 3-199 所示,在序列编辑器中单击"正向播放仿真"按钮 ▶,观察仿真。单击"将仿真跳转到起点"按钮 ◄◄,恢复仿真运行前的状态。

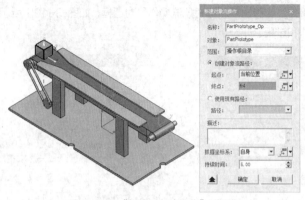

图 3-197 "新建对象流操作"对话框

图 3-198 操作树

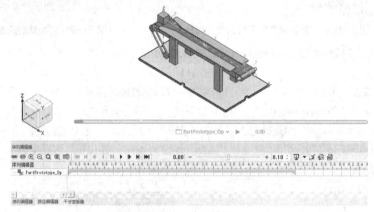

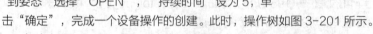

图 3-199 序列编辑器

3.3.2 创建设备操作

设备操作可以将设备从一个姿态移动到一个姿态，并以动画形式呈现出来。在创建设备操作前，需要创建设备姿态。下面结合具体实例来说明创建设备操作的方法和过程。

【例 3-9】使用 PS 软件的创建设备操作对平口手爪工具进行运动仿真。

操作步骤如下。

（1）打开 PS 软件，单击"文件"→"断开研究"→"以标准模式打开"，弹出"打开"对话框，选择例 3-5 创建的平口手爪工具文件"Gripper-平口手爪工具.psz"，单击"打开"，打开已有研究。

（2）在对象树中单击"Gripper"，单击"操作"→"新建操作"→"新建设备操作"，弹出"新建设备操作"对话框，如图 3-200 所示。此处可修改"名称"，也可保持默认，"设备"设为"Gripper"，"范围"设为"操作根目录"，"从姿态"选择"CLOSE"，"到姿态"选择"OPEN"，"持续时间"设为5，单击"确定"，完成一个设备操作的创建。此时，操作树如图 3-201 所示。

（3）如图 3-202 所示，在序列编辑器中，单击播放按钮，可以看到平口手爪工具从"CLOSE 姿态"到"OPEN 姿态"的动作过程。

视频：例 3-9 操作步骤

图 3-200 "新建设备操作"对话框

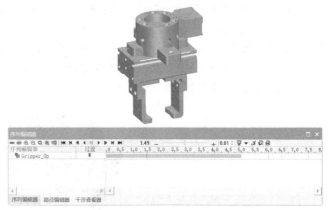

图 3-201　操作树

图 3-202　序列编辑器

3.3.3　创建复合操作

复合操作即操作合集，可以由相同类型的多个操作或多种不同类型的操作组成，如对象流操作、设备操作、拾放操作、焊接操作等。下面接着例 3-9 来说明创建复合操作的方法和过程。

（1）单击"操作"→"新建操作"→"新建复合操作"，弹出"新建复合操作"对话框，如图 3-203 所示，可根据需要修改"名称"和"范围"。

（2）在操作树中，单击"Gripper_Op"，按住鼠标左键将其移动到"CompOp"下，如图 3-204 所示。

图 3-203　"新建复合操作"对话框

图 3-204　操作树

（3）新建一个设备操作，如图 3-205（a）所示，"从姿态"选择"OPEN"，"到姿态"选择"CLOSE"，"范围"设为"CompOp"（通过单击操作树中的"CompOp"），"持续时间"设为 5，"名称"设为"Gripper_Op1"，单击"确定"，操作树如图 3-205（b）所示。

（a）"新建设备操作"对话框

（b）操作树

图 3-205　新建设备操作

（4）在操作树中，单击"CompOp"，单击鼠标右键，在弹出的快捷菜单中单击"设置当前操作"，将复合操作"CompOp"设为当前操作。

（5）在序列编辑器中，按住"Shift"键，单击两个设备操作将其全部选中，单击"链接"按钮 ⚭，将创建的两个设备操作关联起来（链接前，可以按住鼠标左键选中某个设备上下拖动，调整其顺序）。如图 3-206 所示，单击播放按钮，可以看到握爪的操作动作。

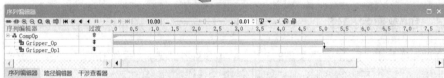

图 3-206　序列编辑器

任务 3.4　创建机器人仿真

PS 机器人仿真功能包括设计和优化机器人工艺操作过程、优化机器人路径、干涉碰撞检测、优化机器人工位布局、离线编程以及多机器人协同等。PS 机器人仿真支持大部分商业机器人品牌，如 ABB、FANUC、KUKA、YASKAWA、COMAU 等。其仿真应用场景包括搬运、装配、包装、点焊、弧焊、激光焊、铆接、打磨、抛光、去毛刺、涂胶、喷涂等。

3.4.1　安装末端工具

工业机器人实际上是一个机械臂，需要安装各种末端执行工具，如握爪、焊枪等，才能完成搬运、焊接等任务。在给机器人安装工具前，需要先完成工具定义。下面结合具体实例来说明 PS 软件中给机器人安装工具的方法和过程。

【例 3-10】在 PS 软件中给机器人安装母盘、平口手爪工具。

操作步骤如下。

（1）打开 PS 软件，单击"文件"→"断开研究"→"新建研究"，弹出"新建研究"对话框，单击"创建"，完成新研究的创建。单击"建模"→"插入组件"，弹出"插入组件"对话框，在 PS 软件的系统根目录文件夹中双击"Robot_IRB120.cojt"文件夹，将 IRB120 机器人本体插入；重复插入组件操作，双击"MPlate.cojt"文件夹，将母盘插入；重复插入组件操作，双击"Gripper_Flat.cojt"文件夹，将平口手爪工具插入。结果如图 3-207 所示。

📖 注意

① 上述 3 个文件夹必须事先复制到 PS 软件的系统根目录文件夹中。

② 也可以在例 3-4 或例 3-5 的基础上插入组件。

③ 还可以直接打开 Chap3\IRB120_Gripper\IRB120_Gripper.psz 文件。

（2）参照例 3-4、例 3-5、例 3-6，分别对机器人、平口手爪和母盘工具进行定义。

视频：例 3-10
操作步骤

📖 **注意**

① 可以右击平口手爪或母盘，在弹出的快捷菜单中单击"工具定义"，弹出"工具定义"提示框，如图 3-208 所示，单击"确定"，在弹出的"工具定义"对话框中查看工具是否定义。

② 可以右击平口手爪或母盘，在弹出的快捷菜单中单击"姿态编辑器"，弹出"姿态编辑器"对话框，查看工具姿态是否定义。

③ 可以右击机器人，在弹出的快捷菜单中单击"机器人调整"，弹出"机器人调整"对话框，拖动某一坐标轴，看工具是否跟随运动，查看工具是否安装，单击"重置"，再单击"关闭"。

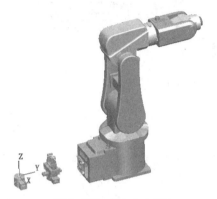

图 3-207 插入 3 个组件

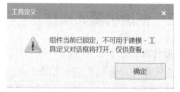

图 3-208 "工具定义"提示框

（3）在对象树或图形显示区中单击"Robot_IRB120"，单击"机器人"→"安装工具" ，或者在图形显示区中右击"Robot_IRB120"，在弹出的快捷菜单中单击"安装工具"，弹出"安装工具-机器人 Robot_IRB120"对话框。如图 3-209（a）所示，可在"工具"输入框手动输入"MPlate"或在对象树中单击"MPlate"，"坐标系"设为"基准坐标系"，其余保持默认设置，单击"应用"，再单击"关闭"，完成母盘安装。

（4）单击"Robot_IRB120"，单击"机器人"→"安装工具"，弹出"安装工具-机器人 Robot_IRB120"对话框。如图 3-209（b）所示，"工具"选择"Gripper_Flat"，"坐标系"设为"基准坐标系"，在"安装位置"下拉列表中选择"MPlate"，"坐标系"设为母盘工具坐标系"TCPF1"，单击"应用"，单击"翻转工具"两次，单击"关闭"，完成手爪安装。

（a）安装母盘工具

（b）安装平口手爪工具

图 3-209 机器人安装工具

（5）此时，母盘工具和平口手爪工具未能很好地对齐。单击"Gripper_Flat"，单击鼠标右键，在弹出的快捷菜单中单击"放置操控器"，弹出"放置操控器"对话框。如图 3-210 所示，单击"旋转"右侧的"步长：0.10deg"（以实际为准），弹出"步长"对话框，在输入框中输入 0.1，单击"Rz"，在相应的输入框中输入 50.3（或拖动鼠标指针进行旋转，以实际为准），使平口手爪和母盘对齐。单击"关闭"，完成工具安装。

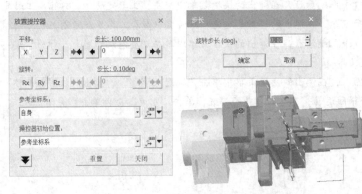

图 3-210　对齐平口手爪和母盘

3.4.2　创建机器人操作

机器人操作是一个广泛的概念，既包括上述的对象流操作、设备操作等基本操作，又包括焊接操作、连续特征操作、拾放操作、通用机器人操作、并行机器人操作等。由于篇幅有限，本任务只介绍拾放操作、通用机器人操作，其他操作将在后续任务中详细介绍。

【例 3-11】在 PS 软件中创建拾放操作、通用机器人操作，实现对物品的简单搬运。
操作步骤如下。

（1）打开 PS 软件，单击"文件"→"断开研究"→"以标准模式打开"，更改浏览目录，打开 Chap3\Robot Handle_Station\Robot Handle.psz 文件，如图 3-211 所示，为了便于创建操作，已经创建了 8 个坐标系。

（2）单击"操作"→"新建操作"→"新建复合操作"，弹出"新建复合操作"对话框，单击"确定"。单击"操作"→"新建操作"→"新建对象流操作"，弹出"新建对象流操作"对话框，具体设置如图 3-212（a）所示，单击"确定"。

（3）选中机器人"Robot"，单击"操作"→"新建操作"→"新建拾放操作"，弹出"新建拾放操作"对话框，具体设置如图 3-212（b）所示，单击"确定"。

（4）单击"操作"→"新建操作"→"新建对象流操作"，弹出"新建对象流操作"对话框，具体设置如图 3-212（c）所示，单击"确定"。

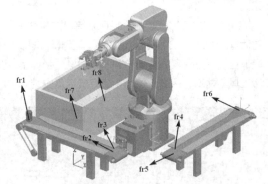

图 3-211　机器人搬运工作站

（5）选中机器人"Robot"，单击"操作"→"新建操作"→"新建拾放操作"，弹出"新建拾放操作"对话框，具体设置如图 3-212（d）所示，单击"确定"。

（6）在操作树中单击"拾取"，如图 3-213（a）所示。如图 3-213（b）所示，单击"操作"→"在前面添加位置"，弹出"机器人调整：Robot"对话框，单击"Z"，在右侧输入框中输入 200，如图 3-213（c）所示，按回车键，单击"关闭"，添加位置点"via"，如图 3-213（d）所示。

（7）在操作树中单击"拾取"。单击"操作"→"在后面添加位置"，弹出"机器人调整：Robot"对话框，单击"Z"，在右侧输入框中输入 200，按回车键，单击"关闭"，添加位置点"via1"。

（8）在操作树中单击"放置"。单击"操作"→"在前面添加位置"，弹出"机器人调整：Robot"对话框，单击"Z"，在右侧输入框中输入 200，按回车键，单击"关闭"，添加位置点"via2"。

（a）新建对象流操作（1）

（b）新建拾放操作（1）

（c）新建对象流操作（2）

（d）新建拾放操作（2）

图 3-212　创建机器人操作

（a）操作树

（b）单击"在前面添加位置"

（c）"机器人调整：Robot"对话框

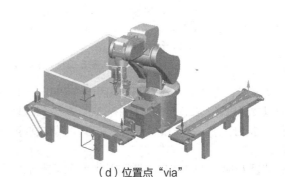

（d）位置点"via"

图 3-213　在第 1 个拾取点前添加位置点"via"

（9）在操作树中单击"放置"。单击"操作"→"在后面添加位置"，弹出"机器人调整：Robot"对话框，单击"Z"，在右侧输入框中输入 200，按回车键，单击"关闭"，添加位置点"via3"。

（10）在图形显示区中右击机器人，在弹出的快捷菜单中单击"初始位置"，则机器人恢复到初始位置。

在操作树中，单击"Robot_PNP_Op1"操作下的"via3"。单击"操作"→"添加当前位置"，将初始位置作为位置点"via4"加入。

（11）重复步骤（6）~步骤（10），为"Robot_PNP_Op2"操作，添加位置点"via5""via6""via7""via8""via9"。右击机器人，在弹出的快捷菜单中单击"初始位置"，单击"Robot_PNP_Op2"操作下的"via6"，单击"操作"→"添加当前位置"，将初始位置作为位置点"via10"加入。

（12）在操作树中，右击"CompOp"，在弹出的快捷菜单中单击"设置当前操作"，将其加入序列编辑器。如图 3-214 所示，按住"Shift"键，单击所有操作将其全部选中，单击"链接"按钮，将所有操作关联起来。单击播放按钮，可以看到机器人搬运的动作仿真。

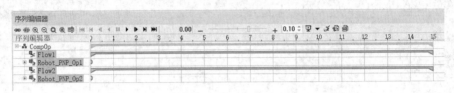

图 3-214　序列编辑器

3.4.3　干涉碰撞检查

在机器人运动中，如果路径规划不当，容易发生碰撞，损伤设备。为解决这一问题，PS 软件提供了干涉碰撞检查功能。下面接着例 3-11 来说明干涉碰撞检查功能的使用方法。

（1）如图 3-215（a）所示，在图形显示区下方的干涉查看器中单击"新建干涉集"按钮，弹出"干涉集编辑器"对话框，如图 3-215（b）所示。在对象树或图形显示区中单击"Gripper""MPlate""Robot"以设置"检查"栏中的"对象"列表，单击"Conveyer1""Conveyer2""Container"，设置"与"栏中的"对象"列表，单击"确定"。

（a）干涉查看器　　　　　　　　　　　　　　（b）"干涉集编辑器"对话框

图 3-215　干涉碰撞检查

（2）在干涉查看器中单击"打开/关闭干涉模式"按钮。单击序列查看器中的"正向播放仿真"按钮，可以发现机器人在搬运的过程中，在第 1 次"拾取"位置处有干涉碰撞（显示为红色）情况出现，并能听到模拟碰撞声。单击序列编辑器中的"将仿真跳转至起点"按钮。接下来对机器人的运动路径进行编辑。

（3）机器人的路径编辑有自动路径规划和手动编辑路径两种方式。首先通过自动路径规划方式进行机器人运动路径的编辑。在操作树中单击"Robot_PNP_Op1"，如图 3-216（a）所示。如图 3-216（b）所示，单击"操作"→"自动路径规划器"，弹出"自动路径规划器"提示框，如图 3-216（c）所示。单击"继续"，弹出"自动路径规划器"对话框，如图 3-216（d）所示。单击"规划并优化"，等待完成后单击"关闭"。此时，在操作树中，如图 3-216（e）所示，可发现自动增加了"via_1""拾取_1""拾取_2""放置_1""放置_2" 5 个位置点，删除了"via1""via2""via3" 3 个位置点。

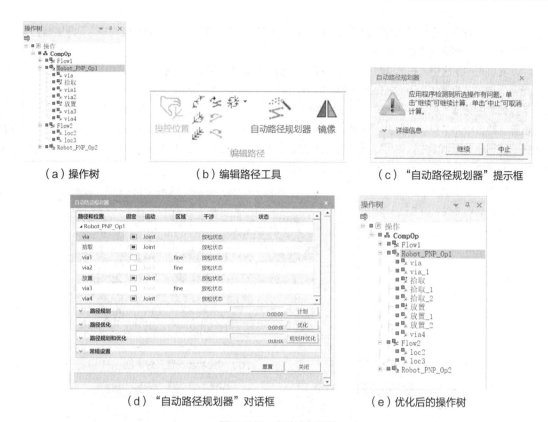

（a）操作树　　　　（b）编辑路径工具　　　　（c）"自动路径规划器"提示框

（d）"自动路径规划器"对话框　　　　（e）优化后的操作树

图 3-216　自动路径规划

（4）观察自动路径规划编辑后的操作路径，发现仍然存在问题，下面通过手动编辑路径的方式来消除干涉碰撞。单击左上角的"撤销"按钮 ↰（Ctrl+Z），撤销自动规划路径操作。如图 3-217（a）所示，在对象树中右击"Part"下的坐标系"fr3"，在弹出的快捷菜单中单击"放置操控器"，弹出"放置操控器"对话框，如图 3-217（b）所示。单击"Z"，在右侧输入框中输入"10"，按回车键，单击"关闭"。此时，第 1 次"拾取"位置坐标的 z 方向将增加 10。播放仿真，此时碰撞消除。

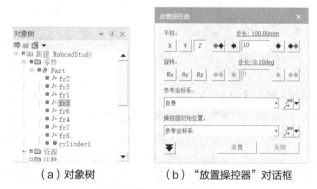

（a）对象树　　　　（b）"放置操控器"对话框

图 3-217　手动编辑路径

3.4.4　机器人离线编程

使用 PS 软件可以对机器人的各种操作进行编程，即机器人离线编程（与现场示教编程相区别）。PS 软件的机器人离线编程包括机器人控制器设置、机器人程序查看、程序下载和上传等功能模块。下面接着例 3-11 来介绍机器人离线编程的方法和过程。

（1）在图形显示区中，右击机器人，在弹出的快捷菜单中单击"控制器设置"，或选中机器人，如图 3-218（a）所示，单击"机器人"→"控制器设置"，弹出图 3-218（b）所示的"控制器设置"对话框。在"控制器"下拉列表中选择"Abb-Rapid"，"控制器版本"选择"5.0 IRC5"，单击"关闭"，完成机器人控制器的设置。或者单击"机器人"→"机器人属性"，弹出图 3-218（c）所示的"机器人属性：Robot"对话框，在"控制器"选项卡中，也可以设置机器人控制器。选中机器人，单击"机器人"→"机器人设置"，弹出"Setup-Robot"对话框，如图 3-218（d）所示。

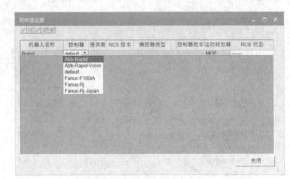

（a）单击"机器人设置"　　　　　（b）"控制器设置"对话框

（c）"机器人属性：Robot"对话框　　（d）"Setup-Robot"对话框

图 3-218　机器人控制器设置

（2）在操作树中单击"Robot_PNP_Op1"，如图 3-219（a）所示。单击图形显示区下方的"路径编辑器"，如图 3-219（b）所示，单击"向编辑器添加操作"按钮，将机器人拾放操作添加到路径编辑器。在"路径编辑器-Robot"对话框中单击"Robot_PNP_Op1"，单击"设置位置属性"按钮，弹出"设置位置属性"对话框，如图 3-219（c）所示，在该对话框中进行位置属性设置。

（3）在操作树中单击"Robot_PNP_Op1"，单击"机器人配置"按钮，查看和示教到达所选位置的逆解，如图 3-220（a）所示。选中机器人，单击"机器人"→"将机器人设为自动示教"按钮，弹出"将机器人设为自动示教"对话框，如图 3-220（b）所示，单击"确定"。

（4）在"路径编辑器-Robot"对话框中单击"Robot_PNP_Op1"。如图 3-221（a）所示，单击"机器人"→"机器人程序查看器",弹出"机器人程序查看器"对话框。单击"添加机器人操作或程序"按钮  ,
弹出"机器人程序查看器-Robot_PNP_Op1(Robot)"对话框,如图 3-221(b)所示。

（a）操作树

（b）"路径编辑器-Robot"对话框

（c）"设置位置属性"对话框

图 3-219　将机器人拾放操作添加到路径编辑器

（a）"机器人配置"对话框　　　（b）"将机器人设为自动示教"对话框

图 3-220　机器人示教

（a）单击"机器人程序查看器"　　（b）"机器人程序查看器"对话框

图 3-221　查看机器人程序

（5）在操作树或路径编辑器中，右击"Robot_PNP_Op1"，在弹出的快捷菜单中单击"下载到机器人"，弹出"Select File"对话框，选择存放路径，单击"保存"，弹出"Download Results"对话框，如图3-222（a）所示。单击"Save"，单击"Close"。用记事本打开刚才保存的文件，可查看机器人程序，如图3-222（b）所示。

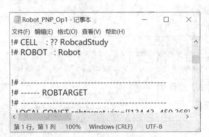

（a）"Download Results"对话框　　　　　　（b）机器人程序

图3-222　机器人程序下载

（6）选中机器人，单击"机器人"→"上传程序"，弹出"打开"对话框，修改文件路径，选择下载好的程序，单击"打开"，完成机器人程序的上传。

【项目小结】

本项目介绍了PS软件的基础操作和功能。其中知识层面包括PS软件的功能、PS软件的界面；操作层面包括文件操作、视图操作、建模操作等基本操作，机器人定义、机械手定义、工装夹具定义、焊枪定义等设备定义，对象流操作、设备操作、复合操作等"操作"仿真，以及安装工具、创建操作、干涉碰撞检查、离线编程等机器人仿真。

本项目通过11个具体案例，详细介绍了运用PS软件进行各种基础操作的方法和流程。通过对本项目的学习，学生能够掌握PS软件的基础操作，能够运用PS软件进行简单的自动化生产线和机器人工作站的数字化仿真。

【扩展阅读】

案例：数字化仿真助力我国制造业转型升级。

制造业发展至今，大体经历了3个阶段。

第一阶段："工业1.0"。18世纪60年代至19世纪中期，通过水力和蒸汽机实现的工厂机械化称为"工业1.0"。这次工业革命的结果是：机械生产代替了手工劳动，经济社会从以农业、手工业为基础转型为以工业和机械制造带动经济发展的模式。

第二阶段："工业2.0"。19世纪后半期至20世纪初，在劳动分工的基础上采用电力驱动产品的大规模生产，称为"工业2.0"。这次工业革命通过零部件生产与产品装配的分离，开创了产品批量生产的新模式。

第三阶段："工业3.0"。始于20世纪70年代并一直延续到现在，电子与信息技术的广泛应用，使得制造过程不断实现自动化，称为"工业3.0"。自此，机器开始逐步替代人类作业，不仅接管了相当一部分的体力劳动，还接管了一些脑力劳动。

学术界和产业界认为，基于信息物理系统的智能化将使人类步入以智能制造为主导的第四次工业革命。数字化、网络化和智能化是智能制造的主要特征。产品全生命周期和全制造流程的数字化，以及基于信息通信技术的模块集成，将形成一个高度灵活、个性化、数字化的产品与服务的生产模式。

数字化仿真可利用产品的数字化模型，对生产中具体的工艺过程进行统一建模，对工艺可行性进行分析、验证、优化，这样就可以在产品的设计阶段模拟出产品的实际生产过程，而无需实物样机。通过数字化仿真，产品的设计模型不断优化，逐渐完美，并加速转换为工厂的实际产品。随着数字经济的发展，数字经济与实体经济将高度融合。制造企业可以运用数字化仿真技术，进行创新设计、工艺提升、质量强化、服务延伸、市场拓展，从而实现企业的转型和升级。

【思考与练习】

【练习 3-1】导入 KUKA "KR1000 TITAN" 机器人模型，如图 3-223 所示，进行机器人定义和运动仿真，并安装例 3-6 的母盘工具。

【练习 3-2】导入弧口手爪模型，如图 3-224 所示，进行工具定义，并将其安装到机器人末端的母盘工具上。

【练习 3-3】导入快换装置，如图 3-225 所示，创建机器人仿真模型，实现弧口手爪工具拾放仿真。

图 3-223 "KR1000 TITAN" 机器人模型

图 3-224 弧口手爪模型

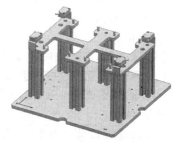
图 3-225 快换装置

项目4
TIA博途与PS软件联合虚拟调试

04

【学习目标】

知识目标

（1）了解 TIA 博途软件的基本功能和界面；

（2）了解虚拟调试技术。

能力目标

（1）掌握 TIA 博途软件的基本操作；

（2）掌握 PS 软件的生产线仿真操作；

（3）掌握 PS 软件的 PLC 联合虚拟调试操作。

素质目标

（1）具有良好的职业道德、扎实的实践能力、较强的创新能力；

（2）能够适应职业岗位的变化，完成各种机器人生产线仿真任务；

（3）能够通过独立学习，掌握 PS 软件虚拟调试的新功能。

【学习导图】

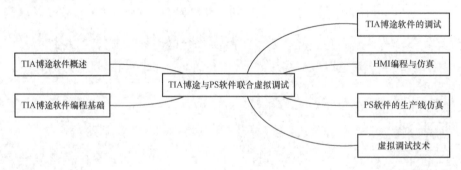

【知识准备】

知识 4.1　TIA 博途软件概述

4.1.1　TIA 博途软件的功能

TIA 博途（Totally Integrated Automation Portal，TIA Portal）是西门子公司出品的全集成自动化软件。

它将全部自动化组态设计工具完美地整合在一个开发环境中，为全集成自动化的实现提供了统一的工程平台。借助该工程平台，用户能够快速、直观地开发和调试自动化系统。

TIA 博途软件包括 STEP7、Safety、WinCC、Startdrive 和 SCOUT 等组件。用户不仅可以将组态和程序应用于通用 PLC，也可以将其应用于具有 Safety 功能的安全控制器。此外，还可将组态应用于可视化的 WinCC 等人机交互操作系统和 SCADA 系统。在 TIA 博途软件中集成应用于驱动装置的 Startdrive 软件，可以对 SINAMICS 系列驱动产品进行配置和调试。结合面向运动控制的 SCOUT 软件，还能实现对 SIMOTION 运动控制器的组态和程序的编辑。

在 TIA 博途软件中，STEP7 软件是用于组态 SIMATIC S7-1200、SIMATIC S7-1500、SIMATIC S7-300/400 和 WinAC 控制器的工程组态软件。TIA 博途 STEP7 包含两个版本，其中 TIA 博途 STEP7 基本版可用于组态 SIMATIC S7-1200 控制器；TIA 博途 STEP7 专业版可用于组态 SIMATIC S7-1200、IMATIC S7-1500、IMATIC S7-300/400 和 WinAC 控制器。

在 TIA 博途软件中，WinCC 组件是用于 SIMATIC 面板、WinCC Runtime 高级版或 SCADA 系统 WinCC Runtime 专业版的可视化组态软件。此外，TIA 博途 WinCC 中还可组态 SIMATIC 工业计算机（PC）以及标准 PC 等 PC 站系统。TIA 博途 WinCC 包含 4 个版本：基本版用于组态精简系列面板，TIA 博途 STEP7 已包含此版本；精智版用于组态所有面板（精简面板、精智面板和移动面板）；高级版用于组态所有面板以及运行 TIA 博途 WinCC Runtime 高级版的 PC；专业版用于组态所有面板以及运行 TIA 博途 WinCC Runtime 高级版或 SCADA 系统 TIA 博途 WinCC Runtime 专业版的 PC。

4.1.2　TIA 博途软件的项目操作

TIA 博途软件的项目操作主要包括项目的创建、打开、关闭等。双击桌面 TIA 博途软件的快捷方式 ，弹出图 4-1 所示的"启动"对话框。在"启动"对话框中，默认打开"打开现有项目"模式。在"最近使用的"列表中单击某一项目，单击"打开"，或者直接双击最近使用的项目，可打开该项目。单击"浏览"，弹出"打开现有项目"对话框，在该对话框中可查找并打开现有项目；单击"创建新项目"，则"启动"对话框如图 4-2 所示，在该对话框中可更改"项目名称"和"路径"等，单击"创建"，创建新项目并将其打开；项目打开后，可单击软件右上角的"关闭"按钮 ，退出软件。

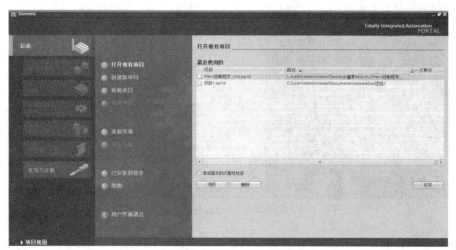

图 4-1　"启动"对话框的"打开现有项目"模式

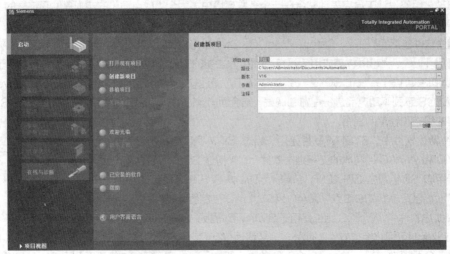

图 4-2 "启动"对话框的"创建新项目"模式

4.1.3 TIA 博途软件的工作界面

TIA 博途软件的工作界面分为 Portal 视图和项目视图两种，两种视图均可以组态新项目。不同的是，Portal 视图以向导的模式来组态新项目，而项目视图以项目树和主视窗的模式来组态新项目。单击软件左下角的"项目视图"或"Portal 视图"可进行两种视图的切换。

Portal 视图是默认视图，无论是选择"创建新项目"还是"打开现有项目"，均会出现向导式的 Portal 视图，如图 4-3 所示。在该视图中，可按照需要，进行"组态设备""创建 PLC 程序""组态工艺对象""参数设置驱动"或"组态 HMI 画面"等操作。

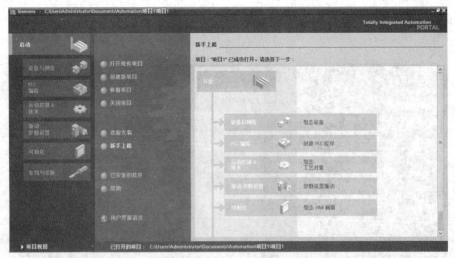

图 4-3 Portal 视图

单击左下角的"项目视图"，进入项目视图。如图 4-4 所示，项目视图主要由标题栏、菜单栏、工具栏、项目树、主视窗、详细视图、信息区和任务栏等构成。

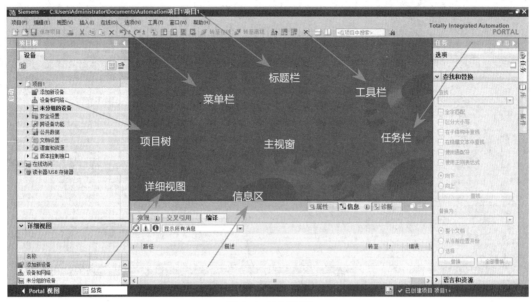

图 4-4　项目视图

4.1.4　硬件配置

一个新项目中可以包含多个 PLC、人机接口（HMI）以及驱动等设备。下面通过具体实例来说明在项目视图下添加和组态一个 SIMATIC S7-1500 PLC 设备的方法和过程。

【例 4-1】在 TIA 博途软件中创建一个新项目并添加和组态 SIMATIC S7-1500 PLC。操作步骤如下。

（1）双击 TIA 博途软件的快捷方式 ，弹出"启动"对话框，单击"创建新项目"，将"项目名称"修改为"项目 1 添加 1500PLC"，单击"创建"。单击"项目视图"，在项目树中双击"添加新设备"，弹出"添加新设备"对话框，如图 4-5 所示，可根据实

视频：例 4-1 操作
步骤

际需要添加控制器、HMI、PC 系统或驱动。这里单击"控制器"，在"CPU"中展开"CPU 1516-3 PN/DP"，选择"订货号"为"6ES7 516-3AN00-0AB0"，"版本"选择"V1.8"，"设备名称"保持默认设置，勾选左下角的"打开设备视图"复选框，单击"确定"，打开设备视图，如图 4-6 所示。

（2）在设备视图中，项目树列出了所有设备站点及项目数据；详细视图提供了项目树中被选中对象的详细信息；主视窗即设备视图，用于添加和组态硬件；信息区用于查看属性信息、对属性进行编辑；设备概览显示现有模块的详细信息，包括机架、插槽、I/O 地址等；硬件目录提供了 CPU、I/O 模块、通信模块等硬件，展开模块文件夹，选中订货号，按住鼠标左键可将其拖动到主视窗；设备信息可以浏览选中模块的详细信息，可以选择组态模块的固件版本。

图 4-5　"添加新设备"对话框

图 4-6 设备视图

（3）单击 PLC_1，在主视窗下面的信息区显示该 PLC 的属性信息，如图 4-7 所示。其中，在"常规"选项卡中，显示 PLC 的项目信息、目录信息、标识和维护等信息。"PROFINET 接口[X1]"表示 PLC 集成的第 1 个 PROFINET 接口，单击该选项，如图 4-8 所示，可在右侧界面设置 IP 地址等。其他选项不一一介绍。

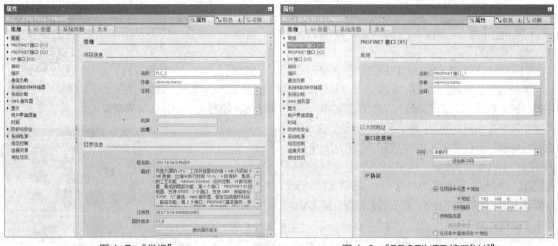

图 4-7 "常规"   图 4-8 "PROFINET 接口[X1]"

知识 4.2 TIA 博途软件编程基础

4.2.1 数据类型与地址区

1. 数据类型

数据类型用于指定数据元素的大小以及数据的解读方法，即用来描述数据的长度和属性。用户程序中的所有数据必须通过数据类型来识别，只有数据类型相同的变量才能进行计算。SIMATIC S7-1500 PLC 的数据类型主要分为 6 种：基本数据类型、复合数据类型、参数类型、PLC 数据类型、系统数据类型和硬件数据类型。下面介绍常用的基本数据类型。

（1）BOOL 类型即布尔类型、位类型，长度为 1 位（bit），取值为 True 或 False。

（2）WORD 类型即字类型，一个 WORD 类型的数包含 16 位，WORD 类型可以用二进制、十六进制等表示，如 2#0001、W#16#1234。此外，DWORD 表示 32 位双字、LWORD 表示 64 位长字，二者虽然长度不同，但表示方法与 WORD 类似。

（3）INT 类型即整型，一个 INT 类型的数包含 16 位，在存储器中占一个字（2 个字节）的空间。其中，第 0 位~第 14 位表示数的大小，第 15 位为符号位，表示数的正负。此外，SINT（短整数，8 位）、DINT（双整数，32 位）、LINT（长整数，64 位）与 INT（整数，16 位）虽然长度不同，但是表示方法类似，即最高位为符号位。而 USINT（无符号短整数，8 位）、UNIT（无符号整数，16 位）、UDINT（无符号双整数，32 位）、ULINT（无符号长整数，64 位）均为无符号整型数据，没有符号位。

（4）REAL 类型即浮点型，一个 REAL 类型的数占 4 个字节的空间，即 32 位。此外，一个 LREAL（长浮点型）的数占 8 个字节的空间，即 64 位。

（5）TIME（IEC 时间）类型采用 IEC 标准的时间格式，占 4 个字节的空间，格式为 T#Xd_Xh_Xm_Xs_Xms，操作数以毫秒为单位。在取值范围内，TIME（IEC 时间）类型数据可以与 DINT 类型的数据相互转换，即 T#0ms 对应 L#0，LINT 数据增加 1，时间值增加 1ms。

（6）DATE（IEC 日期）类型采用 IEC 标准的日期格式，占 2 个字节的空间，如 2008 年 5 月 20 日表示为 D#2008-05-20。在取值范围内，DATE（IEC 日期）类型数据可以与 INT 类型的数据相互转换，即 D#1990-01-01 对应 0，INT 数据增加 1，日期值增加 1 天。

（7）CHAR 类型即字符类型，一个 CHAR 类型的操作数长度为 1 个字节，格式为 ASCII 字符。如字符 A 表示为 CHAR#'A'。此外，WCHAR 为宽字符类型，其操作数长度为 2 个字节，以 Unicode 格式存储，可存储包括汉字、阿拉伯字母等以 Unicode 为编码方式的字符。例如，用 WCHAR 表示汉字"博"，为 WCHAR#'博'。

2. 地址区

PLC 的各种数据需要存储，为了能够快速查找数据，S7-1500 的存储区被划分为不同的地址区，在程序中通过指令可以直接访问存储于地址区的数据。地址区包括过程映像输入区（I）、过程映像输出区（Q）、标志位存储区（M）、计数器（C）、定时器（T）、数据块（DB）、本地数据区（L），如表 4-1 所示。此外，博途软件的变量都必须赋予符号名称，如果用户没有为变量定义符号名称，博途软件将自动分配符号名称，软件默认从"Tag_1"开始分配符号名称。因此，地址区域的变量均可以通过符号寻址。

表 4-1　S7-1500 的地址区

地址区	可以访问的地址单位和 S7 符号（IEC）
过程映像输入区	输入（位）I、输入（字节）IB、输入（字）IW、输入（双字）ID
过程映像输出区	输出（位）Q、输出（字节）QB、输出（字）QW、输出（双字）QD
标志位存储区	存储器（位）M、存储器（字节）MB、存储器（字）MW、存储器（双字）MD
计数器	计数器 C
定时器	定时器 T
数据块	数据块（"OPN DB"打开）DB：数据（位）DBX、数据（字节）DBB、数据（字）DBW、数据（双字）DBD。数据块（"OPN DI"打开）DI：数据（位）DIX、数据（字节）DIB、数据（字）DIW、数据（双字）DID
本地数据区	局部数据（位）L、局部数据（字节）LB、局部数据（字）LW、局部数据（双字）LD

3. 变量与常量

PLC 中经常会用到变量和常量，其中变量分为全局变量和局部变量，常量分为全局常量和局部常量。在项目树中展开"PLC_1[1516-3 PN/DP]"，展开"PLC 变量"，双击"显示所有变量"，显示 PLC 变量表，如图 4-9 所示，在该表中可添加和删除全局变量和常量。

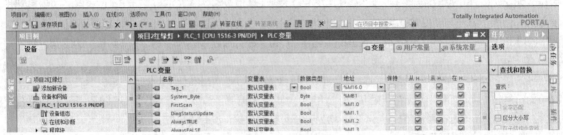

图 4-9　PLC 变量表

（1）全局变量。全局变量即可被 CPU 内所有的程序块使用的变量，如可在 OB（组织块）、FC（函数）、FB（函数块）中使用。全局变量在一个程序块中被赋值后，可在其他的程序中读出，没有使用限制。全局变量有：I、Q、M、定时器（T）、计数器（C）、数据块（DB）等。

（2）局部变量。局部变量即只能在变量所属的程序块范围内使用，不能被其他程序块使用的变量。局部变量有：本地数据区（L）中的变量。

（3）全局常量。全局常量在 PLC 变量表的"用户常量"标签页中被定义后，在整个 PLC 项目中都可以使用。如果在"用户常量"标签页下更改了全局常量的值，则程序中引用了该常量的地方会自动更新值。

（4）局部常量。局部常量仅在定义该局部常量的程序块中有效。局部常量可在 OB、FC、FB 的接口数据区"Constant"下声明。

4.2.2　程序块

PLC 程序中包含不同的程序块，如组织块、函数块、函数、背景数据块、共享数据块。

（1）组织块（OB）。组织块决定用户程序的结构，由操作系统调用，同时操作系统执行编写在组织块中的用户程序。

（2）函数块（FB）。函数块允许用户编写函数，带有"存储区"。调用函数块时，必须为之分配背景数据块。函数块的输入参数、输出参数及静态变量存储在背景数据块中，函数块执行完毕后，这些数值仍然有效。

（3）函数（FC）。FC 可以作为子程序使用，也可以作为经常调用的函数使用。函数是不带"存储器"的代码块，由于没有可存储参数值的存储数据区，所以调用函数时，必须给所有形参分配实参。

（4）数据块（DB）。数据块用于存储用户数据及程序的中间变量。如果按照功能划分，则数据块可以分为全局数据块（用于存储程序数据）、背景数据块（与函数块相关联）和基于用户数据类型（用户定义数据类型、系统数据类型或数组类型）的数据块。

4.2.3　常用指令

SIMATIC S7-1500 PLC 支持梯形图 LAD、语句表 STL、功能块图 FBD、结构化控制语言 SCL 和图标化的 GRAPH 等 5 种编程语言。其中，LAD 和 STL 编程语言较为常用。任何一种编程语言都有相应的指令集，指令集包含最基本的编程元素，用户可以通过指令集使用基本指令、扩展指令等编写函数和函数块。

在项目树中展开"PLC_1[1516-3 PN/DP]",展开"程序块",双击"添加新块",弹出"添加新块"对话框,如图 4-10 所示。单击"函数块",单击"确定",新增并打开函数块,在打开的函数块视图中可以进行梯形图编程,如图 4-11 所示,右侧为指令集。其中,基本指令包括位逻辑运算指令、定时器操作指令、计数器操作指令、比较操作指令、数学函数指令、移动操作指令、转换操作指令、程序控制指令等,如图 4-12 所示。

图 4-10 "添加新块"对话框

图 4-11 函数块视图

（a）位逻辑运算指令

（b）定时器操作指令

（c）计数器操作指令

（d）比较操作指令

（e）数学函数指令

（f）移动操作指令

（g）转换操作指令

（h）程序控制指令

图 4-12 常用的基本指令

【项目实施】

任务 4.1　TIA 博途软件的调试

4.1.1　程序的下载和上传

TIA 博途软件的运行方式有两种，一种是在 PLC 实物上运行，另一种是在 S7-PLCSIM 模拟软件上运行。本项目主要介绍后者，即安装 S7-PLCSIM，在不使用真实硬件的情况下调试和验证 PLC 程序。S7-PLCSIM 允许用户使用所有 STEP 7 调试工具，其中包括监控表、程序状态、在线与诊断功能及其他工具等。

1. 设置 PLC 的 IP 地址

如果 PC 连接的是真实的 PLC 硬件，则需要设置 PLC 的 IP 地址。一般 PLC 上至少有一个以太网接口，默认第 1 个接口的 IP 地址为 192.168.0.1。与 PLC 建立连接需要将 PC 的地址设置成与 PLC 的 IP 地址在相同的网段。连接 PC 与 PLC，在 TIA 博途软件项目树的"在线访问"中展开 PC 中使用的网卡，双击"更新可访问的设备"，软件将自动搜寻网络上的设备站点。展开需要修改的 PLC，双击"在线与诊断"，进入诊断界面，在"功能"→"分配 IP 地址"标签页中输入新的 IP 地址，单击"分配 IP 地址"，完成 IP 地址的修改。如果已安装 S7-PLCSIM 模拟软件，则可不必设置 IP 地址。

2. 下载程序到 PLC

PLC 的 IP 地址设置完成后，可以直接下载程序到 PLC 中。选择项目树中的 PLC 站点，单击"下载"按钮，弹出"扩展下载到设备"对话框，如图 4-13 所示。"PG/PC 接口的类型"选择"PN/IE"。如果 PC 连接的是真实的 PLC 硬件，则需要在"PG/PC 接口"下拉列表中选择所用的网卡。如果使用 S7-PLCSIM 模拟器（运行态），则"PG/PC 接口"将被自动设置为"PLCSIM"。"接口/子网的连接"选择"尝试所有接口"，单击"开始搜索"，自动搜索网络上的所有 PLC 站点。如果有多个真实 PLC，可以多次单击"闪烁 LED"按钮，使相应 PLC 上的 LED 灯闪烁。选择一个 PLC，单击"下载"，程序将自动编译。程序编译通过后，弹出"下载预览"对话框，如图 4-14 所示。勾选"全部覆盖"复选框，单击"装载"，程序将被下载到 PLC 中，完成后弹出"下载结果"对话框，如图 4-15 所示，可根据需要选择"无动作"或"启动模块"，单击"完成"。

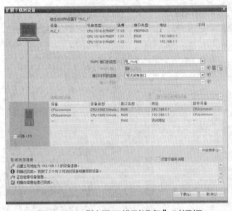

图 4-13　"扩展下载到设备"对话框　　　　图 4-14　"下载预览"对话框

3. PLC 程序的上传

上传与下载的过程相反，即将存储于 PLC 中的程序复制到 PC 的项目中。如图 4-16 所示，单击 PLC 站点，单击"在线"，可以选择"从设备中上传（软件）""将设备作为新站上传（硬件和软件）""从在线设备备份"3 种方式上传程序。

图 4-15 "下载结果"对话框

图 4-16 选择上传程序的方式

4.1.2 程序编辑器调试

LAD（梯形图）程序以能流的方式传递信号状态，可以通过程序中线条、指令元素及参数的颜色和状态判断程序的运行情况。在程序编辑界面中，单击"启用/禁用监视"按钮 ☜ 即可进入监视状态。再次单击，即可退出监视状态。

（1）在 LAD 监控界面中，如图 4-17 所示，绿色实线表示已经满足，蓝色虚线表示未满足。

图 4-17 LAD 监控界面

（2）如果一个指令和该指令前面线条的状态都满足，则该指令后面的线条状态也满足。

（3）对于 NOT 指令，如前面线条的状态不满足，则 NOT 指令后的线条为满足状态。

（4）对于常开触点，如果为 1 则满足，如果为 0 则不满足；对于常闭触点，如果为 0 则满足，如果为 1

则不满足。

4.1.3 监控表调试

在调试 PLC 程序时，还可使用监控表对变量进行监控和修改。可以监控和修改的变量包括输入、输出和位存储器，数据块中的变量等。

1. 创建监控表并添加变量

在项目树中展开"监控与强制表"，双击"添加新监控表"，可新建一个监控表，如图 4-18（a）所示。添加变量的方法为在地址栏中输入要监控的变量地址，如 I0.1、Q0.1 等，也可直接输入变量的名称（符号），或者采用拖曳的方式，将监控变量从 PLC 符号表或 DB 块中拖入监控表。

2. 变量的监控和修改

可使用工具栏中的按钮对监控表中的变量进行监控和修改，"显示/隐藏所有修改列"按钮 和"显示/隐藏扩展模式列" 用于对显示的列进行选择。单击"全部监视"按钮 ，开启对监控表中的变量的监控，在"监视值"列可观察变量的实时数值。单击 按钮，可立即一次性监控所有变量。在"修改值"列中输入修改值，单击 按钮，可一次性修改所有选定值。

3. 强制变量操作

在 PLC 程序调试中，还可使用强制功能对变量值进行强制修改。与修改变量不同，一旦强制修改了 I/O 的值，这些 I/O 将不再受程序影响，直到用户取消这些变量的强制修改命令。在项目树中展开"监控与强制表"，双击"强制表"，可打开强制表，如图 4-18（b）所示。在地址栏中输入要强制修改的变量的地址，如 I0.1、Q0.1 等，软件会自动在地址后添加"：P"。在"强制值"列输入值，单击 按钮，或单击"在线"→"强制"→"全部强制"，可启动强制功能，按 按钮可取消强制功能。

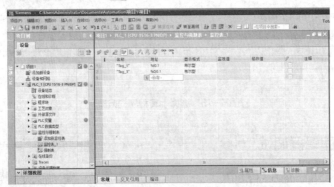

（a）监控表

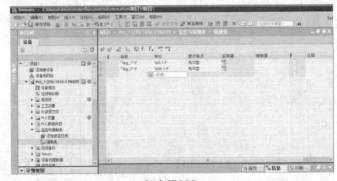

（b）强制表

图 4-18　新建监控表及打开强制表

【例 4-2】在 TIA 博途软件中创建一个新项目，进行红绿灯控制程序编程（间隔 15 秒），使用 S7-PLCSIM 模拟器进行上传、下载、运行和监控等 PLC 程序调试操作。

操作步骤如下。

（1）打开 TIA 博途软件，单击"创建新项目"，将"项目名称"修改为"项目 2 红绿灯"，单击"创建"，创建新项目。单击"项目视图"，在项目树中双击"添加新设备"，弹出"添加新设备"对话框，单击"控制器"，在"CPU"中展开"CPU 1516-3 PN/DP"，选择"订货号"为"6ES7 516-3AN00-0AB0"，"版本"选择"V1.8"，"设备名称"保持默认设置，勾选左下角的"打开设备视图"复选框，单击"确定"，打开设备视

视频：例 4-2 操作步骤

图。单击"PLC_1"，单击"属性"→"常规"→"系统和时钟存储器"，勾选"启用系统存储器字节"复选框，如图 4-19 所示。

图 4-19　启用系统存储器字节

（2）在项目树中展开"PLC_1"站点，展开程序块，双击"添加新块"，弹出"添加新块"对话框，单击"函数块"，单击"确定"，在程序编辑界面输入红绿灯 PLC 控制程序，如图 4-20 所示。

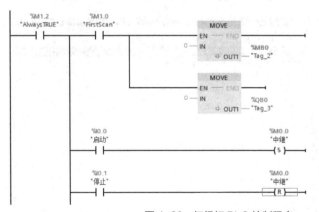

图 4-20　红绿灯 PLC 控制程序

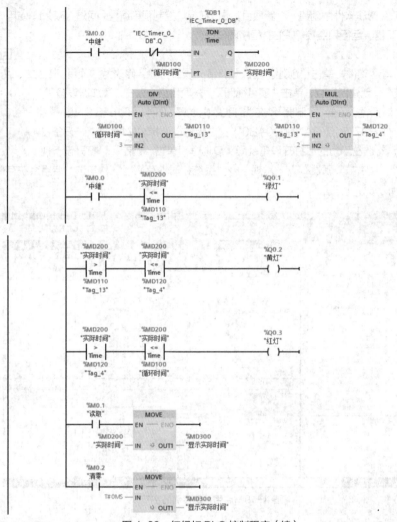

图 4-20 红绿灯 PLC 控制程序（续）

（3）在项目树中，展开程序块，按住鼠标左键将函数块"块_1[FB1]"拖动到主程序块"Main[OB1]"中，此时会弹出"调用选项"对话框，单击"确定"，将函数块加入"Main[OB1]"，如图 4-21 所示。

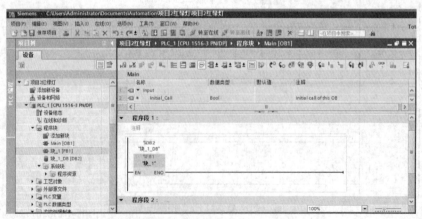

图 4-21 将函数块加入主程序块

（4）在工具栏单击"启动仿真"按钮 ，弹出"启动仿真支持"对话框，单击"确定"，禁用其他在线接口，弹出 PLCSIM 仿真器和"扩展下载到设备"对话框，如图 4-22 所示。在"扩展下载到设备"对话框中单击"下载"，弹出"下载预览"对话框，勾选"全部覆盖"复选框，单击"装载"，弹出"下载结果"对话框，选择"启动模块"，单击"完成"，完成 PLC 的虚拟下载。

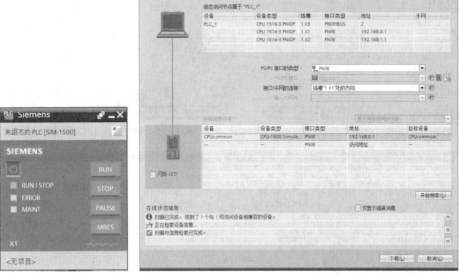

图 4-22　PLCSIM 仿真器与"扩展下载到设备"对话框

（5）双击函数块，或单击 TIA 博途软件底部的标签，打开程序编辑界面，单击"启动监控"按钮 ，进入程序监控状态，如图 4-23 所示。如图 4-24 所示，右击"启动"变量，在弹出的对话框中，单击"修改"→"修改为 1"。如图 4-25 所示，右击"循环时间"变量，在弹出的对话框中，单击"修改"→"修改操作数"，在弹出的"修改"对话框中设置"修改值"为"t#45s"，单击"确定"，完成变量的修改。

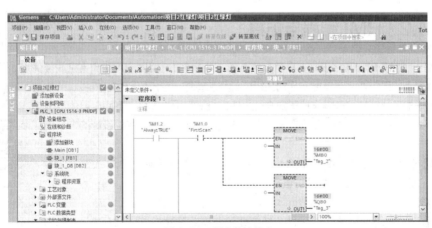

图 4-23　程序监控状态

（6）在项目树中展开"监控与强制表"，双击"添加新监控表"，新建一个监控表，如图 4-25 所示。在地址栏中输入要监控的变量地址，如 Q0.1、Q0.2、Q0.3 等，也可直接输入变量的名称，添加 3 个变量监控，单击"全部监视"按钮 ，监控 3 个变量的实时数值，如图 4-26 所示。

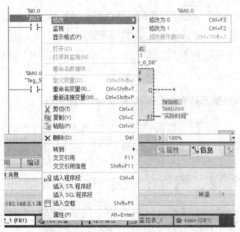

图 4-24　修改"启动"变量的值

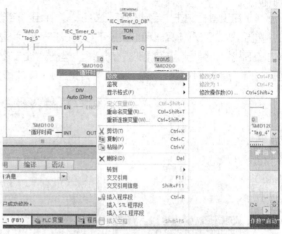

图 4-25　修改"循环时间"变量的操作数

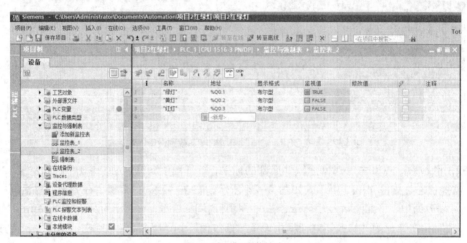

图 4-26　新建监控表

任务 4.2　HMI 编程与仿真

触摸屏是一种常见的自动化设备，具有方便直观、图像清晰、坚固耐用和节省空间等优点。用户只要用手轻轻地碰触屏幕上的图符或文字就能实现对主机的操作和查询。触摸屏取代了机械式的控制面板，省去了键盘和鼠标，大大增加了计算机的可操作性和安全性，使人机交互更为直接。下面以具体实例来说明，TIA 博途软件与西门子触摸屏的连接、HMI 变量设置、画面与控件设计的方法和流程。

【例 4-3】在 TIA 博途软件中打开例 4-2 创建的项目，进行红绿灯 PLC 控制程序的触摸屏设计，使用 S7-PLCSIM 模拟器进行调试操作。

视频：例 4-3 操作步骤

操作步骤如下。

（1）打开 TIA 博途软件，打开"项目 2 红绿灯"，单击"项目"→"另存为"，在弹出的对话框中将"项目名称"修改为"项目 3 HMI 设计"，单击"保存"，创建项目 3。单击"项目视图"，在项目树中双击"添加新设备"，弹出"添加新设备"对话框，如图 4-27 所示，单击"HMI"，在"HMI"中依次展开"SIMATIC 精智面板"→"7 " 显示屏"→"TP700 Comfort"，保持默认设置，勾选左下角的"启动设备向导"复选框，单击"确定"，打开"HMI 设备向导：TP700 Comfort"对话框，如图 4-28 所示。

在"PLC 连接"标签页中,单击"浏览",选择"PLC_1",单击"完成",将"画面布局""报警""画面""系统画面""按钮"等标签页中的勾选项取消,完成触摸屏设备的添加。

图 4-27 "添加新设备"对话框

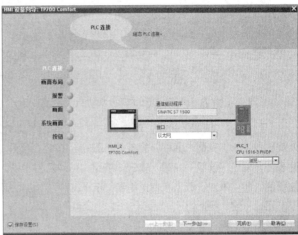

图 4-28 "HMI 设备向导:TP700 Comfort"对话框

(2)在项目树中双击"设备和网络",打开网络视图,如图 4-29 所示,按住鼠标左键拖动图标,在 PLC 和 HMI 之间创建网络连接,设置连接类型为"PN/IE_1"。

(3)在项目树中展开"HMI_1",展开"画面",双击"根画面",打开根画面视图,如图 4-30 所示。在右侧工具箱中,单击基本对象或元素的图标,按住鼠标左键将其拖入根画面视图中,基本对象包括"圆" ●、"文本域" A,基本元素包括"I/O 域" 0.12、"按钮" ▭、"开关" 0ⁱ,编辑相关文字和尺寸,添加按钮、开关、指示灯、输入框、输出框等。

图 4-29 网络视图

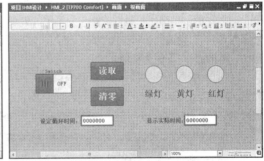

图 4-30 根画面视图

(4)单击选中"开关"按钮,单击"属性"→"动画",双击"显示"下的"添加新动画",在弹出的"添加动画"对话框中单击选中"外观",单击"确定",或者单击"总览",在"显示"标签页中单击"为外观添加新动画"按钮,添加外观动画。如图 4-31 所示,单击变量"名称"输入框右侧的"指定用于动画的变量"按钮...,展开"PLC 变量",双击"默认变量表",单击选中"中继"变量,单击√按钮。在"范围"栏,设置"0"为灰色,设置"1"为绿色。在"事件"选项卡中,如图 4-32 所示,单击"更改"→"添加函数"→"编辑位"→"取反位"→"变量(输入/输出)",在对话框中展开"PLC 变量",单击"默认变量表",单击选中"中继"变量,单击√按钮。

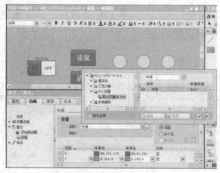

图 4-31 为"开关"按钮添加外观动画

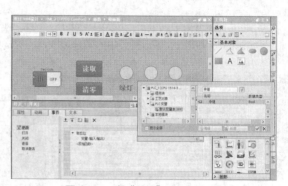

图 4-32 为"开关"按钮添加事件

（5）选中"读取"按钮，单击"总览"，单击"为外观添加新动画"按钮，添加外观动画。单击变量"名称"输入框右侧的…按钮，展开"PLC 变量"，双击"默认变量表"，单击"读取"变量，单击✓按钮。在"范围"栏，设置"0"为灰色，设置"1"为绿色。在"事件"选项卡中，单击"按下"→"添加函数"→"编辑位"→"置位位"→"变量（输入/输出）"，展开"PLC 变量"，双击"默认变量表"，单击"读取"变量，单击✓按钮。单击"释放"→"添加函数"→"编辑位"→"复位位"→"变量（输入/输出）"，展开"PLC 变量"，双击"默认变量表"，单击"读取"变量，单击✓按钮。完成"读取"按钮动画和事件的添加。

图 4-31（彩色）

（6）选中"清零"按钮，单击"总览"，单击"为外观添加新动画"按钮，添加外观动画。单击变量"名称"输入框右侧的…按钮，展开"PLC 变量"，双击"默认变量表"，单击"清零"变量，单击✓按钮。在"范围"栏，设置"0"为灰色，设置"1"为绿色。在"事件"选项卡，单击"按下"→"添加函数"→"编辑位"→"置位位"→"变量（输入/输出）"，在弹出的对话框中展开"PLC 变量"，单击"默认变量表"，单击"清零"变量，单击✓按钮。单击"释放"→"添加函数"→"编辑位"→"复位位"→"变量（输入/输出）"，在弹出的对话框中展开"PLC 变量"，单击"默认变量表"，单击"清零"变量，单击✓按钮。完成"清零"按钮动画和事件的添加。

（7）单击代表绿灯的圆，为其添加外观动画，设置连接变量为"绿灯"，范围为"0"时为灰色，范围为"1"时为绿色。单击代表黄灯的圆，为其添加外观动画，设置连接变量为"黄灯"，范围为"0"时为灰色，范围为"1"时为黄色。单击代表红灯的圆，为其添加外观动画，设置连接变量为"红灯"，范围为"0"时为灰色，范围为"1"时为红色。

（8）单击"设定循环时间"右侧的输入框，单击"属性"下的"常规"，如图 4-33 所示，设置变量为 PLC 变量中的"循环时间"，"模式"选择"输入"。单击"显示实际时间"右侧的输入框，单击"属性"下的"常规"，如图 4-34 所示，设置变量为 PLC 变量中的"显示实际时间"，"模式"选择"输出"。

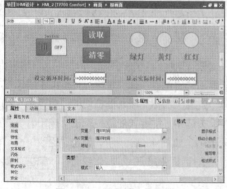

图 4-33 设置输入框属性

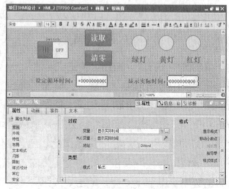

图 4-34 设置输出框属性

（9）在项目树中单击"PLC_1[CPU 1516-3 PN/DP]"，如果 PC 连接有真实 PLC，则单击"下载"按钮 ，将程序下载到 PLC 中。本任务使用 PLCSIM，单击"启动仿真"按钮 ，进行 PLC 虚拟仿真，程序下载完成后，打开程序编辑界面，单击"监视"按钮 ，对 PLC 程序进行监控。在项目树中单击"HMI_1[TP700 Comfort]"，如果 PC 连接有真实触摸屏，可单击"下载"按钮 ，将其下载到触摸屏，如果没有连接真实触摸屏，单击"启动仿真"按钮 ，进行 HMI 模拟仿真，触摸屏操作可影响 PLC 程序的运行，如图 4-35 所示。

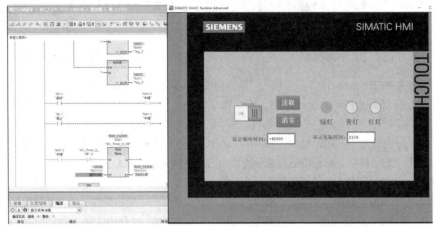

图 4-35　HMI 模拟仿真画面

任务 4.3　PS 软件的生产线仿真

　　PS 软件的研究分为两种模式，即"标准模式"和"生产线仿真模式"。标准模式即基于时间的仿真，按照序列编辑器中的时间先后顺序进行仿真；生产线仿真模式即基于事件的仿真，需要建立逻辑块，按照控制信号的逻辑条件进行仿真。以 PLC 和 PS 逻辑块的通信为例，PLC 的输入/输出信号通过通信接口实现与 PS 逻辑块的输入/输出信号之间的连接，进而实现 PLC 对设备运行控制的仿真。下面以具体实例来说明 PS 软件的生产线仿真。

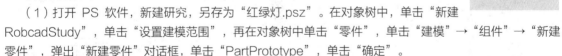

　　【例 4-4】在 PS 软件中创建红色、绿色和黄色 3 个信号灯，创建逻辑块和相关信号，进行生产线仿真。

视频：例 4-4 操作步骤

　　操作步骤如下。

　　（1）打开 PS 软件，新建研究，另存为"红绿灯.psz"。在对象树中，单击"新建 RobcadStudy"，单击"设置建模范围"，再在对象树中单击"零件"，单击"建模"→"组件"→"新建零件"，弹出"新建零件"对话框，单击"PartPrototype"，单击"确定"。

　　（2）在项目树中，单击"PartPrototype"，按"F2"键，修改其名字为"green light"。单击"建模"→"几何体"→"创建球体"，弹出"创建球体"对话框，"半径"设为 50，单击"确定"，在原点创建球体，按住"Alt+Z"组合键，将其缩放为合适尺寸。单击"几何体"→"创建圆柱体"，弹出"创建圆柱体"对话框，"半径"设为 35，"高度"设为 100，单击"确定"。单击"几何体"→"创建圆锥体"，弹出"创建圆锥体"对话框，"底面半径"设为 35，"顶面半径"设为 5，"高度"设为 20，单击"确定"。

　　（3）在对象树中右击创建的圆锥体，在弹出的快捷菜单中单击"放置操控器"，弹出"放置操控器"对话框，如图 4-36 所示，将圆锥体沿 z 方向平移 100，单击"关闭"。单击"几何体"→"求和"，弹出"求和"对话框，单击创建的球体、圆柱体和圆锥体 3 个对象，勾选"删除原始实体"复选框，单击"确定"，完成求和操作。在对象树中右击创建的求和体，在弹出的快捷菜单中单击"放置操控器"，弹出"放置操控器"对话框，如图 4-37 所示，单击"Ry"并输入 180，单击"关闭"。

图 4-36　平移操作　　　　　　　　　　　　　图 4-37　旋转操作

（4）在对象树中单击"green light"，单击"结束建模"，弹出"Save Component As"，单击"保存"，将其保存为组件。在对象树中单击"green light"，按"Ctrl+C"组合键和"Ctrl+V"组合键两次，复制得到"green light_1"和"green light_2"两个组件，按"F2"键，分别将两个组件的名字修改为"yellow light"和"red light"。分别右击"yellow light"和"red light"，在弹出的快捷菜单中单击"放置操控器"，在弹出的"放置操控器"对话框中，将选中的对象分别沿 y 方向平移 200、400，如图 4-38 所示。在对象树中，分别右击上述 3 个组件，在弹出的快捷菜单中单击"修改颜色"，将 3 个组件的颜色改为灰色。

（5）在操作树中单击"操作"，单击"操作"→"创建操作"→"新建操作"→"新建复合操作"，弹出"新建复合操作"对话框，单击"确定"，创建复合操作"CompOp"。在操作树中单击"CompOp"，单击"新建操作"→"新建非仿真操作"，弹出"新建非仿真操作"对话框，"名称"设为"Start"，其他保持默认，单击"确定"。

（6）在操作树中单击"CompOp"，单击"新建操作"→"新建非仿真操作"，弹出"新建非仿真操作"对话框，"名称"设为"green"，"保持时间"设为 15，单击"确定"。在对象树中右击"green"，在弹出的快捷菜单中单击"操作属性"，弹出"属性-green"对话框，如图 4-39 所示。单击"产品"标签，单击"产品实例"，在对象树中单击"green light"对象，将其添加到"产品实例"列表中，单击"确定"。重复上述操作，新建非仿真操作"yellow"，"保持时间"设为 15，将"yellow light"添加到"产品实例"列表中。新建非仿真操作"red"，"保持时间"设为 15，将"red light"添加到"产品实例"列表中。

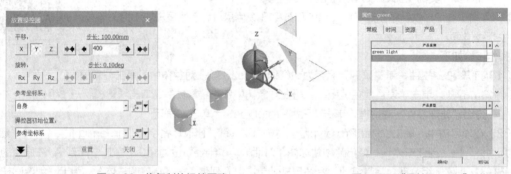

图 4-38　将复制的组件平移　　　　　　　　　图 4-39　"属性-green"对话框

（7）按"Ctrl+S"组合键，将文件保存。单击"主页"→"研究"→"生产线仿真模式"，关闭弹出的警告对话框。单击"控件"→"资源"→"创建逻辑资源"按钮 ，弹出"资源逻辑行为编辑器-LB"对话框，如图 4-40 所示。单击"入口"标签，单击"添加"按钮 添加，添加 3 个布尔型变量"green""yellow"和"red"，单击"确定"，如图 4-41 所示。

（8）在对象树中单击"LB"，单击"控件"→"资源"→"连接信号"按钮 ，弹出"将信号连接至逻辑资源"对话框，如图 4-42 所示。单击"创建信号"按钮 ，自动创建 3 个信号"LB_green""LB_yellow"

"LB_red"。单击"应用",弹出图 4-43 所示的对话框,单击"是",弹出图 4-44 所示的日志文件,单击"关闭"按钮将其关闭。

图 4-40 "资源逻辑行为编辑器-LB"对话框

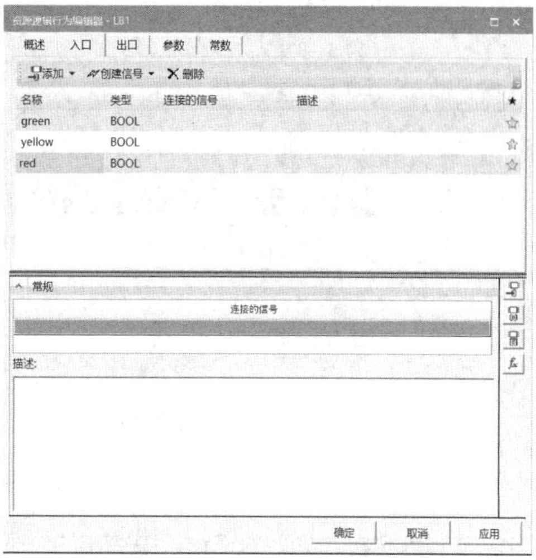

图 4-41 添加 3 个布尔型变量

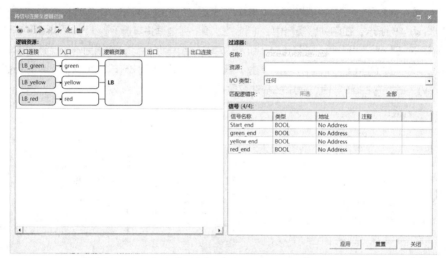

图 4-42 "将信号连接至逻辑资源"对话框

图 4-43 "将信号连接至逻辑资源"对话框

图 4-44 日志文件

(9)单击"主页"→"查看器"→"信号查看器",打开信号查看器,如图 4-45 所示。单击"控件"→

"调试"→"仿真面板"，打开仿真面板。按住"Shift"键，在信号查看器中选中"LB_green""LB_yellow""LB_red" 3 个入口连接信号，在仿真面板中单击"添加"按钮🔚，将 3 个信号加入，勾选"强制"列表下方的所有复选框，如图 4-46 所示。

图 4-45　信号查看器

图 4-46　仿真面板

（10）在操作树右击"CompOp"，在弹出的快捷菜单中单击"设置当前操作"。在序列编辑器中，按住"Shift"键，单击"Start""green""yellow"和"red"，单击"链接"按钮⇔。单击"定制列"按钮⊞，弹出"定制列"对话框，如图 4-47 所示，在"可用字段"中选中"过渡"，单击　按钮，将其加入右栏，单击"确定"。

（11）如图 4-48 所示，在序列编辑器中，拖拉"过渡"列边框将其展开，双击"Start"右侧的↕按钮，弹出"过渡编辑器-Start"对话框，如图 4-49 所示，单击"编辑条件"，弹出另一个"过渡编辑器-Start"对话框，在其中输入"RE(LB_green)"，单击"确定"。重复上述操作，为"green"后过渡添加条件 RE(LB_yellow) ，为"yellow"后过渡添加条件 RE(LB_red) 。

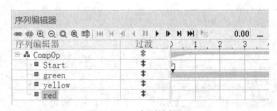

图 4-47　"定制列"对话框　　　　　　　　　图 4-48　序列编辑器

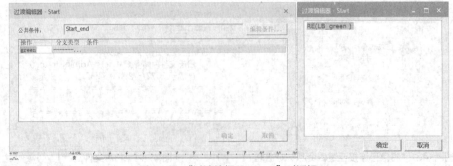

图 4-49　"过渡编辑器-Start"对话框

（12）在操作树中右击"CompOp"，在弹出的快捷菜单中单击"生成外观"，则在对象树"外观"下将出现构造的红绿灯组件。在序列编辑器中右击"green",在弹出的快捷菜单中单击"突显事件",弹出"突显 个对象(green)"对话框,如图 4-50 所示。"突显颜色"选择绿色,单击对象树"外观"下的"green light",将其设为要突显的对象,设置"开始时"为"任务开始后"0s。在序列编辑器中再次右击"green",在弹出的快捷菜单中单击"显示事件",弹出"显示 个对象(green)"对话框,如图 4-51 所示。单击对象树"外观"下的"red light"和"yellow light",设为要显示的对象,单击"确定"。

图 4-50 "突显 个对象(green)"对话框

图 4-51 "显示 个对象(green)"对话框

重复上述操作,为"yellow"创建突显事件,"突显颜色"设为黄色,"要突显的对象"设为"yellow light"。为"yellow"创建显示事件,"要显示的对象"设为"green light"和"red light"。为"red"创建突显事件,"突显颜色"设为红色,"要突显的对象"设为"red light"。为"red"创建显示事件,"要显示的对象"设为"green light"和"yellow light"。

📖 注意

在创建事件后,序列仿真的右侧会出现红色标记,右击该标记可进行编辑或删除。

(13)在序列编辑器中,单击播放按钮,在仿真面板中,单击"LB_green"右侧的红色强制值标签块■(0),将其改为绿色标签块■(1)。观察仿真结果,可发现绿灯亮 15s。分别单击"LB_yellow""LB_red"的强制值,依次对黄灯和红灯进行仿真。

【例 4-5】在例 3-8 的研究基础上,创建逻辑块和相关信号,进行传输线仿真。

操作步骤如下。

(1)双击 PS 软件的桌面快捷方式,打开 PS 软件,在"欢迎界面"修改系统根目录为研究"Conveyer.psz"所在的文件夹,单击"以标准模式打开"按钮 ⬚,在"打开"对话框中修改路径,打开传输线文件"Conveyer.psz",传输线模型如图 4-52 所示。

视频:例 4-5 操作步骤

(2)删除操作树下原有操作,新建复合操作"CompOp",新建两个非仿真操作"Start"和"Create","范围"均设为"CompOp","持续时间"均设为 0。在操作树中右击"Create",在弹出的快捷菜单中单击"操作属性",弹出"属性-Create"对话框,如图 4-53 所示。单击"产品"标签,在对象树中单击"PartPrototype",将其加入"产品实例"列表中,单击"确定"。

(3)单击"操作"→"新建操作"→"新建对象流操作",弹出"新建对象流操作"对话框,如图 4-54 所示。将"名称"修改为"Op1",单击对象树中的"PartPrototype",并将其设为"对象","范围"设为"CompOp","起点"设为"fr4","终点"设为"fr1","抓握坐标系"设为"fr4","持续时间"设为 15,单击"确定",新建对象流操作"Op1"。重复上述操作,新建对象流操作"Op2",具体设置如图 4-55 所示。

(4)单击"操作"→"新建操作"→"新建非仿真操作",新建非仿真操作"End"。在操作树中右击"CompOp",在弹出的快捷菜单中单击"设置当前操作",将其加入序列编辑器。在序列编辑器中,按住"Shift"

键，单击"Start""Create""Op1""Op2"和"End"，单击"链接"按钮⛓，建立各个操作之间的链接。单击"正向播放仿真"按钮，观察仿真效果，发现"Op2"的仿真有误。在操作树中，删除"Op2"。单击"路径编辑器"，按住鼠标左键将"Op1"拖入路径编辑器，单击"正向播放仿真"按钮，将物料（PartPrototype）移动到"fr1"。重新创建对象流操作"Op2"，设置仍然如图4-55所示。在路径编辑器中，单击"将仿真跳转到起点"按钮。单击"序列编辑器"，按住鼠标左键将"Op2"拖动到"End"上方。按住"Shift"键，将所有的操作链接到一起。单击"正向播放仿真"按钮，可以观察到仿真效果已经正常。

图4-52　传输线模型　　　　　　　　　　图4-53　"属性-Create"对话框

（5）单击"主页"→"查看器"→"信号查看器"，打开信号查看器。在操作树中单击"Create"，单击"控件"→"操作信号"→"创建非仿真起始信号"按钮，创建起始信号"Create_start"。在操作树中单击"Op2"，单击"控件"→"操作信号"→"创建所有流起始信号"按钮，为操作"Op2"创建起始信号"Op2_start"。

（6）按"Ctrl+S"组合键，保存研究。单击"主页"→"研究"→"生产线仿真模式"，切换到生产线仿真模式，关闭"警告"对话框。在操作树中右击"Create"，在弹出的快捷菜单中单击"生成外观"，在对象树"外观"下将显示物料"PartPrototype"。

（7）单击"主页"→"查看器"→"物料流查看器"，弹出"物料流查看器"对话框，如图4-56所示。在操作树中，分别单击"Create""Op1""Op2"和"End"，按住鼠标左键将其拖动到"物料流查看器"对话框，单击按钮，拖动鼠标指针，在各个操作之间建立物料流。

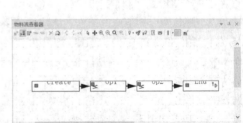

图4-54　新建对象流操作"Op1"　图4-55　新建对象流操作"Op2"　　图4-56　"物料流查看器"对话框

（8）单击"控件"→"资源"→"创建逻辑资源"，弹出图4-57所示的"资源逻辑行为编辑器-LB"对话框。单击"入口"标签，创建布尔型变量"Create"，单击"创建信号"，为其创建Output类型的"连接的信号""LB_Create"。重复操作，创建布尔型变量"EndCreate"，在信号查看器中单击"Create_end"，将其设为连接信号。创建布尔型变量"StartOp2"，单击"创建信号"，为其创建Output类型的"连接的信号""LB_StartOp2"。创建布尔型变量"EndOp2",在信号查看器中单击"Op2_end",将其设为连接信号。

（9）在"资源逻辑行为编辑器-LB"对话框中单击"出口"标签,其对应的选项卡如图 4-58 所示。创建布尔型变量"ProductCreate"。在信号查看器中单击"Create_start",将其设为连接信号,在"值表达式"中输入"SR(Create, EndCreate)"。创建布尔型变量"Op2Start"。在信号查看器中单击"Op2_start",将其设为连接信号,在"值表达式"中输入"SR(StartOp2, EndOp2)"。单击"确定",退出"资源逻辑行为编辑器-LB"对话框。

图 4-57　在"资源逻辑行为编辑器-LB"对话框中
创建入口变量

图 4-58　在"资源逻辑行为编辑器-LB"对话框中
创建出口变量

（10）在序列编辑器中,设置"Start"后的过渡条件为"RE(LB_Create)",设置"Op1"后的过渡条件为"RE(LB_StartOp2)"。单击"控件"→"调试"→"仿真面板",打开仿真面板。按住"Ctrl"键,在信号查看器中单击"LB_Create"和"LB_StartOp2",在仿真面板中单击"添加"按钮 📥,将两个信号加入,勾选"强制"列表下的两个复选框。单击序列编辑器中的"正向播放仿真"按钮,通过切换强制值,可观察仿真效果,如图 4-59 所示。

图 4-59　传输线的仿真效果

📖 注意

如果在生产线仿真模式下,仿真运行时零件不能显示,则可切换到标准模式下,结束零件建模范围,再返回生产线仿真模式,重新播放仿真。

任务 4.4　PS 软件的联合虚拟调试

虚拟调试是数字孪生的核心技术之一,是在虚拟环境下完成产品和设备的设计、集成、运行的一种调试技术。通过虚拟调试，用户可以在没有物理设备的情况下，运用建模、仿真和控制等方面的专业软件，对产品、设备和工艺进行反复调试、验证、修改和优化，并能把相关结果映射到真实的物理环境之中。因此，在自动化生产线和机器人集成系统正式生产、安装之前，能在虚拟环境中对其进行虚拟调试，进而完成产线规划、机器人路径规划、干涉检查以及 PLC 逻辑控制编程等工作。

虚拟调试技术包含硬件在环虚拟调试和软件在环虚拟调试两种。其中，硬件在环虚拟调试是指控制部分用 PLC 硬件，机械部分使用三维数字模型，在"虚-实"结合的闭环反馈回路中进行程序编辑与验证的调试；软件在环虚拟调试是指控制部分和机械部分都采用三维数字模型，进行"虚-虚"结合的闭环反馈式验证调试。本任务主要介绍软件在环虚拟调试技术，下面以具体的实例来说明其具体的操作方法和流程。

【例 4-6】使用 TIA 博途软件、PS 软件、S7-PLCSIM Advanced 软件对例 4-2 和例 4-4 的红绿灯项目进行虚拟调试。

操作步骤如下。

（1）双击桌面 S7-PLCSIM Advanced 的快捷方式，启动软件，如图 4-60 所示。单击"Start Virtual S7-1500 PLC"左侧的⊙按钮，在"Instance name"右侧的输入框输入实例名称，如"light"，单击"Start"，启动仿真实例。

视频：例 4-6 操作步骤

📖 注意

启动实例后，有亮黄灯提示或亮绿灯提示。其中亮黄灯表示实例已经启动，但没有运行程序；亮绿灯表示实例已经启动，并且程序也在运行中。一般新建实例首次运行时亮黄灯，待 PLC 程序下载并运行后，亮绿灯。

（2）打开例 4-2 的 TIA 博途"红绿灯"项目，单击"下载到设备"按钮⬇，在"下载预览"对话框单击"装载"。单击"启动 CPU"按钮▶，在项目树中展开"程序块"，双击"块_1[FB1]"，打开程序编辑界面，单击"启用监视"按钮，进入程序监控状态，如图 4-61 所示。右击"启动"，在弹出的快捷菜单中依次单击"修改"→"修改为 1"（或按"Ctrl+F2"键），右击"循环时间"，修改操作数为"45000"。

图 4-60　启动 S7-PLCSIM Advanced 软件

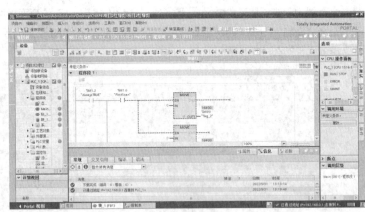

图 4-61　下载并启动"红绿灯"项目

（3）打开例 4-4 的 PS 软件"红绿灯"研究，单击"主页"→"研究"→"生产线仿真模式"，删除"Start"操作。按住"Shift"键，单击"green""yellow"和"red"操作，单击"断开链接"按钮，将上述 3 个操作的链接断开，如图 4-62 所示。

（4）在主视窗空白处单击鼠标右键，在弹出的快捷菜单中单击"选项"，或者直接按"F6"键，弹出"选项"对话框，单击"PLC"选项，在"仿真"栏选中"PLC"单选项，再选中"外部连接"单选项，如图 4-63 所示。单击"连接设置"按钮，弹出"外部连接"对话框，如图 4-64 所示。单击"添加"，在弹出的下拉列表中单击"PLCSIM Advanced"，弹出"添加 PLCSIM Advanced 2.0+连接"对话框。如图 4-65 所示（软件原因导致有重叠），在"名称"输入框中输入"LIGHT"，"实例名称"选择"light"，"信号映射方式"选择"服务器地址"，单击"确定"。

图 4-62 序列编辑器

图 4-63 "选项"对话框

图 4-64 "外部连接"对话框

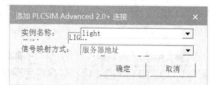

图 4-65 "添加 PLCSIM Advanced 2.0+ 连接"对话框

（5）在"外部连接"对话框中，单击"LIGHT"，单击"验证"，弹出"验证外部连接"对话框。如图 4-66 所示，"验证外部连接"对话框显示"所选外部连接有效"，单击"确定"，在"外部连接"对话框中单击"确定"，在"选项"对话框中单击"确定"。

图 4-66 "外部连接"对话框和"验证外部连接"对话框

📖 注意

如果"选项"对话框显示不完整，看不到"确定"按钮，则可以调整 Windows 系统设置中的"缩放与布局"，将"更改文本、应用等项目的大小"设为一个较小的值，如 100%。

（6）在操作树中右击"CompOp"，在弹出的快捷菜单中单击"生成外观"，则在对象树的"外观"下将显示多个组件。单击"主页"→"查看器"→"信号查看器"，打开信号查看器。在操作树中单击"green"，单击"控件"→"操作信号"→"创建非仿真起始信号"按钮，则在信号查看器中新出现信号"green_start"。重复操作，新建"yellow"操作的起始信号"yellow_start"，新建"red"操作的起始信号"red_start"，如图 4-67 所示。分别单击信号"green_start""yellow_start""red_start"的"外部连接"列，单击"LIGHT"，在"地址"列分别输入 0.1、0.2 和 0.3，即将上述 3 个信号分别与 PLC 的 Q1、Q2 和 Q3 建立连接。

（7）在信号查看器中分别单击信号"LB_green""LB_yellow""LB_red"的"外部连接"列，单击"LIGHT"，在"地址"列分别输入 0.1、0.2 和 0.3，即将上述 3 个信号也分别与 PLC 的 Q1、Q2 和 Q3 建立连接。单击"控件"→"调试"→"仿真面板"，打开仿真面板，如图 4-68 所示。

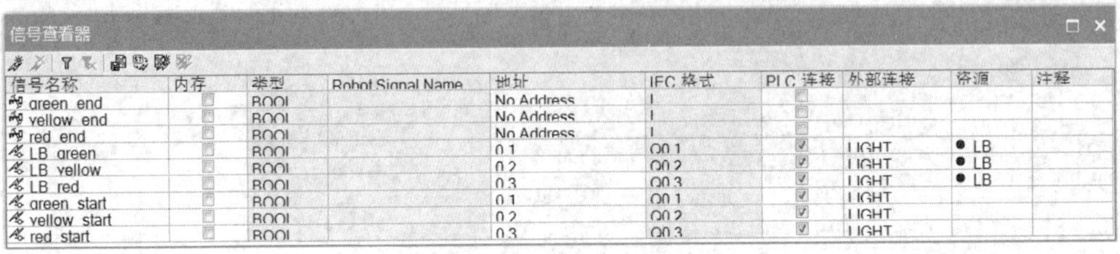

图 4-67　信号查看器

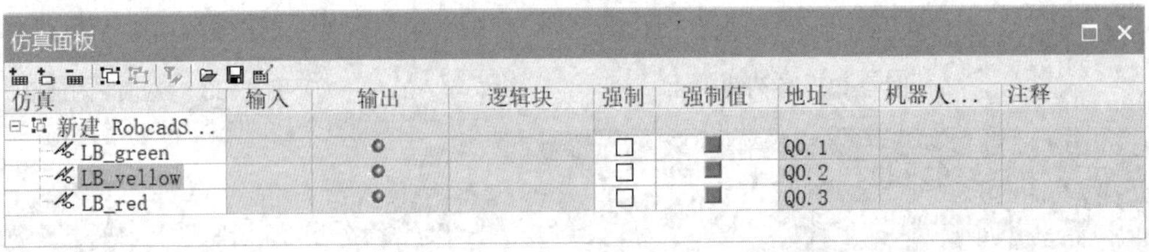

图 4-68　仿真面板

（8）单击序列编辑器中的"正向播放仿真"按钮，观察仿真效果，如图 4-69 所示，随着 PLC 输出的信号 Q1、Q2 和 Q3 的变化，红绿灯呈现交替点亮的效果。

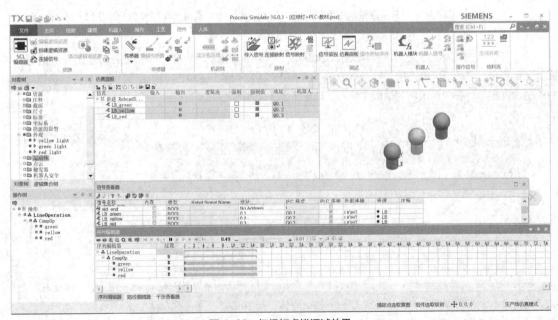

图 4-69　红绿灯虚拟调试效果

【项目小结】

本项目介绍了 TIA 博途软件的基础知识，包括功能、界面、基本指令等；TIA 博途软件的基本操作，包括项目的创建、硬件组态、程序编辑、下载、监控和调试等；PS 软件的生产线仿真，包括逻辑块以及信号的创建、编辑和连接，以及事件的显示和突显等；TIA 博途软件和 PS 软件的联合虚拟调试方法及流程等。

通过对本项目的学习，学生应能够掌握 TIA 博途软件的基础操作，能够运用 TIA 博途软件和 PS 软件进行简单自动化生产线和机器人工作站的软件在环虚拟调试。

【扩展阅读】

案例：全球首座原生数字化工厂在南京投运，我国数字化工厂进入新时代。

据报道，2022 年 6 月，总投资 20 多亿元的西门子数控南京有限公司（SNC）新工厂正式投运，这是全球首座原生数字化工厂。在该工厂实地建设之前，建造方就已全方位应用数字化技术，预先在虚拟世界打造了工厂的数字孪生体，实现了从需求分析、规划设计、动工实施到生产运营全过程的数字化。

该工厂建成后，可同时生产电子和电机制造两大类从原材料、生产设备到工艺流程均截然不同的产品。在投产之后，该公司的产能将提高近两倍，生产效率提升 20%，柔性生产能力提升 30%，产品上市时间缩短近 20%，空间利用率提升 40%，物料流转效率提升 50%。

该工厂采用了多项国际先进的低碳环保技术，利用屋顶光伏系统为工厂运营提供清洁能源；利用地源热泵技术提高冬季供暖和夏季制冷能效；应用高效率水泵和风机、热回收装置、雨水回收系统、风能和光伏 LED 路灯、智能照明控制系统和太阳能热水系统，最大限度地节能减排。预计每年可节省约 $5.6×10^6 kW \cdot h$ 的电力、$6286 m^3$ 的水，减少 3325t 的碳排放。

该工厂的建成彰显了以数字孪生技术为核心的数字化企业解决方案所蕴含的巨大潜力，在效率、质量和低碳化可持续发展方面树立了行业新标杆。随着我国数字经济的持续发展和制造业转型升级的不断推进，预计未来该类型的数字化工厂将会越来越多。

【思考与练习】

【练习 4-1】在例 4-5 的基础上，利用 TIA 博途软件和 PS 软件进行物料传输线的软件在环虚拟调试。

【练习 4-2】在例 3-11 的基础上，利用 TIA 博途软件和 PS 软件进行机器人搬运集成系统的软件在环虚拟调试。

【练习 4-3】在例 4-6 的基础上，参考相关资料，利用真实 PLC、TIA 博途软件和 PS 软件进行硬件在环虚拟调试。

项目5
工业机器人应用编程1+X考证平台仿真与调试

【学习目标】

知识目标

（1）了解工业机器人坐标系的基本概念和标定方法；

（2）了解工业机器人的基本运动指令；

（3）掌握工业机器人离线程序的导入和导出方法。

能力目标

（1）能够正确创建工业机器人集成系统三维模型；

（2）能够对工业机器人及常用外围设备进行连接和控制；

（3）能够按照实际需求编写工业机器人单元应用程序。

素质目标

（1）具有良好的职业道德、扎实的实践能力、较强的创新能力；

（2）能够适应职业岗位的变化，按照实际需求搭建对应的仿真环境，对典型工业机器人系统进行离线编程；

（3）能够通过独立学习，胜任工业机器人系统操作编程、自动化系统设计、工业机器人单元离线编程及仿真、工业机器人单元运维、工业机器人测试等工作岗位。

【学习导图】

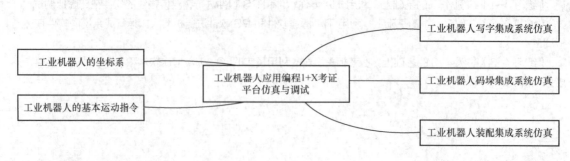

【知识准备】

⫶⫶⫶ 知识 5.1 工业机器人的坐标系

坐标系是为了确定工业机器人的位置和姿态而在工业机器人或其他空间上设定的位姿指标系统。如图 5-1

所示，工业机器人坐标系包括以下几种：大地坐标系或世界坐标系（World Coordinate System，WCS）、基坐标系（Base Coordinate System，BCS）、关节坐标系（Joint Coordinate System，JCS）、工具坐标系（Tool Coordinate System，TCS）、工件坐标系或工作坐标系（Work Object Coordinate，WCC）。

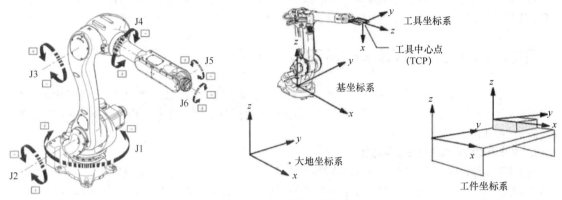

图 5-1　工业机器人坐标系

（1）大地坐标系：大地坐标系也称为世界坐标系或直角坐标系，是系统的绝对坐标系，也是工业机器人运动的基准，其余所有的坐标系都是在其基础上进行变换得到的。大地坐标系的 x、y、z 3 个轴相交于原点，任意两轴相互垂直。默认情况下，大地坐标系与基坐标系是一致的。

（2）关节坐标系：关节坐标系用来描述工业机器人每一个独立关节（轴）的运动。6 轴机器人关节坐标系的表示方法为：P=（J1，J2，J3，J4，J5，J6）。其中，J1~J6 分别表示 6 个关节的角度位置，单位为度（°）。工业机器每个关节轴都有 0 刻度位置。当工业机器人的关节轴与 0 刻度位置对齐时，该关节轴所在位置为 0°位置。工业机器人 6 个关节的角度并非都是 0°~360°，如 ABB IRB120 机器人。该机器人的各关节运动范围及最大运动速度如表 5-1 所示。

表 5-1　ABB IRB120 机器人各关节运动范围及最大运动速度

关节运动	运动范围/（°）	最大运动速度/（°/s）
关节 1 轴	−165~+165	250
关节 2 轴	−110~+110	250
关节 3 轴	−90~+70	250
关节 4 轴	−160~+160	320
关节 5 轴	−120~+120	320
关节 6 轴	−400~+400	420

（3）基坐标系：基坐标系是以机器人安装基座为基准，用来描述机器人本体运动的直角坐标系。任何机器人都离不开基坐标系，基坐标系也是机器人工具中心点（Tool Center Point，TCP）在三维空间运动空间的基本坐标系。以面对机器人的方向为基准，则基准坐标系的坐标方向可以描述为：前后为 x 轴，左右为 y 轴，上下为 z 轴。需要将机器人从一个位置移动到另一个位置时，基准坐标系很有用，它可以使固定安装的机器人的移动具有可预测性。

（4）工具坐标系：工具坐标系是表示 TCP 和工件姿态的直角坐标系。根据工作任务的不同，工业机器人会被安装不同的末端执行器，如焊枪、抓手、胶枪等。TCP 是指工业机器人上安装的工具移动至指定目标点的点。工业机器人在出厂时有一个默认的工具坐标系"tool0"，它位于机器人 6 轴法兰盘的中心，是由基坐标系通过机器人正解得到的一个旋转偏移矩阵。实际工作中，默认的工具坐标系并不能有效满足实际工作需求，因此需要根据末端执行机构的种类、形状和尺寸，重新建立一个或多个工具坐标系。

（5）工件坐标系：工件坐标系是定义工件相对于大地坐标系（或其他坐标系）位置的直角坐标系。工件坐标系对应工件，对工业机器人编程就是在工件坐标系中创建目标和路径。重定位机器人集成系统中的工件时，只需要更改工件坐标系的位置，机器人路径便能随之自动更新。

知识 5.2 　工业机器人的基本运动指令

工业机器人的基本运动指令包括关节运动指令、线性运动指令、圆弧运动指令和绝对关节运动指令。不同品牌工业机器人的运动指令格式略有差别，以下主要以 ABB、FANUC 和 KUKA 机器人来对比说明几种基本运动指令的格式。

1. 关节运动指令和绝对关节运动指令

关节运动指令也称为空间点运动指令，该指令表示工业机器人 TCP 将进行点到点的运动。各关节均以恒定转速运动，并同时达到目标点。在运动过程中，各关节运动形成的轨迹在绝大多数情况下是非线性的。各品牌机器人的关节运动指令如表 5-2 所示。

对于 ABB 机器人，除关节运动指令（MoveJ）外，还有绝对关节运动指令（MoveAbsJ）。绝对关节运动指令用于将工业机器人各关节移动至指定的绝对位置（角度），其运动模式与关节运动指令类似。但本质上关节运动指令描述的是空间点到空间点的运动，而绝对关节运动指令描述的是各关节角度的变化，因此绝对关节运动指令所控制的运动物体的位置不随工具坐标系和工件坐标系而变化。基于绝对关节运动指令的动作特性，该指令常用于控制工业机器人回到特定（如机械零点）的位置或经过运动学奇异点。

表 5-2　各品牌机器人的关节运动指令

机器人品牌	关节运动指令示例	指令说明
ABB	MoveJ,p10,v500,z50, tool1\Wobj:=wobj1;	p10 指目标点，v500 指移动速度为 500mm/s，z50 指转弯半径为 50mm（如果为 fine，表示过目标点停止再运动，下同），tool1 指工具，Wobj:=wobj1 指工件坐标系为 wobj1
	MoveAbsJ,p10\NoEoffs,v500,z50, tool1\Wobj:=wobj1;	
FANUC	J @PR[1:p10] 100% FINE	PR[1:p10]指位置寄存器（全局变量）目标点为 p10，100%指机器人移动速度倍率（1%～100%），FINE 指定位类型（FINE 是指在目标位置停止后再移动到下一位置，而 CNT 是指靠近目标但不在目标位置停止而向下一位置运动，下同）
KUKA	PTP P10 CONT Vel=100% CPDAT1 TOOL[1] BASE[0]	P10 指目标点，CONT 指目标点被轨迹逼近（如此项空白，表示将精确移动至目标点，下同），Vel=100%指机器人移动速度倍率为 100%，CPDAT1 系统自动赋予运动数据组名称，TOOL[1]指工具，BASE[0]指基坐标。PTP 指点到点运动指令，而 STPT 为优化的点到点运动指令

2. 直线运动指令

直线运动指令用于将工业机器人末端点沿直线移动至目标位姿，当目标位置不变时，该指令也可用于调整工具姿态。该指令在运动中以恒定编程速率沿直线移动 TCP，并以相等的间隔，沿路径调整工具方位。一般在对轨迹要求高的场合（如焊接）使用此指令。但要注意，空间直线段的距离不宜太远，否则工业机器人将达到轴限位或奇异点。各品牌机器人的直线运动指令如表 5-3 所示。

表 5-3　各品牌机器人的直线运动指令

机器人品牌	直线运动指令示例	指令说明
ABB	MoveL,p10,v500,z50, tool1\Wobj:=wobj1;	p10 指目标点，v500 指移动速度为 500mm/s，z50 指转弯半径为 50mm，tool1 指工具，Wobj:=wobj1 指工件坐标系为 wobj1
FANUC	L @PR[1:p10] 100mm/s FINE	PR[1:p10]指位置寄存器（全局变量）目标点为 p10，100mm/s 指机器人移动速度为 100mm/s，FINE 指定位类型
KUKA	LIN P10 CONT Vel=2m/s CPDAT1 TOOL[1] BASE[0]	P10 指目标点，CONT 指目标点被轨迹逼近，Vel=2m/s 指机器人移动速度为 2m/s，CPDAT1 系统自动赋予运动数据名称，TOOL[1]指工具，BASE[0]指基坐标。LIN 为直线运动指令，SLIN 为优化的直线运动指令

3. 圆弧运动指令

圆弧运动指令用于将 TCP 沿圆弧移动至指定目标位置。工业机器人从起始点，通过过渡点，以圆弧移动方式运动至目标点，起始点、过渡点与目标点决定一段圆弧，工业机器人运动状态可控制，运动路径保持唯一。各品牌机器人的圆弧运动指令如表 5-4 所示。

表 5-4　各品牌机器人的圆弧运动指令

机器人品牌	圆弧运动指令示例	指令说明
ABB	MoveC, p10, p20,v500, z50, tool1\Wobj:=wobj1;	p10 指过渡点，p20 指目标点，v500 指移动速度为 500mm/s，z50 指转弯半径为 50mm，tool1 指工具，Wobj:=wobj1 指工件坐标系为 wobj1
FANUC	C @PR[1:p10] @PR[1:p20] 100mm/s FINE	PR[1:p10]指位置寄存器（全局变量）过渡点为 p10，PR[1:p20]指目标点为 p20，100mm/s 指机器人移动速度为 100mm/s，FINE 指定位类型
KUKA	CIRC P10 P20 CONT Vel=2m/s CPDAT1 TOOL[1] BASE[0]	P10 指过渡点，P20 指目标点，CONT 指目标点被轨迹逼近，Vel=2 m/s 指机器人移动速度为 2m/s，CPDAT1 指系统自动赋予运动数据组名称，TOOL[1]指工具，BASE[0]指基坐标。CIRC 为圆弧运动指令，SCIRC 为优化的圆弧运动指令

【项目实施】

任务 5.1　机器人写字集成系统仿真

工业机器人在工作过程中，常常需要沿着一些曲线运动。如果采用逐点示教的方法，费时、费力，并且编程轨迹的精度不高，这就需要离线编程。本任务主要通过工业机器人写字案例，实现工业机器人自动取放绘图笔工具，进行 ABB IRB120 机器人定义、绘图笔工具定义，设置工具坐标系、安装工具，利用 PS 软件的离线编程功能，自动生成复杂轨迹（如 "片"字），完成离线程序的优化和仿真运行测试。

如图 5-2 所示，本任务的机器人写字集成系统主要由 ABB IRB120 机器人、绘图笔工具、快换装置、主盘工具、工作台和 "片"字绘图模块组成。下面通过具体案例来说明工业机器人写字集成系统的仿真方法和流程。

图 5-2　工业机器人写字集成系统

【例 5-1】使用 PS 软件进行 NX 模型的导入、编辑，以及进行机器人绘图笔工具拾放操作的虚拟编程与仿真。

操作步骤如下。

（1）打开 NX 软件，打开绘图模块（写字模块）三维模型，如图 5-3（a）所示，按"W"键显示 WCS，单击"菜单"→"格式"→"WCS"→"原点"，弹出"点"对话框，单击绘图模块旋转轴中心点，将 WCS 原点移动到该位置。单击"菜单"→"编辑"→"移动对象"，弹出"移动对象"对话框，如图 5-3（b）所示，"对象"选择底板，"运动"设为"角度"，"指定矢量"设为-YC，"指定轴点"设为"WCS 原点"，"角度"设为 30，"结果"选择"移动原先的"，单击"确定"。在装配导航器中双击"平板模板-片"，将其切换为工作部件。重复移动对象操作，如图 5-3（c）所示，将"平板模板-片"旋转 30°。单击"菜单"→"插入"→"关联复制"→"抽取几何特征"，弹出"抽取几何特征"对话框，如图 5-3（d）所示，单击"片"字的边缘，抽取曲线，单击"确定"，结果如图 5-3（e）所示。在装配导航器中双击"绘图模块-片"，将其切换为工作部件，另存为"绘图模块-片OK"后退出。

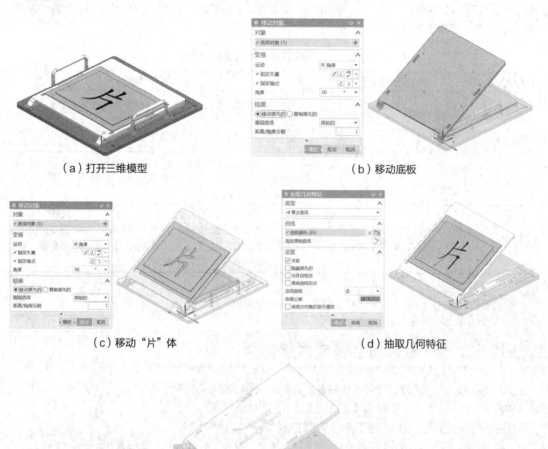

（a）打开三维模型　　　　　　　　　　　（b）移动底板

（c）移动"片"体　　　　　　　　　　　（d）抽取几何特征

（e）抽取曲线结果

图 5-3　调整绘图模块的姿态并抽取曲线

（2）双击桌面的 PS 图标![PS图标]，打开 PS 软件，在欢迎界面单击"系统根目录"输入框右侧的"浏览"按钮![浏览按钮]，更改文件路径（如"C:\temp5"，根据具体情况设置），单击"新建研究"按钮![新建研究按钮]，在弹出的"新建研究"对话框中单击"创建"，单击"确定"，完成新研究的创建。单击"文件"→"导入/导出"→"转换并插入 CAD 文件"，弹出"转换并插入 CAD 文件"对话框，如图 5-4 所示。单击"添加"，弹出"打开"对话框，修改文件目录，选中"绘图模块-片.prt"文件，弹出"文件导入设置"对话框，"基本类"选择"零件"，"复合类"和"原型类"均保持默认设置，勾选"插入组件"和"创建整体式 JT 文件"复选框，选中"用于整个装配"单选项，单击"确定"，单击"导入"，等待文件导入成功后，单击"关闭"。此时，在对象树的"资源"下会显示"绘图模块-片"，单击该资源，按"F2"键，将其重命名为"Word"。在系统根目录"C:\temp3"下将出现"绘图模块_片.cojt"文件夹，文件夹内包含"TuneData.xml"和"绘图模块_片.jt"两个文件。

图 5-4 "转换并插入 CAD 文件"对话框和"文件导入设置"对话框

（3）此时，在对象树的"零件"目录下显示"绘图模块-片 OK"。在系统根目录下将出现"绘图模块_片 OK.cojt"文件夹，文件夹内包含"TuneData.xml"和"绘图模块_片 OK.jt"两个文件。如图 5-5 所示，在对象树中，单击选中"绘图模块-片 OK"，按"F2"键，将其重命名为"Word"，单击"建模"→"设置建模范围"，展开后按"F2"键，对其重命名。

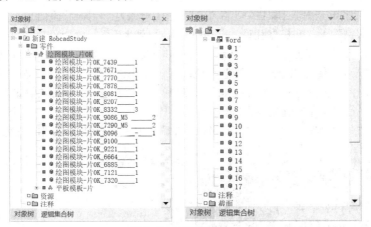

图 5-5 展开和重命名

（4）在对象树中单击"Word"，单击"文件"→"导入/导出"→"导出 JT"，弹出"导出 JT"对话框，如图 5-6 所示。在"包括"中勾选"坐标系""位置"和"精确几何体"复选框（也可不勾选），单击"导出"，在弹出的"查看日志"对话框中单击"否"。系统根目录"C:\temp3"中将生成 JT 文件"Word.jt"。在根目录中新建文件夹，并将其命名为"Word.cojt"，将导出的 JT 文件"Word.jt"剪切到该文件夹中。单击"建模"→"组件"→"定义组件类型"，弹出"浏览"对话框，更改文件路径，选择"Word.cojt"文件夹，单击"确定"，弹出"定义组件类型"对话框，如图 5-7 所示，在"类型"列表中选择"Part Prototype"，单击"确定"，完成组件类型的定义。定义组件类型后，新建研究，单击"建模"→"组件"→"插入组件"，弹出"插入组件"对话框，双击"Word.cojt"文件夹，即可插入组件模型。

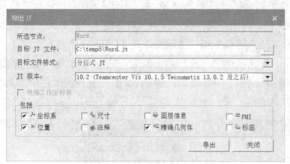

图 5-6 "导出 JT"对话框   图 5-7 "定义组件类型"对话框

（5）双击桌面的 PS 图标，打开 PS 软件，在欢迎界面，单击"系统根目录"输入框右侧的"浏览"按钮，更改文件路径，设置系统根目录（如"C:\temp5"），单击"新建研究"按钮，在弹出的"新建研究"对话框中单击"创建"，单击"确定"，完成新研究的创建。将随书数据文件目录"...\Chapter5 Example\Robotwriting"下的"Robot.cojt""Table.cojt""Chang.cojt""Pentool.cojt""Mom plate.cojt""Word.cojt"复制到系统根目录下。单击"建模"→"组件"→"插入组件"，弹出"插入组件"对话框，在系统根目录下，按住"Ctrl"键，单击 ABB IRB120 机器人（Robot.cojt）、工作台（Table.cojt）、快换装置（Chang.cojt）、绘图笔工具（Pentool.cojt）、母盘（Momplate.cojt）和绘图模块（Word.cojt），单击"打开"，完成组件的插入。

📖 **注意**

上述插入的组件，除绘图模块的类型为"零件"外，其他均为"资源"。

（6）插入组件后，发现绘图模块的位置不理想，需要调整其放置位置。在对象树中单击"Table"，单击"设置建模范围"，在图形查看器工具栏中，将"选取意图"修改为"自原点选取意图"，将"选取级别"修改为"实体选取级别"。单击"建模"→"布局"→"创建坐标系"→"通过 6 个值创建坐标系"，弹出"6 值创建坐标系"对话框。如图 5-8（a）所示，单击前排左起第 3 个定位框，在"相对方向"的"X""Y""Z"输入框中均输入 0，单击"确定"，创建坐标系"fr1"。右击坐标系"fr1"，在弹出的快捷菜单中单击"放置操控器"，弹出"放置操控器"对话框，如图 5-8（b）所示，单击"Z"并在右侧输入 10，单击"关闭"。在对象树中右击"Word"，在弹出的快捷菜单中单击"重定位"，弹出"重定位"对话框，如图 5-8（c）所示，"从坐标系"选择"自身"，"到坐标系"选择"fr1"，单击"应用"，单击"关闭"。

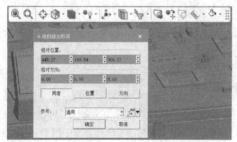

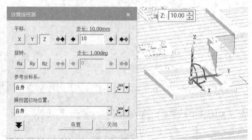

（a）创建坐标系"fr1"   （b）创建坐标系"fr2"

图 5-8 调整绘图模块的位置

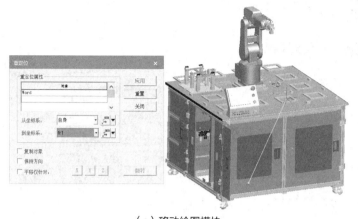

（c）移动绘图模块

图 5-8　调整绘图模块的位置（续）

（7）在对象树中单击"Robot"，单击"设置建模范围"，按照例 3-4 机器人定义的方法和步骤，对 ABB IRB120 机器人进行定义（创建连杆和关节、定义关节属性、创建基准坐标系和 TCP 坐标系、创建姿态），注意各个关节属性中的"上限"和"下限"，如表 5-1 所示。机器人定义完成后，在对象树中单击"Robot"，单击"结束建模"。在机器人模型的任意位置单击鼠标右键，在弹出的快捷菜单中单击"机器人调整"按钮 🖳，弹出"机器人调整:Robot"对话框。按住鼠标左键将该模型沿着不同的轴拖动，观察机器人的姿态是否能够做出相应改变。

（8）在对象树中单击"Momplate"，单击"设置建模范围"，按照例 3-6 母盘定义的方法和步骤，对母盘进行设备定义。右击机器人本体，在弹出的快捷菜单中单击"安装工具"，弹出"安装工具-机器人 Robot"对话框，如图 5-9 所示，单击"翻转工具"，调整工具的姿态，将母盘工具安装到机器人上。

图 5-9　安装母盘工具

（9）如果坐标系不一致，母盘工具安装后方向未能保持竖直，则需调整母盘工具的姿态。右击母盘工具，在弹出的快捷菜单中单击"放置操控器"，弹出"放置操控器"对话框。如图 5-10 所示，将视图调整为"Bright"，展开"参考坐标系"下拉列表，单击"圆心定坐标系"，弹出"3 点圆心定坐标系"对话框，单击母盘工具外侧凸出圆柱面的 3 个边缘点，单击"确定"（即将参考坐标系定于圆柱中心）。单击"Rz"，输入-32，按回车键，单击"关闭"，完成母盘工具姿态的调整。

（10）在对象树中单击"Pentool"，单击"设置建模范围"，在弹出的对话框中单击"确定"。单击"建模"→"布局"→"创建坐标系"→"通过 6 个值创建坐标系"，弹出"6 值创建坐标系"对话框，如图 5-11 所示。在图形查看器工具栏中，将"选取意图"修改为"选取点选取意图" 🖈，将"选取级别"修改为"实体选取级别" 🖿。单击绘图笔工具笔尖，在"相对方向"的"X""Y""Z"输入框中输入 0、0、180，单击

229

"确定"，创建坐标系"fr2"。

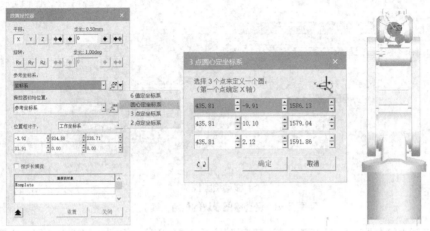

图 5-10　调整母盘工具的姿态

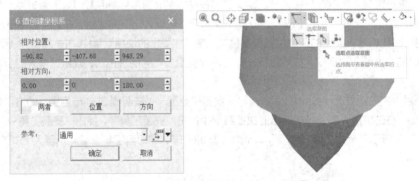

图 5-11　为绘图笔工具创建坐标系"fr2"

（11）单击"建模"→"布局"→"创建坐标系"→"通过 6 个值创建坐标系"，弹出"6 值创建坐标系"对话框，如图 5-12 所示。移动鼠标指针到绘图笔工具上部的圆柱体，顶面圆心出现小圆圈后，单击，在"相对方向"的"X""Y""Z"输入框中输入 0、180、0，单击"确定"，创建坐标系，按"F2"键，将其重命名为"fr3"。

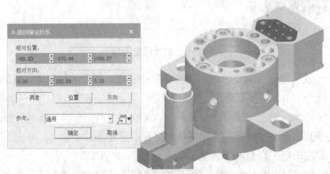

图 5-12　为绘图笔工具创建坐标系"fr3"

（12）单击"操作"→"创建操作"→"新建操作"→"新建复合操作"，新建复合操作"CompOp"。单击"操作"→"创建操作"→"新建操作"→"新建拾放操作"，弹出"新建拾放操作"对话框，"拾取点"

和"放置点"均选择"fr3",其他设置如图 5-13 所示,单击"确定"。在操作树中,右击拾放操作"Robot_PNP_Op",在弹出的快捷菜单中单击"设置当前操作",将创建的拾放操作加入序列编辑器,单击"正向播放仿真"按钮,进行仿真。

(13)在操作树中单击"拾取",单击图形查看器工具栏中的"单个或多个位置操控"按钮 ,弹出"位置操控"对话框,如图 5-14 所示。单击"跟随模式",选择"旋转",单击"Rz",将其参数设为-21,单击"关闭",将母盘与绘图笔工具的接线盒对齐。

图 5-13 "新建拾放操作"对话框

图 5-14 "位置操控"对话框

(14)在操作树中单击"拾取",单击"添加位置"→"在前面添加位置",弹出"机器人调整: Robot"对话框,如图 5-15 所示。单击"Z",输入-50,单击"关闭",即在拾取点之前创建过渡点"via"。重复操作,在操作树中单击"拾取",单击"添加位置"→"在后面添加位置",弹出"机器人调整: Robot"对话框。单击"Z",输入-50,单击"关闭",即在拾取点之后创建过渡点"via1"。重复操作,在过渡点"via1"后添加过渡点"via2","via2"在 z 轴方向比"via1"高 150,以防止绘图笔工具移动时与快换装置发生碰撞。

(15)右击机器人,在弹出的快捷菜单中单击"初始位置",使机器人回到初始位置。在操作树中单击"放置",单击"操作"→"添加位置"→"添加当前位置",在"放置"后添加过渡位置,按"F2"键,将该位置名字修改为"home"。在操作树中右击"放置",在弹出的快捷菜单中单击"删除",或按 Delete 键,将该点删除。在操作树中单击选中"Robot_PNP_Op",按"F2"键,将其名字修改为"拾取"。

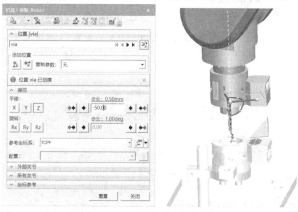

图 5-15 为拾取创建过渡点

(16)在操作树中单击"CompOp",单击"操作"→"创建操作"→"新建操作"→"新建拾放操作",弹出"新建拾放操作"对话框,将"名称"修改为"放置","放置点"选择"拾取",其他设置与图 5-13 所示一致,单击"确定"。按住"Ctrl"键,单击"拾取"操作中的"via""via1""via2"和"home",按"Ctrl+C"组合键复制,在操作树中单击"放置",按"Ctrl+V"组合键粘贴。单击"路径编辑器"标签将其对应的选项卡打开,如图 5-16 所示,在操作树中单击"放置",单击"向编辑器添加操作"按钮 ,将"放置"添加到路径编辑器。在路径编辑器中单击"放置",单击"下移"按钮 ,将"放置"移到过渡点"via"后。重复操作,将过渡点"via2"移动到"via"前。

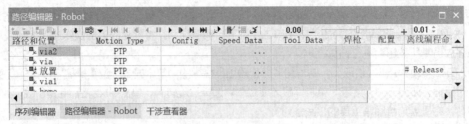

图 5-16 路径编辑器

（17）将复合操作"CompOp"添加到序列编辑器，如图 5-17 所示，按住"Shift"键，分别单击"拾取"和"放置"（注意前后顺序），单击"链接"按钮⊛，单击"正向播放仿真"按钮，观察仿真效果。

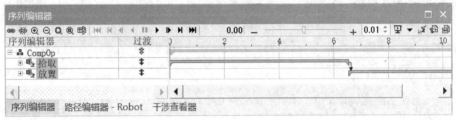

图 5-17 序列编辑器

【例 5-2】在例 5-1 的基础上，使用 PS 软件进行机器人写字程序离线编程与仿真。操作步骤如下。

（1）在对象树中单击绘图笔工具"Pentool"，单击"设置建模范围"，在弹出的对话框中单击"确定"。单击"建模"→"运动学设备"→"工具定义"，弹出对话框提示是否继续自动创建默认运动学和姿态，单击"确定"，弹出"工具定义-Pentool"对话框。"工具类型"选择"焊枪"，"TCP 坐标系"设为"fr2"，"基准坐标系"设为"fr3"，单击"确定"，完成绘图笔工具的定义，如图 5-18 所示。

视频：例 5-2 操作步骤

图 5-18 定义绘图笔工具

（2）在图形显示区中，右击机器人的任意部分，在弹出的快捷菜单中单击"安装工具"，弹出"安装工具-机器人 Robot"对话框，相关设置如图 5-19 所示，单击"应用"，单击"翻转工具"，调整机器人到合适姿态，单击"关闭"，将绘图笔工具安装到机器人上。

（3）在图形显示区右击母盘工具，在弹出的快捷菜单中单击"放置操控器"，弹出"放置操控器"对话框，如图 5-20 所示，"参考坐标系"设为"TCPF"（母盘工具的 TCP），"操控器初始位置"保持默认设置，单击"Rz"并在右侧输入-53，按回车键，单击"关闭"，完成母盘工具的姿态调整。

（4）在对象树中单击绘图模块"Word"，单击"设置建模范围"，在弹出的对话框中单击"确定"。在图形显示区右击绘图模块，在弹出的快捷菜单中单击"仅显示"。单击"建模"→"几何体"→"由边创建虚曲线"按钮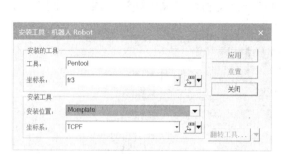，弹出"创建虚曲线"对话框。"创建方法"选择"间距、数量"，"与起点的距离"设为 0，"间距"设为 0，"曲线数"设为 1，逐次单击"片"字外沿曲线，单击"确定"，完成曲线的创建，如图 5-21 所示。此时，在对象树中展开"Word"，可发现新增曲线"Curve"。

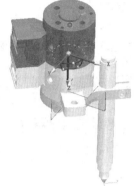

图 5-19 "安装工具-机器人 Robot"对话框

图 5-20 "放置操控器"对话框

图 5-21 创建曲线

（5）在对象树中单击曲线"Curve"，单击"工艺"→"连续"→"由曲线创建连续制造特征"按钮，弹出"由曲线创建连续制造特征"对话框，如图 5-22 所示，"指派给零件"选择"Word"绘图模块，单击"确定"。单击"主页"→"查看器"→"制造特征查看器"，弹出"制造特征查看器"对话框，如图 5-23 所示，可发现新建制造特征"Curve"。

图 5-22 "由曲线创建连续制造特征"对话框

图 5-23 "制造特征查看器"对话框

（6）新建复合操作"CompOp1"，在操作树中单击"CompOp1"，单击"操作"→"新建操作"→"新建连续特征操作"，弹出"新建连续操作"对话框，如图 5-24 所示。选择"工具"为绘图笔工具"Pentool"，在"制造特征查看器"中单击"Curve"，将其加入，单击"确定"，按"F2"键，将该复合操作的名称改为"写字"。

（7）单击"工艺"→"连续"→"投影连续制造特征"按钮，弹出"投影连续制造特征"对话框，如图 5-25 所示。单击"项目"，单击"关闭"，操作树中的"写字"操作目录下将生成多个位置点，如图 5-26 所示。

图 5-24 "新建连续操作"对话框

图 5-25 "投影连续制造特征"对话框

图 5-26 操作树

（8）将"写字"操作加入序列编辑器，播放仿真，可发现机器人虽然能够写字，但部分姿态不合理，需要进行调整。在操作树中单击第 1 个操作点"Curve_ls1"，单击"操作"→"添加位置"→"在前面添加位置"，弹出"机器人调整：Robot"对话框，如图 5-27 所示，单击"Z"，输入 50，按回车键，单击"关闭"，添加写字开始前的过渡点"via"。

（9）在操作树中单击第一个操作点"Curve_ls1"，单击图形查看器工具栏中的"单个或多个位置操控"按钮，弹出"位置操控"对话框，如图 5-28 所示。单击"跟随模式"，单击"下一位置"按钮，逐个查看每个点的姿态。如果两相邻位置之间角度变化较大，单击"Rz"，单击调整箭头进行姿态调整，以实现机器人运动的平滑性，调整完成后，单击"关闭"。

图 5-27 "机器人调整：Robot"对话框

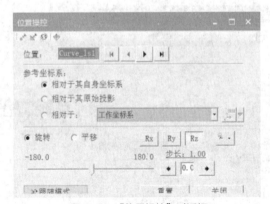

图 5-28 "位置操控"对话框

（10）在操作树中选中最后一个操作点"Curve_ls79"，单击"操作"→"添加位置"→"在后面添加位置"，弹出"机器人调整：Robot"对话框，单击"Z"，输入 50，按回车键，单击"关闭"，添加写字结束后的过渡点"via1"。将"写字"操作加入系列编辑器，单击"正向播放仿真"按钮，观察机器人的运动仿真效果。

任务 5.2　机器人码垛集成系统仿真

码垛机器人灵活准确、快速高效、稳定性高，大大节省了劳动力和空间，在码垛行业有着相当广泛的应用。本任务以工业机器人码垛工作站作为仿真对象，通过构建机器人码垛集成系统模型，进行 ABB IRB120 机器人定义、平口手爪工具定义，设置工具坐标系，利用 PS 软件的物料流仿真功能，完成码垛程序的仿真和优化。

如图 5-29 所示，本任务的机器人码垛集成系统主要由 ABB IRB120 机器人、母盘、平口手爪、快换装置、传输线、工作台和码垛模块组成。传输线传输工件，机器人抓取工件并在搬运棋盘格上进行码垛。下面通过具体案例来说明机器人码垛集成系统仿真的方法和流程。

【例 5-3】使用 PS 软件进行工件的传输和机器人码垛工作过程仿真，工件为长方体工件（60mm×30mm×12mm），工作目的是实现前后共 6 个工件的上料，码垛要求为 3 行、1 列、2 层。

图 5-29　机器人码垛集成系统

操作步骤如下。

（1）双击桌面 PS 图标，打开 PS 软件，在欢迎界面，单击"系统根目录"输入框右侧的"浏览"按钮，更改文件路径，设置系统根目录（如"C:\temp5"），单击"新建研究"按钮，在弹出的"新建研究"对话框中单击"创建"，单击"确定"，完成新建研究的创建。将随书数据文件目录"...\Chapter5 Example\RobotStacking"下的"Robot.cojt""Table.cojt""Conveyer.cojt""Gripperflat.cojt""Momplate.cojt""Stack.cojt"复制到系统根目录下。在 PS 软件中，单击菜单栏"建模"→"组件"→"插入组件"，弹出"插入组件"对话框，在系统根目录下，按住"Ctrl"键，单击选中 ABBIRB120 机器人（Robot.cojt）、工作台（Table.cojt）、传输线（Conveyer.cojt）、平口手爪工具（Gripperflat.cojt）、母盘（Momplate.cojt）和码垛模块（Stack.cojt），单击"打开"，完成上述组件的插入，构建机器人码垛工作系统。

视频：例 5-3 操作
步骤

📖 注意

插入组件后，如果相机对机器人运动仿真有遮挡且导致绘图模块的位置不理想，则在对象树中单击"Conveyer.cojt"，单击"设置建模范围"，选择相机及其连接件，将其隐藏，单击"结束建模"。

（2）在对象树中单击"Robot"，单击"设置建模范围"，按照例 3-4 机器人定义的方法和步骤，对 ABB IRB120 机器人进行定义。机器人定义完成后，在对象树中单击"Robot"，单击"结束建模"。在机器人模型的任意位置单击鼠标右键，在弹出的快捷菜单中单击"机器人调整"按钮，弹出"机器人调整:Robot"对话框。按住鼠标左键将该模型沿着不同的轴拖动，观察机器人的姿态是否能够做出相应改变。

（3）在对象树中单击"Momplate"，单击"设置建模范围"，按照例 3-6 母盘定义的方法和步骤，对母盘进行设备定义和工具定义。右击机器人本体，在弹出的快捷菜单中单击"安装工具"，弹出"安装工具-机器人 Robot"对话框，单击母盘工具，单击"翻转工具"调整该工具的姿态，将母盘工具安装到机器人上。

（4）在对象树中单击"Gripper"，单击"设置建模范围"，按照例 3-5 平口手爪工具定义的方法和步骤，对其进行设备定义和工具定义。右击机器人本体，在弹出的快捷菜单中单击"安装工具"，弹出"安装工具-机器人 Robot"对话框，单击平口手爪工具，单击"翻转工具"调整该工具的姿态，将平口手爪工具安装到机器人上。

（5）单击"建模"→"布局"→"创建坐标系"→"在 2 点之间创建坐标系"，如图 5-30 所示，在传输带的起点和终点处创建坐标系"fr1"和"fr2"。重复创建坐标系操作，如图 5-31 所示，创建坐标系"fr3""fr4""fr5"，在对象树"坐标系"下，按住"Ctrl"键，分别单击上述坐标系，按"Ctrl+C"组合键复制，单击"坐标系"，按"Ctrl+V"组合键粘贴，获得坐标系"fr3_1""fr4_1""fr5_1"。单击坐标系"fr3_1"，按"Alt+P"组合键，弹出"放置操控器"对话框，单击"Z"，输入 12，按回车键，将坐标系"fr3_1"抬高12mm。用同样的操作，分别将坐标系"fr4_1"和"fr5_1"沿 z 轴方向抬高 12mm。

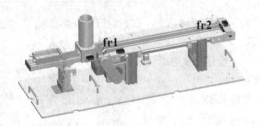

图 5-30　创建坐标系"fr1"和"fr2"

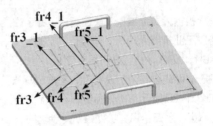

图 5-31　创建码垛放置坐标系

　📖 **注意**

创建坐标系 fr1 和 fr2 时，可选择传输线两边挡板底部边缘的关键点，用两点法创建，确保坐标系 fr1 和 fr2在 z 轴方向上高于传输面 3mm 左右。

（6）单击"建模"→"组件"→"插入组件"，在弹出的"打开"对话框中双击"Rectangle.cojt"，插入长方体工件（类型为"零件"）。在对象树中单击"Rectangle"，按"Alt+R"组合键，弹出"重定位"对话框，"从坐标系"设为"自身"，"到坐标系"设为"fr1"，将长方体工件移动到传输线的起点。

（7）单击"操作"→"创建操作"→"新建操作"→"新建复合操作"，新建复合操作"CompOp"。在操作树中单击"CompOp"，单击"操作"→"创建操作"→"新建操作"→"新建非仿真操作"，将"名称"修改为"Start"，单击"确定"。再次新建非仿真操作，将"名称"修改为"Createpart"，单击"确定"。在操作树中右击"Createpart"，在弹出的快捷菜单中单击"操作属性"，弹出"属性-Createpart"对话框，如图 5-32 所示。单击"产品"选项卡，单击"产品实例"，在对象树中单击"Rectangle"，将其添加到"产品实例"列表中。

（8）在操作树中单击"CompOp"，单击"操作"→"创建操作"→"新建操作"→"新建对象流操作"，弹出"新建对象流操作"对话框，如图 5-33 所示，"对象"选择"Rectangle"，"起点"设为"fr1"，"终点"设为"fr2"，"持续时间"设为"5"，单击"确定"。

（9）在操作树中单击"CompOp"，单击"操作"→"创建操作"→"新建操作"→"新建拾放操作"，弹出"新建拾放操作"对话框，如图 5-34 所示，"握爪"选择"Gripper"，"拾取"设为"fr2"，"放置"设为"fr3"，单击"确定"。

（10）在操作树中单击"拾取"，单击"操作"→"添加位置"→"在前面添加位置"，弹出"机器人调整-Robot"对话框，如图 5-35 所示，单击"Z"，输入 50，单击"确定"，添加过渡点"via"。重复添加位置点操作，如图 5-36 所示，在"拾取"后添加位置点"via"（可通过复制、粘贴、在路径编辑器中调整顺序，或者通过添加位置点后重命名来实现）。在"放置"前添加位置点"via1""via2"，"via1"在 z 轴方向比"放置"高 50，"via2"在 z 轴方向比"via1"高 150。在"放置"后添加位置点"via3"和"home"。

　📖 **注意**

"home"为机器人初始位置，在图形显示区右击机器人，在弹出的快捷菜单中单击"初始位置"，待机器人回到初始位置后，单击"操作"→"添加位置"→"添加当前位置"。

图 5-32 "属性-Createpart"对话框

图 5-33 "新建对象流操作"对话框

图 5-34 "新建拾放操作"对话框

（11）单击"操作"→"创建操作"→"新建操作"→"新建非仿真操作"，将"名称"修改为"Time"，"持续时间"设为 10000000（最大时间），确保长方体工件码垛后不会消失。

（12）在操作树中单击"CompOp"，单击"操作"→"创建操作"→"新建操作"→"新建拾放操作"，弹出"新建拾放操作"对话框，"握爪"选择"Gripper"，"拾取"设为"fr2"，"放置"设为"fr4"，单击"确定"，新建拾放操作"Robot_PNP_Op1"。再创建 4 个拾放操作，"拾放"均设为"fr2"，拾放操作"Robot_PNP_Op2"的"放置"设为"fr5"，拾放操作"Robot_PNP_Op3"的"放置"设为"fr5_1"，拾放操作"Robot_PNP_Op4"的"放置"设为"fr4_1"，拾放操作"Robot_PNP_Op5"的"放置"设为"fr3_1"。参考步骤（10），为各个拾放操作添加过渡点，结果如图 5-36 所示。

图 5-35 "机器人调整-Robot"对话框

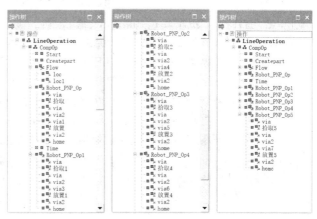

图 5-36 操作树

（13）保存研究，单击"主页"→"研究"→"生产线仿真模式"，从标准模式切换为生产线仿真模式。在操作树中右击"Createpart"，在弹出的快捷菜单中单击"生成外观"，将长方体工件显示出来。在图形显示区空白处单击鼠标右键，在弹出的快捷菜单中单击"选项"（或按"F6"键），弹出"选项"对话框，如图 5-37 所示，单击"PLC"选项，在"仿真"中单击"CEE（周期事件评估）"，单击"确定"（或按回车键）。

（14）单击"主页"→"查看器"→"物料流查看器"，打开物料流查看器，如图 5-38 所示，在操作树中，分别单击"Createpart""Flow""Robot_PNP_Op""Time"，按住鼠标左键将选中的对象拖动到物料查看器中。单击"新建物料流连接"按钮，按住鼠标左键拖动不同方框，以建立物料流连接。

图 5-37　"选项"对话框

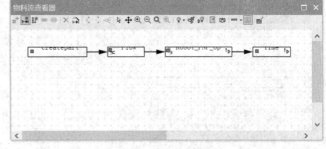

图 5-38　物料流查看器

（15）单击"主页"→"查看器"→"信号查看器"，打开信号查看器，如图 5-39 所示。在操作树中单击"Createpart"，单击"控件"→"操作信号"→"创建非仿真起始信号"按钮 ，则在信号查看器中增加新信号"Createpart_start"。在操作树中单击"Flow"，单击"控件"→"操作信号"→"创建所有流起始信号"按钮 ，在信号查看器中增加新信号"Flow_start"。

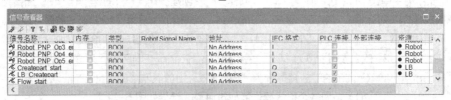

图 5-39　信号查看器

（16）单击"控件"→"资源"→"创建逻辑资源"，弹出"资源逻辑行为编辑器-LB"对话框。打开"入口"选项卡，如图 5-40 所示，添加布尔型变量"Createpart"，单击其右侧"连接的信号"列，单击"创建信号"下拉按钮，单击"Output"，自动创建连接信号"LB_Createpart"。继续添加布尔型变量"EndCreatepart"，单击其右侧"连接的信号"列，在信号查看器中单击"Createpart_end"，将其设为连接信号。打开"出口"选项卡，如图 5-41 所示，创建布尔型变量"Partcreate"，单击其右侧"连接的信号"列，在信号查看器中单击"Createpart_start"，在"值表达式"中输入"SR（Createpart, Endcreatepart）"，单击"确定"。

图 5-40　创建入口变量及连接信号

图 5-41　创建出口变量及连接信号

（17）单击"控件"→"调试"→"仿真面板"，打开仿真面板。在信号查看器中单击"LB_Createpart"，在仿真面板中单击"添加信号到查看器"按钮🖿，将信号"LB_Createpart"添加到仿真面板中，如图 5-42 所示，勾选"强制"列下方的复选框。

图 5-42　仿真面板

（18）将操作加入序列编辑器，按住"Shift"键或"Ctrl"键，单击各个操作，单击"链接"按钮🔗，如图 5-43 所示，建立仿真顺序。双击"Start"后的过渡标志✥，弹出"过渡编辑器-Start"对话框，如图 5-44 所示，单击"编辑条件"，输入"RE(LB_Createpart)"，单击"确定"。

图 5-43　序列编辑器

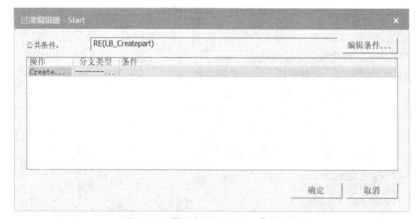

图 5-44　"过渡编辑器-Start"对话框

📖 注意

建立链接的具体操作为按住"Ctrl"键，按顺序单击"Start"和"Createpart"，单击"链接"按钮🔗；按住"Ctrl"键，按顺序单击"Createpart"和"Flow"，单击"链接"按钮；按住"Ctrl"键，按顺序单击"Flow"和"Robot_PNP_Op"，单击"链接"按钮；按住"Ctrl"键，按顺序单击"Robot_PNP_Op"和"Time"，单击"链接"按钮；按住"Ctrl"键，按顺序单击"Robot_PNP_Op"和"Robot_PNP_Op1"，单击"链接"按钮；

按住"Ctrl"键，按顺序单击"Robot_PNP_Op1"和"Robot_PNP_Op2"，单击"链接"按钮；按住"Ctrl"键，按顺序单击"Robot_PNP_Op2"和"Robot_PNP_Op3"，单击"链接"按钮；按住"Ctrl"键，按顺序单击"Robot_PNP_Op3"和"Robot_PNP_Op4"，单击"链接"按钮；按住"Ctrl"键，按顺序单击"Robot_PNP_Op4"和"Robot_PNP_Op5"，单击"链接"按钮。

（19）在序列编辑器中，单击"正向播放仿真"按钮。在仿真面板中，连续两次单击"LB_Createpart"信号右侧"强制值"列的小方框，检测到"LB_Createpart"的上升沿信号后，长方体工件开始在传输线上传输，到达传输线终点后，机器人夹取该工件，并将其放置在码垛模块上。当长方体工件被机器人拾取后，再次单击两次"LB_Createpart"信号右侧"强制值"列的小方框，则该工作系统产生新的长方体工件，并开始输送，重复上述操作，完成6个工件的产生、运输、搬运和码垛，如图5-45所示。

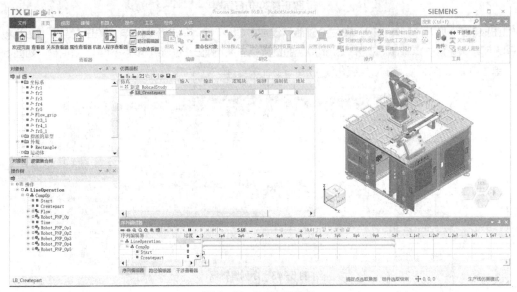

图5-45　机器码垛仿真

（20）在仿真的过程中，如果发现机器人的姿态不理想，可停止仿真，在操作树中单击需调整的点位，单击图形查看器工具栏中的"单个或多个位置操控"按钮，弹出"位置操控"对话框。如图5-46所示，单击"跟随模式"，通过旋转或平移，调整机器人的位置和姿态，单击"下一位置"按钮，逐个查看并调整每个点的姿态，直到所有的点位都符合要求为止。

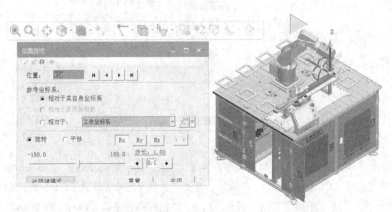

图5-46　通过"位置操控"对话框调整机器人的位置和姿态

任务 5.3 机器人装配集成系统仿真

工业现场的很多装配劳动已经被机器人所代替，这一方面可以降低工人的劳动强度，另一方面可以大大提高劳动生产效率，提高装配的精度。本任务主要通过工业机器人装配案例，进行 ABB IRB120 机器人定义、吸盘工具定义、装配夹具定义，设置工具坐标系，安装工具，并利用PS 软件的离线编程功能完成零件模型装配的仿真。

如图 5-47 所示，本任务的机器人装配集成系统主要由 ABB IRB120 机器人、平口手爪工具、吸盘工具、快换装置、母盘、工作台、立体仓库、传输线、旋转供料台和变位机等组成。待装配工件为一个电机外壳（黄色）和两个电机端盖（黄色、紫色）。装配时需将外壳放置在立体仓库上层，端盖放置在传输线上。

为方便调试，设计的装配过程分为两部分。

（1）机器人在快换装置上安装平口手爪工具，在立体仓库处拾取外壳工件，并将其放置在变位机上，使用夹紧装置将其固定，然后机器人返回快换装置处，卸掉平口手爪工具。

（2）通过传输线将紫色端盖输送到相机正下方，进行颜色识别，机器人在快换装置上换装吸盘工具，在传输线终点

图 5-47　工业机器人装配集成系统

拾取紫色端盖，并将其放置在旋转供料台上，旋转供料台转动一定角度；通过传输线将黄色端盖输送到相机正下方，变位机倾斜一定角度，机器人拾取黄色端盖，并将其装配到外壳。装配完成后，变位机复位，机器人卸掉快换装置处的吸盘工具，机器人回到初始位置。下面通过具体案例来说明工业机器人装配集成系统的仿真方法和流程。

【例 5-4】使用 PS 软件进行工业机器人装配工作过程仿真。机器人换装平口手爪工具，将外壳从立体仓库上层搬运到变位机处。

操作步骤如下。

（1）打开 PS 软件，新建标准模式研究，单击"建模"→"组件"→"插入组件"，弹出"插入组件"对话框，在系统根目录下，按住"Ctrl"键，单击 ABB IRB120 机器人（Robot.cojt）、工作台（Table.cojt）、传输线（Conveyer.cojt）、快换装置（Chang.cojt）、吸盘工具（Suckertool.cojt）、平口手爪工具（Gripperflat.cojt）、母盘（Momplate.cojt）、立体仓库（Warehouse.cojt）、旋转供料盘（Rotate.cojt）和变位机（Positioner.cojt），

视频：例 5-4 操作
步骤

单击"打开"，完成上述组件的插入。利用"重定位"或"放置操控器"，将吸盘工具和平口手爪工具定位到快换装置上，如图 5-47 所示。

（2）在对象树中单击"Robot"，单击"设置建模范围"，按照例 3-4 机器人定义的方法和步骤，对 ABB IRB120 机器人进行定义。机器人定义完成后，在对象树中单击"Robot"，单击"结束建模"。在机器人模型的任意位置单击鼠标右键，在弹出快捷菜单中单击"机器人调整"按钮 🔧，弹出"机器人调整:Robot"对话框。按住鼠标左键将该模型沿着不同的轴拖动，观察机器人的姿态是否能够做出相应改变。

（3）在对象树中单击"Momplate"，单击"设置建模范围"，按照例 3-6 母盘定义的方法和步骤，对母盘进行设备定义和工具定义。右击机器人本体，在弹出的快捷菜单中单击"安装工具"，弹出"安装工具-机器人 Robot"对话框，单击母盘工具，单击"翻转工具"调整母盘工具的姿态，将母盘工具安装到机器人上。

（4）在对象树中单击"Gripper"，单击"设置建模范围"，按照例 3-5 平口手爪工具定义的方法和步骤，对其进行设备定义和工具定义。

（5）在对象树中单击吸盘工具"Suckertool"，单击"设置建模范围"。单击"建模"→"布局"→"创建坐标系"→"通过 6 值创建坐标系"，创建图 5-48（a）所示的两个坐标系"fr1base"和"fr2tcp"。在对象树中单击"Suckertool"，单击"建模"→"运动学设备"→"工具定义"（如工具未定义过，弹出"工具定义"对话框，如图 5-48（b）所示，单击"确定"，弹出"工具定义-Suckertool"对话框，如图 5-48（c）所示。"工具类型"选择"握爪"，"TCP 坐标系"设为"fr2tcp"，"基准坐标系"设为"fr1base"，"抓握实体"选择下部黑色真空吸盘，"偏置"设为 1，单击"确定"，完成吸盘工具的定义。

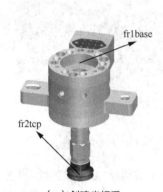

| （a）创建坐标系 | （b）"工具定义"对话框 | （c）"工具定义-Suckertool"对话框 |

图 5-48　定义吸盘工具

（6）在对象树中单击变位机"Positioner"，单击"设置建模范围"。单击"建模"→"运动学设备"→"运动学编辑器"，弹出运动学编辑器，如图 5-49 所示。创建"Base""lnk1""lnk2"3 个连杆，其中"Base"连杆包括所有固定零件，"lnk1"连杆包括抓手、平板、气缸、联轴器和旋转轴等运动零件，"lnk2"连杆为推杆。在"Base"连杆和"lnk1"连杆之间创建旋转关节"j1"，并将旋转轴设为转轴。在"lnk1"连杆和"lnk2"连杆之间创建移动关节"j2"，设置推杆方向为运动方向。单击"打开姿态编辑器"按钮 ，弹出"姿态编辑器-Positioner"对话框，单击"新建"，创建"CLOSE"和"ROTATE"两个姿态，如图 5-50 所示，其中"ROTATE"姿态中的"j1"值设为-15，"j2"值设为 45，"CLOSE"姿态中的"j1"值设为 0，"j2"值设为 45，"HOME"姿态保持默认设置，即"j1"和"j2"值均为 0。

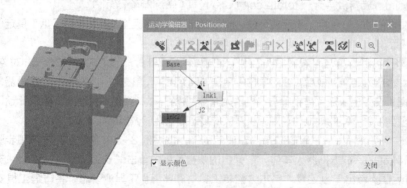

图 5-49　定义变位机的运动学

图 5-49（彩色）

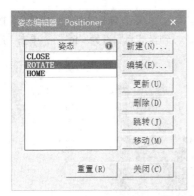
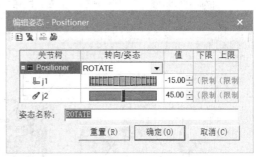

图 5-50　定义变位机的姿态

（7）在对象树中单击旋转供料盘"Rotate"，单击"设置建模范围"。单击"建模"→"运动学设备"→"运动学编辑器"，弹出运动学编辑器，如图 5-51 所示。创建"lnk1""lnk2"两个连杆，其中"lnk1"连杆包括旋转供料盘所有固定零件，"lnk2"连杆包括上部放料盘和旋转轴等运动零件。在"lnk1"连杆和"lnk2"连杆之间创建旋转关节"j1"，设置旋转轴为转轴。在运动学编辑器中单击"打开姿态编辑器"按钮 🗗，弹出"姿态编辑器-Rotate"对话框，如图 5-52 所示，单击"新建"，创建"Rotateone"姿态，"j1"值设为60，姿态"HOME"保持默认设置。

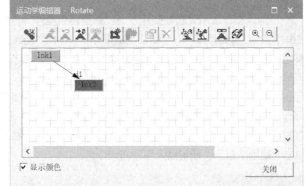

图 5-51（彩色）

图 5-51　定义旋转供料盘的运动学

图 5-52　定义旋转供料盘的姿态

（8）单击"建模"→"布局"→"创建坐标系"，使用"通过 6 值创建坐标系""在圆心创建坐标系""在2 点之间创建坐标系"等，分别在立体仓库上层、传输线起点上方、传输线终点上方、变位机夹爪、旋转供料盘上方、平口手爪工具基准点、吸盘工具基准点、平口手爪 TCP、吸盘工具 TCP 处，创建坐标系"fr1""fr2""fr3""fr4""fr5""fr6""fr7""fr8""fr9"，如图 5-53 所示。单击"建模"→"组件"→"插入组件"，弹出"插入组件"对话框，双击"Shell.cojt"文件夹，将外壳零件插入。在对象树中单击"外壳"，按"Alt+R"组合键，弹出"重定位"对话框，"从坐标系"设为"自身"，"到坐标系"设为"fr1"，单击"应用"，单击"关闭"。

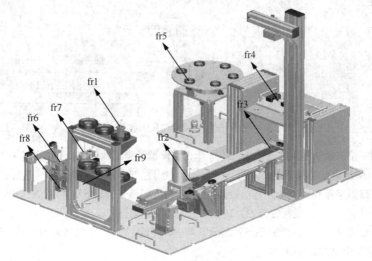

图 5-53　创建坐标系

（9）单击"操作"→"创建操作"→"新建操作"→"新建复合操作"，新建复合操作"CompOp"。单击"操作"→"创建操作"→"新建操作"→"新建拾放操作"，弹出"新建拾放操作"对话框，如图 5-54 所示，将"名称"修改为"取平口手爪"，"握爪"选择母盘"Momplate"，"拾取"点设为"fr6"（平口手爪工具基准点处），单击"确定"，创建"取平口手爪"拾取操作。

（10）在图形显示区中右击机器人本体，在弹出的快捷菜单中单击"关节调整"，弹出"关节调整-Robot"对话框，如图 5-55 所示，将"j1"关节值修改为-90，按回车键，单击"关闭"。在操作树中单击"拾取"点，单击"操作"→"添加位置"→"添加当前位置"，添加过渡点"via"。在图形显示区中右击机器人本体，在弹出的快捷菜单中单击"初始位置"，使机器人回到初始位置。

图 5-54　"新建拾放操作"对话框（1）

图 5-55　"关节调整-Robot"对话框

（11）在操作树中单击"CompOp"，打开路径编辑器，单击"向编辑器添加操作"，将"CompOp"添加到路径编辑器，将"via"点移动到"拾取"点前。在操作树中单击"拾取"点，单击图形查看器工具栏中的"单个或多个位置操控"按钮 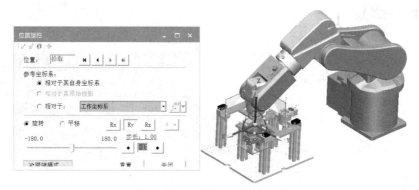，弹出"位置操控"对话框，如图 5-56 所示。调整"Ry""Rz"，调整机器人的姿态，单击"关闭"。

图 5-56 "位置操控"对话框

（12）在操作树（见图 5-57）中单击"拾取"点，单击"操作"→"添加位置"→"在前面添加位置"，在弹出的"机器人调整-Robot"对话框中，单击"Z"，输入 50，按回车键，单击"关闭"，在"拾取"点前添加过渡点"via1"。重复操作，在"via1"点前添加过渡点"via2"，其在 z 轴方向上比"via1"点高 150。

（13）打开路径编辑器，单击"定制列"按钮  ▼，打开"定制列"对话框，如图 5-58 所示。打开"常规"，单击左侧的"离线编程命令"，单击"添加到显示的列"按钮 ，将其添加到右侧显示列，单击"确定"。打开路径编辑器，可发现显示的列中已包含"离线编程命令"，如图 5-59 所示。单击"拾取"右侧"Motion Type"列的下拉按钮，在下拉列表中单击"LIN"，将运动类型改为线性运动，防止碰撞。

图 5-57 操作树

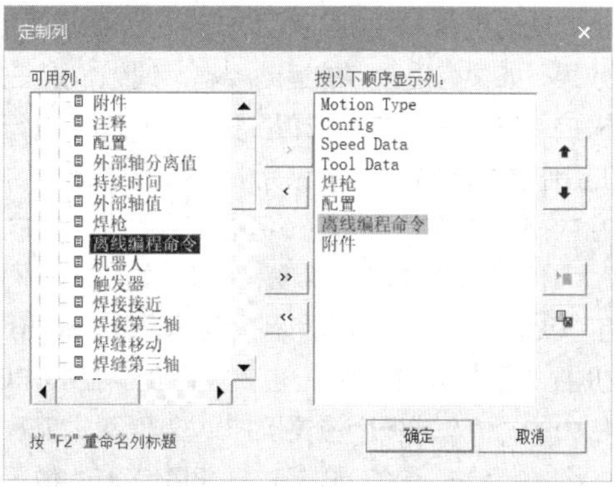

图 5-58 "定制列"对话框

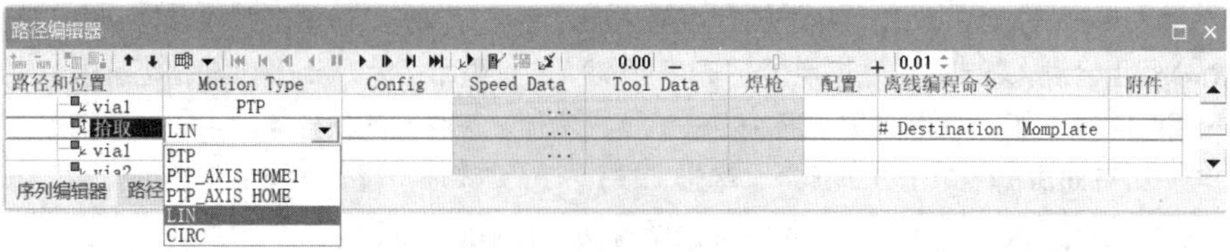

图 5-59 路径编辑器

（14）通过拾取操作，虽然平口手爪工具能跟机器人一起运动，但是机器人的工具坐标系并未更新。在路径编辑器中，单击"拾取"行右侧"离线编程"列，弹出图 5-60 所示的"default-via1"对话框，单击"全部"，清除所有命令。依次单击"添加"→"Standard Commands"→"ToolHandling"→"Mount"，弹出"Mount"

对话框，如图 5-61 所示。"工具"选择平口手爪工具"Gripper"（在对象树中单击），"新 TCPF"选择平口手爪工具的 TCP，单击"确定"，单击"Close"，完成平口手爪工具的安装。

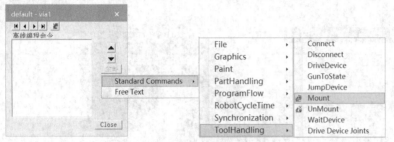

图 5-60 "default-via1"对话框

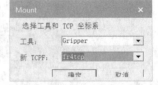

图 5-61 "Mount"对话框

（15）将"取平口手爪"操作添加到序列编辑器，单击"正向播放"按钮，观察机器人运动仿真效果，在操作树中单击选中"拾取"，单击"操作"→"添加位置"→"在后面添加位置"，弹出"机器人调整-Robot"对话框，此时机器人的 TCP 已经更新为平口手爪的 TCP。单击"Z"，输入 50，按回车键，单击"关闭"，在"拾取"点后添加过渡点"via3"。重复操作，在"via3"后添加过渡点"via4"，"via4"点比"via3"点在 z 轴方向高 70，在 y 轴方向移动 150。在图形显示区中右击机器人本体，在弹出的快捷菜单中单击"初始位置"，机器人回到初始位置。单击"操作"→"添加位置"→"添加当前位置"，在"via4"点后添加过渡点，按"F2"键，修改新加过渡点的名字为"home"。

（16）在序列编辑器中，单击"将仿真跳转至起点"。在操作树中，单击平口手爪工具"Gripper"，按"Alt+R"组合键，弹出"重定位"对话框，"从坐标系"设为"fr4tcp"（平口手爪工具的 TCP），"到坐标系"设为"fr8"，单击"应用"，单击"关闭"。此时，机器人的 TCP 还未复位，右击机器人本体，在弹出的快捷菜单中单击"安装工具"，弹出"安装工具-机器人 Robot"对话框，单击母盘工具，将母盘工具安装到机器人上，此时机器人的 TCP 回到母盘上。在序列编辑器中，单击"正向播放仿真"按钮，观察机器人的运动仿真效果，如果有位置点的运动姿态不理想，则在操作树单击该点，单击图形查看器工具栏中的"单个或多个位置操控"按钮，在"位置操控"对话框中进行调整，直到满意为止。

（17）在操作树中单击"CompOp"，单击"操作"→"创建操作"→"新建操作"→"新建拾放操作"，弹出"新建拾放操作对话框"，将"名称"修改为"拾放外壳"，"握爪"选择平口手爪工具"Gripper"，"拾取"点设为"fr1"，"放置"点设为"fr4"，单击"确定"，创建"拾放外壳"操作。

（18）将"CompOp"操作添加到序列编辑器，单击"正向播放仿真"按钮，观察机器人的运动仿真效果，可以观察到机器人运动到"home"位置后停止。在操作树中单击"拾放外壳"下的"拾取 1"点，单击图形查看器工具栏中的"单个或多个位置操控"按钮，打开"位置操控"对话框，如图 5-62 所示，单击"Rx"，调整机器人的姿态，单击"Y"或"Z"，调整夹持的位置，单击"关闭"。在操作树中单击"拾取 1"点，单击"操作"→"添加位置"→"在前面添加位置"，弹出"机器人调整-Robot"对话框。单击"Z"，输入 100，按回车键，单击"关闭"，在"拾取 1"点前添加过渡点"via5"。单击"via5"，按"Ctrl+C"组合键以及"Ctrl+V"组合键，复制并粘贴该点位，按"F2"键，将其重命名为"via6"，在路径编辑器中，将"via6"点移动到"拾取 1"点之后。在图形显示区中右击机器人本体，在弹出的快捷菜单中单击"初始位置"，机器人回到初始位置。在对象树中单击"via6"，单击"操作"→"添加位置"→"添加当前位置"，在"via6"点后添加过渡点，按"F2"键，修改新加过渡点的名字为"home"。

（19）在操作树中单击"拾放外壳"下的"放置"点，单击图形查看器工具栏中的"单个或多个位置操控"按钮，打开"位置操控"对话框，如图 5-63 所示，设置旋转轴的相关参数调整机器人姿态，设置平移轴的相关参数调整"放置"点的位置，单击"关闭"。在操作树中单击"放置"，单击"操作"→"添加位置"→"在前面添加位置"，弹出"机器人调整-Robot"对话框。单击"Y"，输入-100，按回车键，单击"关闭"，在"放置"点前添加过渡点"via7"。单击"via7",按"Ctrl+C"组合键以及"Ctrl+V"组合键,复制并粘贴该点位,按"F2"键,将其重命名为"via8"。在图形显示区中右击机器人本体,在弹出的快捷菜单中单击"初始位置",机器人回到初始位置。在对象树中单击"via8",单击"操作"→"添加位置"→"添加当前位置",在"via8"点后添加过渡点,按"F2"键,修改名字为"home"。

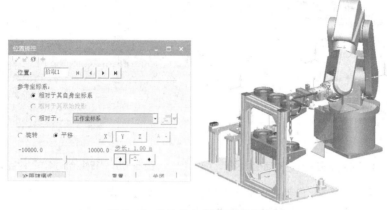

图 5-62　拾取外壳"位置操控"对话框

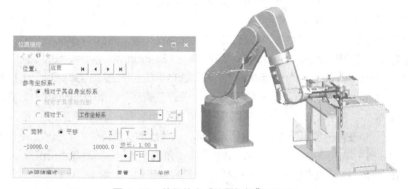

图 5-63　放置外壳"位置操控"对话框

（20）在操作树中单击"CompOp",单击"操作"→"创建操作"→"新建操作"→"新建设备操作",弹出"新建设备操作"对话框,如图 5-64 所示,将"名称"修改为"夹紧外壳","设备"选择变位机"Positioner","从姿态"保持默认的"（当前姿态）","到姿态"设为"CLOSE","持续时间"设为 2,单击"确定",创建"夹紧外壳"操作。在序列编辑器中,右击"夹紧外壳"操作,在弹出的快捷菜单中单击"附加事件",弹出"附加个对象（夹紧外壳）"对话框,"要附加的对象"选择"外壳","到对象"选择变位机 Positioner 中的"lnk1",设置操作在"任务开始后"的"0"秒开始,单击"确定"。

（21）在序列编辑器中,单击"将仿真跳转至起点"。将"CompOp"操作添加到序列编辑器。在序列编辑器中,按住"Ctrl"键,依次选中"取平口手爪""拾放外壳"和"夹紧外壳",单击"链接"按钮,将上述 3 个操作链接,单击"正向播放仿真"按钮,观察仿真效果,单击"将仿真跳转至起点"按钮,退出仿真。

（22）在操作树中单击"CompOp",单击"操作"→"创建操作"→"新建操作"→"新建拾放操作",弹出"新建拾放操作对话框",如图 5-65 所示,将"名称"修改为"放平口手爪","握爪"选择平口手爪"Gripper","放置"设为"fr8",单击"确定",创建"放平口手爪"操作。

（23）将"CompOp"操作添加到序列编辑器。在序列编辑器中,按住"Ctrl"键,依次选中"取平口手爪""拾放外壳""夹紧外壳"和"放平口手爪",单击"链接"按钮,将上述 4 个操作链接,单击"正向播放仿真"按钮，可以观察到机器人运动到"fr8"后停止。

图 5-64 "新建设备操作"对话框

图 5-65 "新建拾放操作"对话框（2）

（24）在操作树中单击"放平口手爪"下的"放置 1"点，单击"操作"→"添加位置"→"在前面添加位置"，弹出"机器人调整-Robot"对话框。单击"Z"，输入 50，按回车键，单击"关闭"，在"放置 1"点前添加过渡点"via9"。重复操作，在"via9"前添加"via10"，单击"Z"，输入 150，按回车键，单击"X"，输入-200，按回车键，单击"关闭"。

（25）在路径编辑器中，单击"放置 1"行右侧"离线编程"列，弹出"default-via1"离线编程命令对话框，单击"全部"，清除所有命令。依次单击"添加"→"Standard Commands"→"ToolHandling"→"UnMount"，弹出"UnMount"对话框。"工具"选择平口手爪工具"Gripper"（在对象树单击），"新 TCPF"选择"fr4tcp"（平口手爪工具的 TCP），单击"确定"，单击"Close"，完成平口手爪工具的卸载。单击"via10"，按"Ctrl+C"组合键以及"Ctrl+V"组合键，复制并粘贴该点位，按"F2"键，将其重命名为"via11"。在图形显示区中右击机器人本体，在弹出的快捷菜单中单击"初始位置"，机器人回到初始位置。在对象树中单击"via11"，单击"操作"→"添加位置"→"添加当前位置"，在"via11"点后添加过渡点，按"F2"键，修改名字为"home"。在路径编辑器中，单击"via11"右侧"离线编程"列，弹出"default-via11"对话框，依次单击"添加"→"Standard Commands"→"ToolHandling"→"Mount"，弹出"Mount"对话框，"工具"选择母盘"Momplate"，"新 TCPF"选择"fr1tcp"（母盘 TCP），单击"确定"，单击"Close"。

（26）在序列编辑器中，单击"将仿真跳转至起点"。在序列编辑器中，单击"正向播放仿真"按钮，观察机器人运动仿真的效果。至此，本案例的机器人取放电机外壳模型的运动仿真完成。

【例 5-5】在例 5-4 的基础上，继续使用 PS 软件进行工业机器人装配工作过程仿真，机器人换装吸盘工具，将端盖从传输线上拾取、搬运、装配到外壳上。

视频：例 5-5 操作步骤

操作步骤如下。

（1）单击"建模"→"组件"→"插入组件"，弹出的"插入组件"对话框，双击"cover.cojt"文件夹，将端盖零件插入。在对象树中单击"端盖"，按"Alt+R"组合键，弹出"重定位"对话框，"从坐标系"设为"自身"，"到坐标系"设为"fr2"，单击"应用"，单击"关闭"。

（2）在操作树中单击"CompOp"，单击"操作"→"创建操作"→"新建操作"→"新建对象流操作"，弹出"新建对象流操作"对话框，如图 5-66 所示，将"名称"修改为"输送紫色端盖"，"对象"选择"端盖"（在对象树中单击），"起点"设为"fr2"，"终点"设为"fr3"，"持续时间"设为 3，单击"确定"，创建对象流操作。在操作树中右击"输送紫色端盖"，在弹出的快捷菜单中单击"设为当前操作"。在序列编辑器中右击"输送紫色端盖"操作，在弹出的快捷菜单中单击"突显事件"，弹出"突显事件"对话框。"突显颜色"设为紫色，"要突显的对象"选择"端盖"（在对象树中单击），保持模式"任务开始后"的"0"秒，单击"确定"。

（3）在操作树中单击"CompOp"，单击"操作"→"创建操作"→"新建操作"→"新建拾放操作"，弹出"新建拾放操作"对话框，如图 5-67 所示，将"名称"修改为"取吸盘工具"，"握爪"选择母盘"Momplate"，"拾取"点设为"fr7"（吸盘工具基准点处），单击"确定"，创建"取吸盘工具"操作。

图 5-66 "新建对象流操作"对话框

图 5-67 "新建拾放操作"对话框

（4）在路径编辑器中，单击"拾取 2"行右侧"离线编程"列，弹出"default-via1"对话框，单击"全部"，清除所有命令。依次单击"添加"→"Standard Commands"→"ToolHandling"→"Mount"，弹出"Mount"对话框。"工具"选择平口手爪工具"Suckertool"（在对象树中单击），"新 TCPF"选择"fr2tcp"（吸盘工具的 TCP），单击"确定"，单击"关闭"，完成吸盘工具的安装。

（5）在操作树中单击"取吸盘工具"下的"拾取 2"点，单击图形查看器工具栏中的"单个或多个位置操控"按钮 ，打开"位置操控"对话框，单击"Rz"，调整相关参数让机器人绕该轴旋转 180°，使母盘和吸盘工具的接线盒对齐，单击"关闭"。单击"操作"→"添加位置"→"在前面添加位置"，弹出"机器人调整-Robot"对话框。单击"Z"，输入 50，按回车键，单击"关闭"，在"拾取 2"点前添加过渡点"via12"。重复操作，在"via12"前添加"via13"，单击"Z"，输入 150，按回车键，单击"关闭"。在图形显示区中右击机器人本体，在弹出的快捷菜单中单击"初始位置"，机器人回到初始位置。

（6）在操作树中右击"取吸盘工具"，在弹出的快捷菜单中单击"设置当前操作"，将其添加到序列编辑器。单击"正向播放仿真"按钮，可以观察到机器人运动到"拾取 2"位置停止。在操作树中单击"拾取 2"点，单击"操作"→"添加位置"→"在后面添加位置"，弹出"机器人调整-Robot"对话框。单击"Z"，输入 50，按回车键，单击"关闭"，在"拾取 2"点后添加过渡点"via14"。在图形显示区中右击机器人本体，在弹出的快捷菜单中单击"初始位置"，机器人回到初始位置。在对象树中单击"via14"，单击"操作"→"添加位置"→"添加当前位置"，在"via14"点后添加过渡点，按"F2"键，修改名字为"home"。

（7）在序列编辑器中，单击"将仿真跳转至起点"按钮。在对象树中单击吸盘工具"Suckertool"，按"Alt+R"组合键，弹出"重定位"对话框，"从坐标系"设为"fr2tcp"（吸盘工具的 TCP），"到坐标系"设为"fr9"，单击"应用"，单击"关闭"。此时，机器人的 TCP 还未复位。右击机器人本体，在弹出的快捷菜单中单击"安装工具"，弹出"安装工具-机器人 Robot"对话框，单击母盘工具调整相关参数，将母盘工具安装到机器人上，此时，机器人的 TCP 回到母盘上。

（8）在操作树中单击"CompOp"，单击"操作"→"创建操作"→"新建操作"→"新建拾放操作"，弹出"新建拾放操作"对话框。将"名称"修改为"拾放紫色端盖"，"握爪"选择吸盘工具"Suckertool"，"拾取"点设为"fr3"，"放置"点设为"fr5"，单击"确定"，创建"拾放紫色端盖"操作。

（9）在操作树中单击"拾取 3"点，单击"操作"→"添加位置"→"在前面添加位置"，弹出"机器人调整-Robot"对话框。单击"Z"，输入 50，按回车键，单击"关闭"，在"拾取 3"点前添加过渡点"via15"。重复操作，在"via15"前添加"via16"，单击"Z"，输入 150，按回车键，单击"关闭"。单击"via15"，按"Ctrl+C"组合键以及"Ctrl+V"组合键，复制并粘贴该点位，按"F2"键，将其重命名为"via17"。重复操作，单击"via16"，按"Ctrl+C"组合键以及"Ctrl+V"组合键，复制并粘贴该点位，按"F2"键，将其重命名为"via18"。在路径编辑器中，将"放置 2"点移动到"via18"之后。在操作树中单击"放置 2"点，单击"操作"→"添加位置"→"在前面添加位置"，弹出"机器人调整-Robot"对话框。单击"Z"，输入 50，按回车键，单击"关闭"，在"放置 2"点前添加过渡点"via19"。重复操作，在"via19"前添加"via12"，单击"Z"，输入 150，按回车键，单击"关闭"。单击"via19"，按"Ctrl+C"组合键以及"Ctrl+V"组合键，复制并粘贴该点位，按"F2"键，将其重命名为"via21"。重复操作，单击"via20"，按"Ctrl+C"组合键以及"Ctrl+V"组合键，复制并粘贴该点位，按"F2"键，将其重命名为"via22"。在图形显示区中右击机器人本体，在弹出的快捷菜单中单击"初始位置"，机器人回到初始位置。在操作树中单击"via22"，单击"操作"→"添加位置"→"添加当前位置"，在"via22"点后添加过渡点，按"F2"键，修改名字为"home"。

（10）在操作树中单击"CompOp"，单击"操作"→"创建操作"→"新建操作"→"新建设备操作"，弹出"新建设备操作"对话框。将"名称"修改为"旋转供料盘转动"，"设备"选择旋转供料盘"Rotate"，"从姿态"保持默认的"（当前姿态）"，"到姿态"设为"Rotateone"，"持续时间"修改为 2，单击"确定"，创建"旋转供料盘转动"操作。在序列编辑器中，右击"旋转供料盘转动"操作，在弹出的快捷菜单中单击"附加事件"，弹出"附加个对象（旋转供料盘转动）"对话框，"要附加的对象"选择"端盖"，"到对象"选择旋转供料盘的"lnk1"，在"任务开始后"的"0"秒开始，单击"确定"。

（11）在操作树中单击"CompOp"，单击"操作"→"创建操作"→"新建操作"→"新建非仿真操作"，弹出"新建非仿真操作"对话框。"名称"修改为"黄色端盖显现"，"持续时间"设为 0，单击"确定"，创建非仿真操作。在操作树中右击该操作，在弹出的快捷菜单中单击"操作属性"，弹出"属性-黄色端盖显现"对话框，打开"产品"选项卡，在对象树中单击"端盖"，将其添加到"产品实例"列表，单击"确定"。

（12）在操作树中单击"CompOp"，单击"操作"→"创建操作"→"新建操作"→"新建对象流操作"，弹出"新建对象流操作"对话框。将"名称"修改为"输送黄色端盖"，"对象"选择"端盖"（在对象树中单击），"起点"设为"fr2"，"终点"设为"fr3"，"持续时间"设为 3，单击"确定"，创建对象流操作。在操作树中右击"输送黄色端盖"，在弹出的快捷菜单中单击"设为当前操作"。在序列编辑器中右击"输送黄色端盖"操作，在弹出的快捷菜单中单击"突显事件"，弹出"突显事件"对话框。"突显颜色"设为黄色，"要突显的对象"选择"端盖"（在对象树中单击），保持"任务开始后"的"0"秒，单击"确定"。

（13）在操作树中单击"CompOp"，单击"操作"→"创建操作"→"新建操作"→"新建设备操作"，弹出"新建设备操作"对话框，如图 5-68 所示。将"名称"修改为"变位机旋转"，"设备"选择变位机"Positioner"，"从姿态"设为"CLOSE"，"到姿态"设为"ROTATE"，"持续时间"设为 2，单击"确定"，创建"变位机旋转"操作。

（14）在对象树中单击零件"外壳"，单击"设置建模范围"，在弹出的对话框中单击"确定"。单击"建模"→"布局"→"创建坐标系"→"在 2 点之间创建坐标系",弹出图 5-69 所示的"通过 2 点创建坐标系"对话框,在外壳顶部中心创建坐标系"fr1",该坐标系能够随着外壳运动。

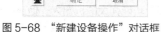

图 5-68 "新建设备操作"对话框

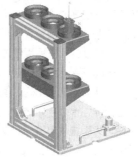

图 5-69 创建外壳自身坐标系"fr1"

(15)将"CompOp"复合操作添加到序列编辑器,按前后顺序将所有操作链接,单击"正向播放仿真"按钮,可以观察到机器人经过一系列运动后回到"home"点,并且变位机倾斜一定角度。此时,在操作树中单击"CompOp",单击"操作"→"创建操作"→"新建操作"→"新建拾放操作",弹出"新建拾放操作"对话框。将"名称"修改为"拾放黄色端盖","握爪"选择吸盘工具"Suckertool","拾取"点设为"fr3","放置"点设为步骤(14)创建的外壳自身的坐标系"fr1"(在图形显示区单击外壳上方出现的坐标系,该坐标系显示为"外壳"),单击"确定",创建"拾放黄色端盖"操作。

(16)在操作树中单击"拾取 4"点,单击"操作"→"添加位置"→"在前面添加位置",弹出"机器人调整-Robot"对话框。单击"Z",输入 50,按回车键,单击"关闭",在"拾取 4"点前添加过渡点"via23"。重复操作,在"via23"前添加"via24",单击"Z",输入 150,按回车键,单击"关闭"。单击"via23",按"Ctrl+C"组合键以及"Ctrl+V"组合键,复制并粘贴该点位,按"F2"键,将其重命名为"via25"。重复操作,单击"via24",按"Ctrl+C"组合键以及"Ctrl+V"组合键,复制并粘贴该点位,按"F2"键,将其重命名为"via26"。在路径编辑器中,将"放置 3"点移动到"via26"之后。

(17)在操作树中单击"放置 3"点,单击"操作"→"添加位置"→"在前面添加位置",弹出"机器人调整-Robot"对话框。单击"Z",输入 50,按回车键,单击"关闭",在"放置 3"点前添加过渡点"via27"。重复操作,在"via27"前添加"via28",单击"Z",输入 150,按回车键,单击"关闭"。单击"via27",按"Ctrl+C"组合键以及"Ctrl+V"组合键,复制并粘贴该点位,按"F2"键,将其重命名为"via29"。重复操作,单击"via28",按"Ctrl+C"组合键以及"Ctrl+V"组合键,复制并粘贴该点位,按"F2"键,将其重命名为"via30"。在图形显示区中右击机器人本体,在弹出的快捷菜单中单击"初始位置",机器人回到初始位置。在操作中单击"via30",单击"操作"→"添加位置"→"添加当前位置",在"via30"点后添加过渡点,按"F2"键,修改名字为"home"。

(18)在序列编辑器中,单击"将仿真跳转至起点"按钮,单击"正向播放仿真"按钮,观察机器人运动仿真的效果。至此,本案例的机器人装配电机外壳和端盖模型的运动仿真完成。

【项目小结】

本项目介绍了工业机器人应用编程 1+X 考证实训平台的典型工作案例,包括工业机器人写字、工业机器人码垛和工业机器人装配。通过对本项目的学习,学生可以深入了解工业机器人应用编程 1+X 考证实训平台的设备结构,了解写字、码垛和装配的工作过程、路径规划,掌握工业机器人离线编程的方法和流程。本项目还可通过对机器人典型工程案例的剖析和仿真,培养学生的机器人编程和集成应用能力。

【扩展阅读】

案例："机器人专家"蒋刚——以工匠精神打造未来科技。

国家互联网信息办公室和中华全国总工会联合开展的"中国梦·大国工匠篇"大型主题宣传活动报道了西南科技大学蒋刚"爱岗敬业，用心育人"的事迹。蒋刚亲身经历了 2008 年汶川大地震，并参与了灾后救援，因工作表现出色获评"灾后重建先进个人""优秀共产党员"。事后，蒋刚萌生了研发救援机器人的想法。灾后救援，道路崎岖不平、路面松软、障碍物较高等复杂非结构路况环境是最大的困难。他发挥自己在机器人方面的专业特长，认真对比了轮式、履带式的救援设备，产生了研制多足机器人的灵感。蒋刚秉承"专注、精益求精"的工匠精神，十余年如一日，致力于机电一体化、机器人技术研究和教学工作，目前已经成功研制"龙骑战神军民两用大型重载电液伺服驱动六足机器人""危险环境智能探测机器人""基于小型反应堆的可移动式中子成像检测多功能承载机器人""节能环保警民两用智能平衡巡逻装备"等多个功能强大的机器人。他还创立了西南科技大学先进机电技术创新团队，为社会培养输送高端科技精英人才 700 多人，多次率队参加全国机器人大赛、全国电子设计竞赛等科技竞赛，获全国一等奖 11 项。

【思考与练习】

【练习 5-1】利用工业机器人应用编程 1+X 考证实训平台的三维模型，在 PS 软件中创建工业机器人模拟涂胶集成系统，进行工业机器人涂胶仿真。

【练习 5-2】在例 5-1 和例 5-2 的基础上，导入"山"字绘图模块，利用 PS 软件进行机器人写"山"字的虚拟仿真。

【练习 5-3】在例 5-3 的基础上，利用 PS 软件进行机器人搬运集成系统的虚拟仿真。

【练习 5-4】在例 5-4 和例 5-5 的基础上，参考相关资料，利用 TIA 博途软件和 PS 软件进行软件在环虚拟调试。

项目6
工业机器人焊接集成系统仿真

06

【学习目标】

知识目标

（1）了解工业机器人焊枪定义的方法；

（2）了解工业机器人焊点或焊缝的生成方法；

（3）掌握工业机器人焊接操作的创建方法；

（4）掌握工业机器人焊接路径的优化方法。

能力目标

（1）能够正确创建工业机器人焊接集成系统数字化模型；

（2）能够对焊接机器人及导轨、变位机等常用外围设备进行连接和控制；

（3）能够按照实际需求编写弧焊、点焊机器人应用程序。

素质目标

（1）具有良好的职业道德、扎实的实践能力、较强的创新能力；

（2）能够适应职业岗位的变化，按照实际需求搭建对应的焊接机器人仿真环境，进行离线编程。

【学习导图】

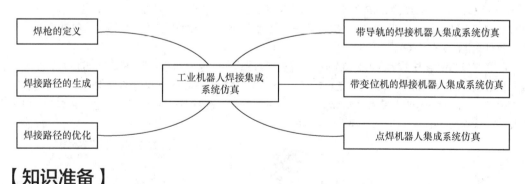

【知识准备】

知识 6.1　焊枪的定义

　　焊枪是一种比较特殊的末端执行器，安装在焊接机器人末端 6 轴法兰上，用于完成各种焊接任务。按照功能不同，焊枪可以分为弧焊焊枪和点焊焊枪两大类。弧焊焊枪不需要创建运动关系和姿态。下面结合具体实例来说明弧焊焊枪和点焊焊枪的定义方法和流程。

【例 6-1】使用 PS 软件的"工具定义"等操作对弧焊焊枪进行设备定义。

操作步骤如下。

（1）打开 PS 软件，单击"文件"→"断开研究"→"新建研究"，弹出"新建研究"对话框，单击"创建"，完成新研究的创建。

视频：例 6-1 操作步骤

（2）单击"文件"→"导入/导出"→"转换并插入 CAD 文件"，弹出"转换并插入 CAD 文件"对话框。单击"添加"，弹出"打开"对话框，选择"Arc Weld_Gun.jt"文件，单击"打开"，弹出"文件导入设置"对话框。"基本类"选择"资源"，"复合类"选择"PmCompoundResource"，"原型类"选择"Gun"，勾选"插入组件"复选框，单击"确定"，返回"转换并插入 CAD 文件"对话框，单击"导入"，导入结果如图 6-1 所示。

（3）在对象树中单击"Arc Weld_Gun.jt"，单击"建模"选项卡下的"设置建模范围"，将模型中的对象激活，并将建模范围更改为"Arc Weld_Gun"。

（4）为了便于定义工具，先创建两个坐标系。单击"建模"→"创建坐标系"→"在圆心创建坐标系"，弹出"在圆心创建坐标系"对话框，如图 6-2 所示，分别单击圆弧边缘上 3 个点，单击"确定"，按"F2"键将坐标系重命名为"guntcp"。在对象树中单击坐标系"guntcp"，按"Alt+P"组合键，弹出"放置操控器"对话框，单击"Z"，输入-20（焊丝终端），按回车键，单击"关闭"。

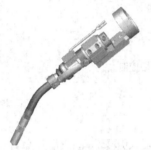

图 6-1　导入弧焊焊枪模型　　　　　图 6-2　创建 TCP 坐标系"guntcp"

（5）单击"建模"→"创建坐标系"→"在圆心创建坐标系"，弹出"在圆心创建坐标系"对话框，如图 6-3 所示，分别单击圆弧边缘上 3 个点，单击"确定"，按"F2"键将坐标系重命名为"gunbase"。在对象树中单击坐标系"gunbase"，按"Alt+P"组合键，弹出"放置操控器"对话框，单击"Rx"，输入 180，按回车键，单击"关闭"。

（6）在对象树中单击"Arc Weld_Gun"，单击"建模"→"运动学设备"→"工具定义"，弹出"工具定义"对话框，单击"确定"，弹出"工具定义-Arc Weld_Gun"对话框，如图 6-4 所示。"工具类型"选择"焊枪"，"TCP 坐标系"设为"guntcp"，"基准坐标系"设为"gunbase"，单击"确定"，退出"工具定义-Arc Weld_Gun"对话框，完成弧焊焊枪工具的定义。

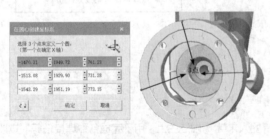

图 6-3　创建基准坐标系"gunbase"　　　　图 6-4　"工具定义-Arc Weld_Gun"对话框

【例 6-2】使用 PS 软件的"运动学编辑器"等工具对点焊焊枪进行设备定义。

操作步骤如下。

视频：例 6-2 操作
步骤

（1）打开 PS 软件，单击"文件"→"断开研究"→"新建研究"，弹出"新建研究"对话框，单击"创建"，完成新研究的创建。

（2）单击"文件"→"导入/导出"→"转换并插入 CAD 文件"，弹出"转换并插入 CAD 文件"对话框。单击"添加"，弹出"打开"对话框，选择"Spot Weld_Gun.jt"文件，单击"打开"，弹出"文件导入设置"对话框。"基本类"选择"资源"，"复合类"选择"PmCompoundResource"，"原型类"选择"Gun"，勾选"插入组件"复选框，单击"确定"，返回"转换并插入 CAD 文件"对话框，单击"导入"，导入结果如图 6-5 所示。

（3）在对象树中单击"Spot Weld_Gun"，单击"建模"选项卡中的"设置建模范围"，将模型中的对象激活展开，将建模范围更改为"Spot Weld_Gun"。单击"建模"→"运动学设备"→"运动学编辑器"，弹出运动学编辑器。单击"创建连杆"，弹出"连杆属性"对话框，将"名称"改为"Base"，选择图 6-6 所示的连杆单元元素（框架和左焊钳），单击"确定"，创建连杆"Base"。

图 6-5　导入点焊焊枪模型　　　　图 6-6　创建连杆"Base"

（4）重复创建连杆操作，分别创建连杆"lnk1"（右焊钳）、连杆"lnk2"（推杆）、连杆"lnk3"（导向套），如图 6-7 所示。

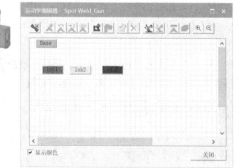

图 6-7（彩色）

图 6-7　创建连杆"lnk1""lnk2""lnk3"

（5）连杆创建完成后，还需定义连杆之间的运动关系。为了便于定义关节坐标，先创建 3 个坐标系。单击"建模"→"创建坐标系"→"在 2 点之间创建坐标系"，弹出"通过 2 点创建坐标系"对话框，如图 6-8（a）~图 6-8（c）所示，选择不同对象边缘孔的中心，创建 3 个坐标系。

（6）在运动学编辑器中单击"创建曲柄"，弹出"创建曲柄"对话框，单击"RPRR"，单击"下一步"，弹出"RPRR 曲柄滑块关节"对话框，如图 6-9 所示。在对象树中单击"fr1"，其坐标将被输入"固定-输入关节"输入框中；接着单击"fr2"，其坐标将被输入"连接杆-输出关节"输入框中；继续单击"fr3"，其坐标将被输入"输出关节"输入框中。单击"下一步"，在弹出的对话框中单击"不带偏置"，单击"下一步"，弹出"RPRR 曲柄滑块连杆"对话框，如图 6-10 所示。

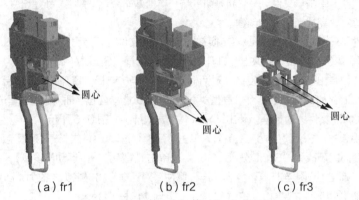

（a）fr1　　　　　　　　（b）fr2　　　　　　　　（c）fr3

图 6-8　创建坐标系"fr1""fr2""fr3"

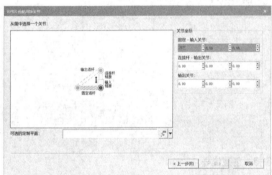

图 6-9　"RPRR 曲柄滑块关节"对话框　　　　　　　图 6-10　"RPRR 曲柄滑块连杆"对话框

（7）在"RPRR 曲柄滑块连杆"对话框中，单击"固定连杆"，在右侧单击"现有连杆"，单击"Base"。重复上述操作，单击"输入连杆"，在右侧单击"现有连杆"，单击"lnk3"。单击"连接杆链接"，在右侧单击"现有连杆"，单击"lnk2"。单击"输出连杆"，在右侧单击"现有连杆"，单击"lnk1"，单击"完成"，结果如图 6-11 所示。

（8）在运动学编辑器中，单击"打开关节调整"，弹出"关节调整-Spot Weld_Gun"对话框，如图 6-12 所示。拖动滑条移动，观察点焊焊枪的运动是否正确，单击"重置"，单击"关闭"。

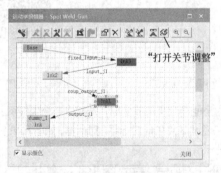

图 6-11　运动学编辑器

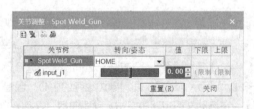

图 6-12　"关节调整-Spot Weld_Gun"对话框

（9）在运动学编辑器中，单击"打开姿态编辑器"按钮，弹出"姿态编辑器-Spot Weld_Gun"对话框，如图 6-13 所示。单击"新建",弹出"新建姿态-Spot Weld_Gun"对话框。将"姿态名称"改为"OPEN",在"值"输入框中输入-120,单击"确定"(或按回车键),完成姿态"OPEN"的编辑。重复上述操作,创建姿态"CLOSE"(值为 0)和姿态"SEMIOPEN"(值为-60)。

图 6-13　新建 3 个姿态

(10)焊枪姿态创建完成后,为方便定义工具,创建两个坐标系。单击"建模"→"创建坐标系"→"在 2 点之间创建坐标系",弹出"2 点定坐标系"对话框,如图 6-14(a)所示,分别选择两个电极帽末端圆心,单击"确定",创建 TCP 坐标系"fr4"。单击"建模"→"创建坐标系"→"在圆心创建坐标系",弹出"3 点圆心定坐标系"对话框,如图 6-14(b)所示,分别单击圆弧边缘上的 3 个点,单击"确定",完成基准坐标系"fr5"的创建。

（a）创建 TCP 坐标系"fr4"　　　　　　　（b）创建基准坐标系"fr5"

图 6-14　创建两个坐标系

(11)在对象树中单击"Spot Weld_Gun",单击"建模"→"运动学设备"→"工具定义",弹出"工具定义-Spot Weld_Gun"对话框,如图 6-15 所示。"工具类型"选择"焊枪","TCP 坐标系"设为"fr4","基准坐标系"设为"fr5",单击"确定",退出"工具定义-Spot Weld_Gun"对话框,完成点焊焊枪工具的定义。

图 6-15　"工具定义-Spot Weld_Gun"对话框

知识 6.2　焊接路径的生成

焊接路径是指机器人的 TCP(即焊枪的 TCP)在焊接过程中在空间经过的路线。如图 6-16 所示,打开"工艺"选项卡,在工具栏中有"规划""离散""弧焊""连续"等组。PS 软件创建焊接路径的基本过程大体可分为两步，即首先创建焊缝或焊点，然后将其投影到工件上，生成机器人的运动路径。PS 软件提供了多种具体的焊接路径生成方法，其中比较常用的有 3 种，即连续工艺生成器、由曲线创造连续制造特征及投影、创建焊点及投影。

图 6-16 "工艺"选项卡

1. 连续工艺生成器

单击"工艺"→"连续"→"连续工艺生成器"，弹出"连续工艺生成器"对话框，如图 6-17 所示，选择底面（若焊缝为两个相交的侧面，选其中一个为底面）和侧面，则 PS 软件自动生成焊缝。蓝色点表示开始点，棕色点表示结束点。蓝色箭头表示焊接方向，单击该箭头可反向。展开"操作"，可设置"操作名称""机器人""工具"和"范围"。如果勾选"弧焊投影"复选框，则软件自动完成投影。如果不勾选"弧焊投影"复选框，可单击"工艺"→"弧焊"→"投影弧焊焊缝"，弹出"投影弧焊焊缝"对话框，如图 6-18 所示，单击"项目"，完成弧焊焊缝投影。投影后，操作树如图 6-19 所示，可将操作加入序列编辑器进行仿真。

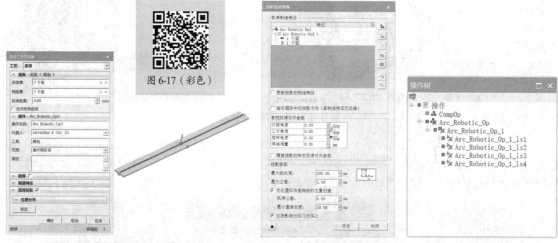

图 6-17（彩色）

图 6-17 "连续工艺生成器"对话框　　图 6-18 "投影弧焊焊缝"对话框　　图 6-19 操作树（1）

2. 由曲线创造连续制造特征及投影

该方法有绘制曲线、由曲线创造连续制造特征、投影连续制造特征 3 步。其中，绘制曲线的方法有多种。新建零件，单击"建模"→"几何体"→"曲线"，展开"曲线"下拉列表，如图 6-20（a）所示。

（1）基本曲线绘制可以创建多段线、圆、曲线、圆弧等基本曲线，也可以绘制边界上的曲线、相交曲线、投影曲线、偏置曲线，还可以对已有的曲线进行倒圆角、倒斜角、合并、拆分等操作。

（2）高级曲线绘制包括"创建 2D 轮廓"、"创建虚曲线"和"创建等参数曲线"等。其中"创建 2D 轮廓"对话框如图 6-20（b）所示，添加"对象"，指定投影平面，可由平面上所选对象的投影创建曲线；其中"创建虚曲线"对话框如图 6-20（c）所示，选择单条或多条"边"，选择"创建方法"，设定参数，可沿所选边创建等长的虚曲线（如果将"间距"设为"0"，则可沿边创建实线）；"创建等参数曲线"对话框如图 6-20（d）所示，选择"面"，可使用等参数法在面上创建曲线，可通过单击"+U""-U""+V""-V"，调整曲线的方位。

（a）"曲线"下拉列表

（b）"创建 2D 轮廓"对话框

（c）"创建虚曲线"对话框

（d）"创建等参数曲线"对话框

图 6-20　曲线绘制工具

绘制曲线后，单击"由曲线创造连续制造特征"按钮 ，弹出"由曲线创造连续制造特征"对话框，如图 6-21 所示，在对象树中单击绘制的曲线，将其添加到"源曲线"列表中，在"制造特征类型"下拉列表中选择合适的类型，在对象树中单击"指派给零件"，单击"确定"。单击"主页"→"查看器"→"制造特征查看器"，可在制造特征查看器中查看创建的连续制造特征，如图 6-22 所示。

创建连续制造特征后，单击"操作"→"创建操作"→"新建操作"→"新建连续操作"，弹出"新建连续操作"对话框，如图 6-23 所示。设置"名称""机器人""焊枪""范围"，在制造特征查看器中单击由曲线创建的连续制造特征，可将其加入"连续制造特征"列表，设置"持续时间"后，单击"确定"，可创建连续特征操作。

图 6-21　"由曲线创建连续制造特征"对话框

图 6-22　制造特征查看器

图 6-23　"新建连续操作"对话框

在操作树中单击创建的连续特征操作，单击"工艺"→"连续"→"投影连续制造特征"，弹出"投影连续制造特征"对话框，如图 6-24 所示，单击"项目"，完成连续制造特征的投影。完成投影后，操作树如图 6-25 所示，可将操作加入序列编辑器进行仿真。

3. 创建焊点及投影

连续工艺生成器、曲线创造连续制造特征及投影适合弧焊焊接。对于点焊焊接，可采用创建焊点、投影焊点、创建焊接操作的方法进行仿真。其中，创建焊点主要有"通过坐标创建焊点" 、"通过选取创建焊点" 、"在 TCPF 上创建焊点" 等方法。以"通过选取创建焊点" 为例，如图 6-26 所示，单击工件的点焊部位，则在操作树中将创建多个焊点。

图 6-24 "投影连续制造特征"对话框

图 6-25 操作树（2）

创建焊点后，需要进行焊点投影。单击"工艺"→"离散"→"投影焊点"，弹出"投影焊点"对话框，如图 6-27 所示。在操作树中单击焊点，将其添加到"焊点"列表，在对象树中单击待焊接的工件，将其添加到"零件"列表，勾选"仅投影到近似几何体上"复选框，单击"项目"，完成焊点的投影。

完成焊点投影后，单击"操作"→"创建操作"→"新建操作"→"新建焊接操作"，弹出"新建焊接操作"对话框，如图 6-28 所示。设置"名称""机器人""焊枪""范围"，在操作树中单击焊点，可将其加入"焊接列表"，单击"确定"，可创建焊接操作。可将操作加入序列编辑器进行仿真。

图 6-26 通过选取创建焊点

图 6-27 "投影焊点"对话框

图 6-28 "新建焊接操作"对话框

////// 知识 6.3 焊接路径的优化

生成焊接路径并创建连续特征操作或焊接操作后，可将操作添加到序列编辑器，单击"正向播放仿真"按钮进行仿真。一般情况下，如果机器人的仿真效果不理想，需要对其进行姿态优化。常用的方法主要有 3 种。

1. 单个或多个位置操控

单击操作树中的焊点或过渡位置点，单击图形查看器工具栏中的"单个或多个位置操控"按钮，弹出"位置操控"对话框，如图 6-29 所示，单击"跟随模式"，利用旋转或平移参数调整机器人的姿态。

2. 焊炬对齐

对于弧焊，在操作树中单击操作，单击"工艺"→"弧焊"→"焊炬对齐"，弹出"焊炬对齐"对话框，如图 6-30 所示，单击"跟随模式"，设置相关参数可调整机器人的焊接姿态。

3. 自动路径规划器

单击"操作"→"编辑路径"→"自动路径规划器"，弹出"自动路径规划器"对话框，如图 6-31 所示，在该对话框中可检查各个焊接点位的状态，并能对其进行优化。

图 6-29 "位置操控"对话框

图 6-30 "焊炬对齐"对话框

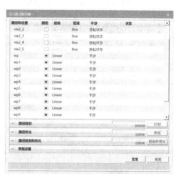

图 6-31 "自动路径规划器"对话框

【项目实施】

任务 6.1 带导轨的焊接机器人集成系统仿真

机器人导轨也称机器人行走轴、滑台、直线导轨、机器人轨道、地轨等，是工业机器人集成系统中常用的设备之一。机器人安装导轨后，能扩大运动范围，提高工作效率。机器人导轨一般可设置为机器人的外部轴（第 7 轴），与机器人本体构造完整的运动系统。下面通过具体实例来说明带导轨的焊接机器人集成系统的仿真方法和流程。

【例 6-3】使用 PS 软件进行带导轨的弧焊机器人集成系统仿真。

操作步骤如下。

（1）打开 PS 软件，设置系统根目录，新建标准模式研究。单击"建模"→"组件"→"插入组件"，弹出"插入组件"对话框，在系统根目录下，按住"Ctrl"键，单击 IRB1600 机器人（Irb1600.cojt）、弧焊焊枪（Arcgun.cojt）、导轨（Sliderail.cojt）、焊接工件（Weldpart.cojt），单击"打开"，完成上述组件的插入。利用"放置操控器"，将各组件移动到合适的位置，如图 6-32 所示。

视频：例 6-3 操作步骤

（2）在图形显示区中右击机器人本体，在弹出的快捷菜单中单击"安装工具"，将弧焊焊枪安装到机器人上。右击机器人本体，在弹出的快捷菜单中单击"机器人调整"按钮，或者按"Alt+G"组合键，弹出"机器人调整"对话框，拖动鼠标指针，观察机器人及焊枪是否随之运动，以检查机器人定义及焊枪工具安装是否正确。

（3）在对象树中单击导轨"Sliderail"，单击"设置建模范围"。单击"建模"→"布局"→"创建坐标系"→"在 2 点之间创建坐标系"，弹出"通过 2 点创建坐标系"对话框，如图 6-33 所示，分别单击导轨滑台上部两条边的中点，在滑台上部的中心创建坐标系，按"F2"键，将其重命名为"sliderailbase"。

图 6-32　带导轨的机器人弧焊集成系统

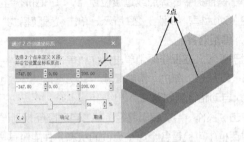

图 6-33　"通过 2 点创建坐标系"对话框

（4）在对象树中单击导轨"Sliderail"，创建连杆"base"（下部滑轨）和"link1"（上部滑台），创建水平移动关节"j1"，如图 6-34 所示。

图 6-34　定义导轨

（5）在对象树中单击机器人"Irb1600"，按"Alt+R"组合键，弹出"重定位"对话框，如图 6-35 所示，"从坐标系"设为机器人的基准坐标系，"到坐标系"设为"Sliderailbase"，单击"应用"，将机器人移动到导轨的滑台中心。

（6）单击"主页"→"工具"→"附件"→"附加"，弹出"附加"对话框，如图 6-36 所示，"附加对象"选择机器人"Irb1600"，"到对象"设为"lnk1"（上部滑台），单击"确定"，将机器人附加到导轨的滑台上。

（7）在图形显示区中右击机器人本体，在弹出的快捷菜单中单击"机器人属性"，弹出"机器人属性：Irb1600"对话框，如图 6-37 所示。打开"外部轴"选项卡，单击"添加"，弹出"添加外部轴"对话框，"设备"选择导轨，"关节"选择"j1"，单击"确定"，单击"关闭"。

图 6-35　"重定位"对话框

图 6-36　"附加"对话框

图 6-37　"机器人属性：Irb1600"对话框

（8）单击"工艺"→"连续"→"连续工艺生成器"，弹出"连续工艺生成器"对话框，如图 6-38 所示，选择"底面集"为焊缝的一个侧面，选择"侧面集"为焊缝的另一个侧面。设置"操作名称""机器人""工具"和"范围"，单击"确定"，创建弧焊连续工艺。单击"工艺"→"弧焊"→"投影弧焊焊缝"，弹出"投影弧焊焊缝"对话框，如图 6-39 所示，单击"项目"，完成弧焊焊缝的投影，操作树如图 6-40 所示。

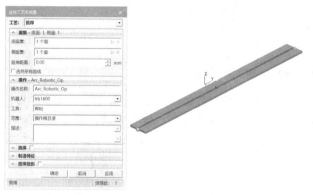

图 6-38　"连续工艺生成器"对话框　　　　　图 6-39　"投影弧焊焊缝"对话框

（9）在操作树中单击第 1 个位置点"Arc_Robotic_Op_1_ls1"，单击"机器人"→"离线编程"→"设置外部轴值"按钮，弹出"设置外部轴值"对话框，如图 6-41 所示。单击左下角的"跟随模式"按钮，勾选"Sliderail-j1"后面的复选框，在"接近值"输入框中输入-1500，按回车键，将机器人移动到第 1 个位置点。单击"导航至位置"右侧的"下一位置"按钮，设置"接近值"为 0。继续单击"下一位置"按钮，设置"接近值"为 1000。继续单击"下一位置"按钮，设置"接近值"为 1500，单击"关闭"，完成外部轴值的设置。右击导轨，在弹出的快捷菜单中单击"初始位置"，使导轨恢复到初始位置。

图 6-40　操作树（1）　　　　　图 6-41　"设置外部轴值"对话框

（10）在操作树中右击弧焊操作"Arc_Robotic_Op"，在弹出的快捷菜单中单击"设置当前操作"，或按"Shift+S"组合键，将操作加入序列编辑器进行仿真。单击"正向播放仿真"按钮，观察到机器人姿态不理想，需要进行优化。在操作树中单击第 1 个位置点"Arc_Robotic_Op_1_ls1"，单击"工艺"→"弧焊"→"焊炬对齐"，弹出"焊炬对齐"对话框，如图 6-42 所示，单击"跟随模式"，拖动鼠标指针调整机器人至合适姿态。

（11）按住"Ctrl"键，在操作树中单击"Arc_Robotic_Op_1_ls2""Arc_Robotic_Op_1_ls3""Arc_Robotic_Op_1_ls4"，单击"操作"→"编辑路径"→"对齐位置"，弹出"对齐位置"对话框，如图 6-43 所示。在操作树中单击"Arc_Robotic_Op_1_ls1"，将其添加到"将所选位置对齐到"输入框，单击"确定"，完成姿态的调整。

图 6-42 "焊炬对齐"对话框

（12）在操作树中单击第 1 个位置点"Arc_Robotic_Op_1_ls1"，单击"操作"→"添加位置"→"在前面添加位置"，弹出"机器人 Irb1600 无法到达位置 via"对话框，单击"确定"，弹出"机器人调整：Irb1600"对话框，单击"关闭"，添加新位置点"via"。在操作树中单击"via"，单击"机器人"→"离线编程"→"设置外部轴值"按钮 💦，弹出"设置外部轴值"对话框，勾选"Sliderail-j1"后面的复选框，在"接近值"输入框中输入–1500，按回车键，单击"关闭"。在操作树中单击"via"，单击图形查看器工具栏中的"单个或多个位置操控"按钮 💞，弹出"位置操控"对话框，单击"跟随模式"，单击"Z"，输入 100，按回车键，单击"关闭"。

（13）在操作树中单击最后的位置点"Arc_Robotic_Op_1_ls4"，单击"操作"→"添加位置"→"在后面添加位置"，弹出"机器人 Irb1600 无法到达位置 via1"对话框，单击"确定"，弹出"机器人调整：Irb1600"对话框，单击"关闭"，添加新位置点"via1"。在操作树中单击"via1"，单击"机器人"→"离线编程"→"设置外部轴值"按钮 💦，弹出"设置外部轴值"对话框，勾选"Sliderail-j1"后面的复选框，在"接近值"输入框中输入 1500，按回车键，单击"关闭"。在操作树中单击"via1"，单击图形查看器工具栏中的"单个或多个位置操控"按钮 💞，弹出"位置操控"对话框，单击"跟随模式"，单击"Z"，输入 100，按回车键，单击"关闭"。

（14）将机器人和导轨恢复到初始位置，在操作树中单击"via1"，单击"操作"→"添加位置"→"添加当前位置"，按"F2"键，将新位置重命名为"home"。此时，操作树如图 6-44 所示。在操作树中单击选中"home"，单击菜单栏"机器人"→"离线编程"→"设置外部轴值"按钮 💦，弹出"设置外部轴值"对话框，勾选"Sliderail-j1"，在"接近值"输入框中输入"0"，按回车键，单击"关闭"。在序列编辑器中单击"正向播放仿真"按钮，观察仿真效果，完成带导轨的弧焊机器人集成系统的仿真。

图 6-43 "对齐位置"对话框

图 6-44 操作树（2）

任务 6.2　带变位机的焊接机器人集成系统仿真

对于比较复杂的零件焊接，仅通过调整机器人的姿态难以实现理想的焊接，为了降低机器人焊接操作的难度，提高焊接效率，常使用变位机调整焊接工件的姿态，配合机器人完成焊接。下面通过具体实例来说明带变位机的焊接机器人集成系统仿真的方法和流程。

视频：例 6-4 操作步骤

【例 6-4】使用 PS 软件进行带变位机的弧焊机器人集成系统仿真。

操作步骤如下。

（1）打开 PS 软件，设置系统根目录，新建标准模式研究。单击"建模"→"组件"→"插入组件"，弹出"插入组件"对话框，在系统根目录下，按住"Ctrl"键，单击 IRB1600 机器人（Irb1600.cojt）、弧焊焊枪（Arcgun.cojt）、机器人底座（Base.cojt）、变位机（Positioner.cojt）、焊接工件（Part.cojt），单击"打开"，完成上述组件的插入。

（2）使用"通过 2 点创建坐标系"在机器人底座上部中心点创建坐标系"fr1"、在焊接工件底面中心点创建坐标系"fr2"，使用"通过 6 个值创建坐标系"在变位机的转盘上部中心点创建坐标系"fr3"。通过重定位，将机器人移动到底座中心点，将焊接工件移动到转盘中心点，如图 6-45 所示。将弧焊焊枪安装到机器人上，检查机器人定义及焊枪工具安装是否正确。

图 6-45　带变位机的弧焊机器人集成系统

（3）在对象树中单击变位机"Positioner"，单击"设置建模范围"，打开"运动学编辑器"对话框，如图 6-46 所示，创建连杆"base"（底座和电机架）、"lnk1"（摆臂）和"lnk2"（转台），创建旋转关节"j1"和旋转关节"j2"。

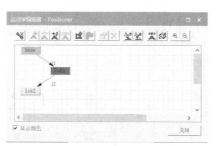

图 6-46（彩色）

图 6-46　定义变位机

（4）在对象树中单击焊接工件"Part"，单击"设置建模范围"。单击"建模"→"几何体"→"曲线"→"创建多段曲线"。在点 1 和点 2、在点 2 和点 3、在点 3 和点 4 之间创建 3 条直线段（注意分别创建）。单击"建模"→"几何体"→"创建点"→"在 2 点之间创建点"，在点 1 和点 4 中间创建点 5。单击"建模"→"几何体"→"曲线"→"创建圆弧"，以点 5 为中心点，以点 4 为起点，以点 1 为终点，创建圆弧，如图 6-47 所示。单击"建模"→"几何体"→"曲线"→"倒圆角"，弹出"倒圆角"对话框，"从曲线"和"到曲线"选择 2 条相邻的直线段，"半径"设为 10，勾选"删除原始实体"复选框，单击"确定"，完成倒圆角操作。重复倒圆角操作，创建另外两条相邻直线段间的圆角。在对象树中按住"Ctrl"键，单击圆弧曲线"Arc1"和倒圆角后得到的曲线"Fillet_1"，单击"建模"→"几何体"→"曲线"→"合并曲线"，弹出"合并曲线"对话框，勾选"删除原始实体"复选框，单击"确定"，完成曲线的合并，获得曲线"Curve"。

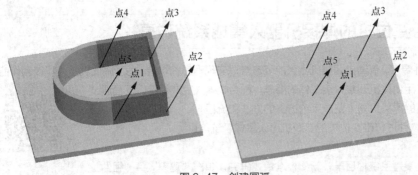

图 6-47（彩色）

图 6-47　创建圆弧

（5）在对象树中单击绘制的曲线"Curve"，单击"由曲线创造连续制造特征"按钮 ，弹出"由曲线创建连续制造特征"对话框，如图 6-48 所示。"指派给零件"为焊接工件"Part"，单击"确定"。单击"主页"→"查看器"→"制造特征查看器"，可在制造特征查看器中查看创建的连续制造特征"Curve"，如图 6-49 所示。

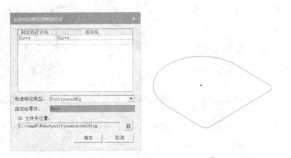

图 6-48　"由曲线创建连续制造特征"对话框

图 6-49　制造特征查看器

（6）在对象树中将曲线"Curve"隐藏，在制造特征查看器中单击"Curve"，单击"工艺"→"连续"→"指示接缝起点"，弹出"指示接缝起点"对话框，如图 6-50 所示，设置"起点"和"经由方向点"，单击"确定"。

图 6-50　"指示接缝起点"对话框

（7）在操作树中单击"操作"，单击"操作"→"创建操作"→"新建操作"→"新建连续操作"，弹出"新建连续操作"对话框，如图 6-51 所示。设置"名称""机器人""焊枪""范围"，在制造特征查看器中单击"Curve"，将其加入"连续制造特征"列表，单击"确定"，创建连续特征操作。

（8）在操作树中单击"Cont_Robotic_Op"，单击"工艺"→"弧焊"→"投影弧焊焊缝"，弹出"投影弧焊焊缝"对话框，如图 6-52 所示。双击连续制造特征"Curve"，弹出"编辑制造特征数据"对话框，在"投影到"右侧单击"面"，如图 6-53 所示。单击"底面"右侧的"面选择"按钮 ，弹出"面选择"对话框，选择图 6-54（a）所示的底面，单击"确定"。单击"侧面"右侧的"面选择"按钮 ，弹出"面选择"对话框，选择图 6-54（b）所示的 4 个侧面，单击"确定"。返回"编辑制造特征数据"对话框，单击

"确定"。在"投影弧焊焊缝"对话框中单击"项目",单击"关闭",完成焊缝的投影。

图 6-51 "新建连续操作"对话框

图 6-52 "投影弧焊焊缝"对话框

图 6-53 "编辑制造特征数据"对话框

（a）选择底面　　　　　　　　　　　　（b）选择侧面

图 6-54 选择焊缝的底面和侧面

📖 **注意**

"投影连续制造特征"和"投影弧焊焊缝"在功能上接近，但后者可以设置投影的底面和侧面，而前者不能。因此，对于写字等应用场景可以用"投影连续制造特征"，而弧焊应用场景应该用"投影弧焊焊缝"，否则焊枪的姿态不合理，后续调整工作量大。

（9）完成焊缝投影后，操作树如图 6-55 所示，单击"Cont_Robotic_Op"，按"Shift+S"组合键将操作加入序列编辑器进行仿真。单击"正向播放仿真"按钮，观察机器人的运动，对姿态进行优化。在操作树中单击第 1 个位置点"Curve_ls1"，单击"工艺"→"弧焊"→"焊炬对齐"，弹出"焊炬对齐"对话框，如图 6-56 所示，单击"跟随模式"，拖动鼠标指针调整机器人至合适姿态，单击"下一位置"按钮▶，调整其余位置点的机器人姿态。

图 6-55 完成焊缝投影后的操作树

图 6-56 "焊炬对齐"对话框

（10）在操作树中单击第 1 个位置点"Curve_ls1"，单击"操作"→"添加位置"→"在前面添加位置"，弹出"机器人调整: Irb1600"对话框，单击"Z"，输入 100，按回车键，单击"关闭"，添加新位置点"via"。在操作树中单击最后的位置点"Curve_ls13"，单击"操作"→"添加位置"→"在后面添加位置"，弹出

"机器人调整：Irb1600"对话框，单击"Z"，输入100，按回车键，单击"关闭"，添加新位置点"via1"。

（11）单击"主页"→"工具"→"附件"→"附加"，弹出"附加"对话框，如图6-57所示，"附加对象"选择焊接工件"Part"，"到对象"设为变位机转台"lnk2"，单击"确定"，将焊接工件附加到变位机转台上。

（12）在图形显示区中右击机器人本体，在弹出的快捷菜单中单击"机器人属性"，弹出"机器人属性：Irb1600"对话框，如图6-58（a）所示。在"外部轴"选项卡，单击"添加"，弹出"添加外部轴"对话框，"设备"选择变位机"Positioner"，"关节"选择"j1"，如图6-58（b）所示，单击"确定"。再次单击"添加"，弹出"添加外部轴"对话框，"设备"选择变位机"Positioner"，"关节"选择"j2"，如图6-58（c）所示，单击"确定"，单击"关闭"。

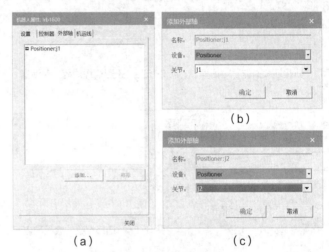

（a）　　　　　　　　（c）

图 6-57　"附加"对话框　　　　　　　　图 6-58　为机器人添加外部轴

（13）在操作树中单击位置点"Curve_ls1"，单击"机器人"→"离线编程"→"设置外部轴值"按钮，弹出"设置外部轴值"对话框，如图6-59所示，单击"跟随模式"按钮，勾选"Positioner-j1"后面的复选框，在"接近值"输入框中输入"45"，按回车键。单击"下一位置"按钮，分别设置其余位置点的外部轴值，如"Curve_ls2"（Positioner-j1:45）、"Curve_ls3"（Positioner-j1:45）、"Curve_ls4"（Positioner-j1:45）、"Curve_ls5"（Positioner-j1:45）、"Curve_ls6"（Positioner-j1:45）、"Curve_ls7"（Positioner-j1:45）、"Curve_ls8"（Positioner-j1:0,Positioner-j2:90）、"Curve_ls9"（Positioner-j1:-45）、"Curve_ls10"（Positioner-j1:-45）、"Curve_ls11"（Positioner-j1:0）、"Curve_ls12"（Positioner-j1:0）、"Curve_ls13"（Positioner-j1:0），上述外部轴值可根据实际情况设置。

图 6-59　"设置外部轴值"对话框

（14）将机器人和变位机恢复到初始位置，在序列编辑器中单击"正向播放仿真"按钮，观察仿真效果，完成带变位机的弧焊机器人集成系统仿真。

任务 6.3　点焊机器人集成系统仿真

　　点焊是指焊接时利用柱状电极，在两块搭接工件接触面之间形成焊点的焊接方法。点焊时，先加压使工件紧密接触，随后接通电流，在电阻热的作用下工件接触处熔化，冷却后形成焊点。点焊机器人广泛应用在汽车制造、不锈钢管道、板材、船舶制造等领域。下面通过具体实例来说明点焊机器人集成系统的仿真方法和流程。

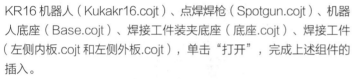

视频：例 6-5 操作
步骤

　　【例 6-5】使用 PS 软件进行点焊机器人集成系统仿真。

　　操作步骤如下。

　　（1）打开 PS 软件，设置系统根目录，新建标准模式研究。单击"建模"→"组件"→"插入组件"，弹出"插入组件"对话框，在系统根目录下，按住"Ctrl"键，单击 KUKA KR16 机器人（Kukakr16.cojt）、点焊焊枪（Spotgun.cojt）、机器人底座（Base.cojt）、焊接工件装夹底座（底座.cojt）、焊接工件（左侧内板.cojt 和左侧外板.cojt），单击"打开"，完成上述组件的插入。

　　（2）使用"通过 2 点创建坐标系"在机器人底座上部中心点创建坐标系"fr1"，通过"重定位"（Alt+R），将机器人移动到底座中心点。通过"放置操控器"（Alt+P），将焊接工件放置到装夹底座上，如图 6-60 所示。将点焊焊枪安装到机器人上，通过机器人调整工具（Alt+G）检查机器人定义及焊枪工具安装是否正确。

图 6-60　点焊机器人集成系统

　　（3）单击"工艺"→"离散"→"通过选取创建焊点"，单击工件的点焊部位，则在操作树中将创建多个焊点，如图 6-61 所示。

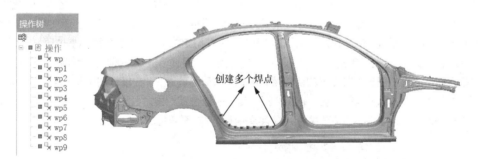

图 6-61　创建多个焊点

　　（4）单击"工艺"→"离散"→"投影焊点"，弹出"投影焊点"对话框，如图 6-62 所示，在操作树中单击焊点，将其添加到"焊点"列表，在对象树中单击待焊接工件（左侧内板和左侧外板），将其添加到"零件"列表，勾选"仅投影到近似几何体上"复选框，单击"项目"，完成焊点的投影。

　　（5）单击"操作"→"创建操作"→"新建操作"→"新建焊接操作"，弹出"新建焊接操作"对话框，如图 6-63 所示。设置"名称""机器人""焊枪""范围"，在操作树中单击创建的各个焊点，将其加入"焊接列表"，单击"确定"。

　　（6）在操作树中单击焊接操作"Weld_Op"，按"Shift+S"组合键将操作加入序列编辑器进行仿真。单击"正向播放仿真"按钮，观察机器人的运动，对姿态进行优化。在操作树中单击第 1 个焊点"wp"，单击图形查看器工具栏中的"单个或多个位置操控"按钮，弹出"位置操控"对话框，如图 6-64 所示，单击"跟随模式"，拖动鼠标指针调整机器人的姿态。单击"下一位置"按钮 ▶，调整其余焊点位置的机器人姿态。

图 6-62　"投影焊点"对话框

图 6-63　"新建焊接操作"对话框

图 6-64　"位置操控"对话框

（7）在操作树中单击第 1 个位置点"wp"，单击"操作"→"添加位置"→"在前面添加位置"，弹出"机器人调整：kukakr16"对话框，单击"X"，输入-100，按回车键，单击"关闭"，添加新位置点"via"。在操作树中单击最后的位置点"wp9"，单击"操作"→"添加位置"→"在后面添加位置"，弹出"机器人调整：kukakr16"对话框，单击"X"，输入-100，按回车键，单击"关闭"，添加新位置点"via1"，如图 6-65 所示。右击机器人，在弹出的快捷菜单中单击"初始位置"。在操作树中单击"via1"，单击"操作"→"添加位置"→"添加当前位置"，按"F2"键，将新位置点重命名为"home"。在序列编辑器中单击"正向播放仿真"按钮，观察仿真效果，完成点焊机器人集成系统仿真。

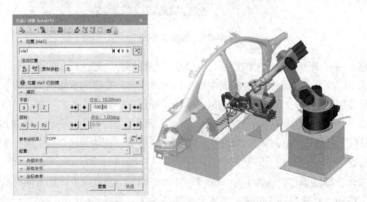

图 6-65　"机器人调整：kukakr16"对话框

【项目小结】

本项目介绍了利用 PS 软件进行工业机器人焊接集成系统仿真的方法和流程，包括弧焊焊枪的定义、点焊焊枪的定义、弧焊路径的生成、点焊路径的生成、连续特征操作的创建、焊接操作的创建、焊接轨迹的优化等。通过对本项目的学习，学生可以深入了解工业机器人焊接集成系统的结构、焊接路径的规划和优化方法，掌握焊接机器人离线编程的方法和流程。本项目还可通过焊接机器人典型案例的建模和仿真，培养学生的焊接机器人编程和集成应用能力。

【扩展阅读】

案例：数字化工艺仿真助力我国新能源汽车产业蓬勃发展。

新能源汽车产业是我国低碳经济的重要组成部分。随着环境问题、能源问题日益为人们所重视，从 2020 年开始，我国新能源汽车产业进入蓬勃发展期。截至 2022 年 6 月底，全国新能源汽车保有量已突破 1000 万辆。一大批国产新能源车企，如比亚迪、蔚来、理想、小鹏、吉利、奇瑞、长安等，迅速发展壮大。比亚迪于 2022 年 3 月起停止燃油汽车的整车生产，全部生产新能源汽车。2022 年 1～6 月，比亚迪成为唯一一家销量超过 50 万辆的新能源车企。2022 年 6 月，欧洲议会表决通过一项提案，从 2035 年开始在欧盟境内停止销售新的燃油车，包括混合动力汽车。新能源汽车产业发展前景广阔，我国的新能源车企大有可为。

数字化工艺仿真可解决汽车车间生产线的工艺优化和设备优化问题，包括焊接工艺优化，如判断焊枪的选型、焊点的分布是否正确，工装夹具的设计是否合理，是否存在干涉等；喷涂工艺优化，如喷涂路径规划、厚度一致性检查等；机器人优化，如机器人的可达性、路径规划和离线编程等；生产节拍的分析与调整，如分析汽车生产线的瓶颈工位，找到提升产线的关键因素，为调整优化提供依据。

【思考与练习】

【练习 6-1】在 PS 软件中进行图 6-66 所示弧焊焊枪的定义。

【练习 6-2】在 PS 软件中进行图 6-67 所示点焊焊枪的定义。

图 6-67（彩色）

图 6-66　弧焊焊枪　　　　　图 6-67　点焊焊枪

【练习 6-3】在例 6-3 的基础上，利用 TIA 博途软件和 PS 软件进行软件在环虚拟调试。

【练习 6-4】在例 6-4 的基础上，利用 TIA 博途软件和 PS 软件进行软件在环虚拟调试。

【练习 6-5】在例 6-5 的基础上，利用 TIA 博途软件和 PS 软件进行软件在环虚拟调试。

项目7
其他工业机器人集成系统仿真

【学习目标】

知识目标

（1）了解喷涂机器人的结构和喷枪的定义方法；

（2）了解数控 CLS 文件的生成方法；

（3）掌握 PS 软件人机工程仿真。

能力目标

（1）能够熟练进行机器人喷涂集成系统数字化设计及仿真；

（2）能够熟练进行机器人磨抛集成系统数字化设计及仿真；

（3）能够熟练进行人机协作集成系统数字化设计及人机工程仿真。

素质目标

（1）具有良好的职业道德、扎实的实践能力、较强的创新能力；

（2）能够适应职业岗位的变化，按照实际情况搭建喷涂、磨抛、人机协作等机器人集成系统的仿真环境，并进行仿真、离线编程和虚拟调试；

（3）能够根据企业需求，进行工业机器人集成系统数字化设计及仿真。

【学习导图】

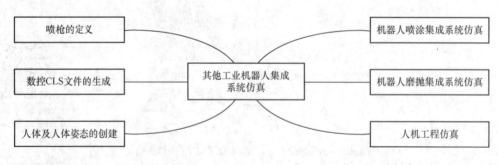

【知识准备】

知识 7.1 喷枪的定义

喷枪是喷涂（喷漆）机器人集成系统中的重要设备，其工作原理是迅速释放压缩空气带动油漆等涂料高速

喷出，形成雾状后沉积于工件表面。下面结合具体实例来说明 PS 软件定义喷枪的方法和流程。

【例 7-1】使用 PS 软件的"工具定义"等操作对喷枪进行定义。

操作步骤如下。

（1）打开 PS 软件，单击"文件"→"断开研究"→"新建研究"，弹出"新建研究"对话框，单击"创建"，完成新研究的创建。单击"建模"→"组件"→"插入组件"，弹出"插入组件"对话框，更改文件路径，选中文件夹"paintgun.cojt"，单击"打开"，将喷枪组件导入。

（2）在对象树中单击"paintgun"，单击"建模"选项卡下的"设置建模范围"，将模型中的对象激活展开，将建模范围更改为"paintgun"。单击"建模"→"布局"→"创建坐标系"→"在圆心创建坐标系"，弹出"在圆心创建坐标系"对话框，在喷枪的法兰中心、喷口中心创建坐标系"gunbase""guntcp0"，如图 7-1（a）和图 7-1（b）所示。

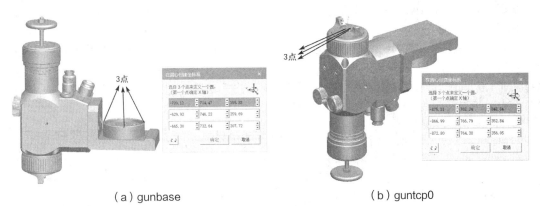

（a）gunbase　　　　　　　　　　（b）guntcp0

图 7-1　创建坐标系"gunbase"和"guntcp0"

📖 注意

坐标系"guntcp0"的 z 轴正方向应指向喷枪外部（远离喷枪）。

（3）在对象树中单击坐标系"guntcp0"，按"Alt+P"组合键，弹出"放置操控器"对话框，单击"Rx"，输入 180，按回车键，将 z 轴正方向调整到指向喷枪内部。在对象树中单击坐标系"guntcp0"，按"Ctrl+C"组合键以及"Ctrl+V"组合键，复制、粘贴该坐标系，按"F2"键，将其重命名为"guntcp1"。在对象树中单击坐标系"guntcp1"，按"Alt+P"组合键，弹出"放置操控器"对话框，单击"Z"，输入 -100，按回车键，单击"关闭"。设置坐标系"guntcp1"为喷枪的工具 TCP。

（4）在对象树中单击喷枪"paintgun.cojt"，单击"建模"，"运动学设备"→"工具定义"，或者在图形显示区右击喷枪，在弹出的快捷菜单中单击"工具定义"，弹出"工具定义"对话框，单击"确定"，创建默认运动学和姿态，弹出"工具定义-paintgun"对话框，如图 7-2 所示。"工具类型"选择"喷枪"，"TCP 坐标系"设为"guntcp1"，"基准坐

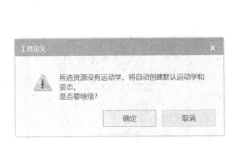

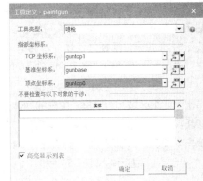

图 7-2　喷枪工具的定义

标系"设为"gunbase"，"顶点坐标系"设为"guntcp0"，单击"确定"，完成喷枪工具的定义。

知识 7.2　数控 CLS 文件的生成

对于磨抛、铣削、去毛刺机器人工作站，可先通过 NX 软件生成数控 CLS 文件，然后在 PS 软件中导入 CLS 文件生成机器人操作。下面结合具体实例来说明使用 NX 软件生成数控 CLS 文件的方法和流程。

【例 7-2】使用 NX 软件的"加工"模块生成曲面体工件的数控铣刀 CLS 文件。

操作步骤如下。

（1）打开 NX12.0 软件，单击"主页"→"打开"，弹出"打开"对话框，"文件类型"选择"JT 文件（*.jt）"，更改文件路径，打开"Grindingpart.jt"文件，结果如图 7-3 所示。单击"应用模块"→"加工"，进入加工模式，弹出"加工环境"对话框，"CAM 会话配置"选择"cam_general"，"要创建的 CAM 组装"选择"mill_contour"，单击"确定"。

视频：例 7-2 操作
步骤

（2）单击"主页"→"刀片"→"创建工序"，弹出"创建工序"对话框，如图 7-4 所示。"类型"选择"mill_contour"，"工序子类型"选择"固定轮廓铣"  ，"程序"选择"NC_PROGRAM"，"刀具"选择"NONE"，"几何体"选择"WORKPIECE"，"方法"选择"MILL_FINISH"（精磨），单击"确定"，弹出"固定轮廓铣"对话框，如图 7-5 所示。

图 7-3　曲面体零件

图 7-4　"创建工序"对话框

图 7-5　"固定轮廓铣"对话框

（3）在"固定轮廓铣"对话框中，单击"几何体"右侧的"编辑"按钮 ，弹出"工件"对话框，如图 7-6 所示。单击"指定部件"右侧的"选择或编辑部件几何体"按钮 ，弹出"部件几何体"对话框，如图 7-7 所示。设置"选择对象"为曲面体，单击"确定"。单击"指定毛坯"右侧的"选择或编辑毛坯几何体"按钮 ，弹出"毛坯几何体"对话框，设置"选择对象"为曲面体，单击"确定"。在"工件"对话框中单击"确定"，返回到"固定轮廓铣"对话框。

（4）在"固定轮廓铣"对话框中，单击"指定切削区域"右侧的"选择或编辑切削区域几何体"按钮 ，弹出"切削区域"对话框。单击曲面体上部两个面区域，添加第 1 个曲面集，如图 7-8（a）所示。单击"添加新集"右侧的"添加新集"按钮 ，单击曲面体下部的 8 个面，添加第 2 个曲面集，如图 7-8（b）所示。单击"确定"，返回"固定轮廓铣"对话框。

（5）在"固定轮廓铣"对话框中，展开"驱动方法"选项，在下方的"方法"下拉列表中单击"曲线/点"，弹出"驱动方法"对话框，单击"确定"，弹出"曲线/点驱动方法"对话框，如图 7-9 所示。设置"选择曲线"为曲面体的包络线，单击"确定"，返回到"固定轮廓铣"对话框。

图 7-6 "工件"对话框

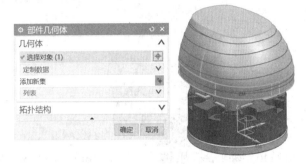

图 7-7 "部件几何体"对话框

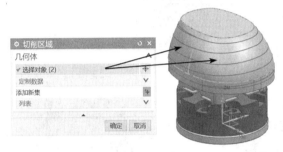

（a）添加第 1 个曲面集

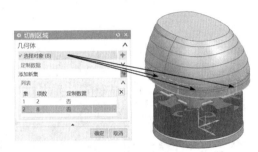

（b）添加第 2 个曲面集

图 7-8 添加曲面集

图 7-9 "曲线/点驱动方法"对话框

（6）在"固定轮廓铣"对话框中，展开"投影矢量"选项，在下方的"矢量"下拉列表中，单击"朝向直线"，弹出"朝向直线"对话框，如图 7-10 所示。单击"指定矢量"，单击曲面体顶部的平面，单击"确定"，返回"固定轮廓铣"对话框。

（7）在"固定轮廓铣"对话框中，展开"工具"选项。单击"工具"右侧的"新建"按钮 ，弹出"新建刀具"对话框，如图 7-11 所示。单击"工具子类型"下方左起第 3 个"BALL_MILL"按钮 ，单击"确定"，弹出"铣刀-球头铣"对话框，如图 7-12 所示，在对话框中输入相应的尺寸参数，单击"确定"，返回"固定轮廓铣"对话框。

（8）在"固定轮廓铣"对话框中，展开"操作"选项。单击"生成"按钮 ，生成铣刀轨迹，如图 7-13 所示。单击"确定"，弹出"刀轨可视化"对话框，如图 7-14 所示。"动画速度"设为 5，单击"播放"按钮 ，观察铣刀的运动情况。单击"确定"，返回"固定轮廓铣"对话框，单击"确定"，完成工序的创建。

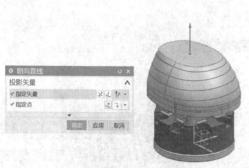

图 7-10 "朝向直线"对话框　　图 7-11 "新建刀具"对话框　　图 7-12 "铣刀-球头铣"对话框

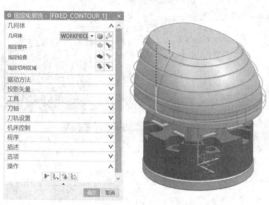

图 7-13　生成铣刀轨迹　　　　　　　　图 7-14 "刀轨可视化"对话框

（9）单击"主页"→"工序"→"更多"→"输出 CLSF"，弹出"CLSF 输出"对话框，如图 7-15 所示。选择默认的"CLSF STANDARD"格式，设置输出文件目录，单击"确定"，即可生成 CLS 文件，如图 7-16 所示。

图 7-15 "CLSF 输出"对话框　　　　　　图 7-16　CLS 文件

知识 7.3　人体及人体姿态的创建

PS 软件提供了专门用于人机工程（或人因工程）分析仿真的模块，"人体"选项卡如图 7-17 所示，其中包括工具、姿势、仿真、分析、人机工程学等组。Process Simulate Human 提供了参数化的人体模型（包含性别、地区、体重、身高等参数），预定义的人体关节（上肢、下肢、头部、脊柱等），预定义的人体姿态、手部姿态等。利用这些功能可以创建人体模型、人体姿态、手型，也可以模拟抓放物件、行走、上下楼梯等动作，还可以进行可视性分析、可达性分析、舒适度分析、力量评估、能量消耗分析、疲劳强度分析、工作姿态分析等。下面结合具体实例来说明 PS 软件创建人体及人体姿态的方法和流程。

图 7-17　"人体"选项卡

【例 7-3】使用 PS 软件的人机工程分析功能进行人体、人体姿态的创建，以及姿态变换的操作仿真。
操作步骤如下。

（1）打开 PS 软件，单击"人体"→"工具"→"创建人体"，弹出"创建人体"对话框，如图 7-18 所示。在该对话框中可更改"性别""数据库""高度""重量""鞋底厚度""年龄"，以及"腰围""胸围"等参数。单击"创建"，创建男性人体"Jack"。更改"性别""高度"，创建女性人体"Jill"。单击创建的人体，按"Alt+P"组合键，利用"放置操控器"移动人体到合适的位置，如图 7-19 所示。

视频：例 7-3 操作
步骤

（2）单击"人体"→"工具"→"人体选项"，弹出"人体选项"对话框，如图 7-20 所示。在"仿真"选项卡中，可设置"行走速度""默认操作时间"等仿真参数；在"人体模型"选项卡中，可设置"系统根目录人体模型库路径""活动模型"等；在"报告查看器"选项卡中，可设置"报告查看器根目录""报告查看器目标目录"等；在"颜色"选项卡中，可设置"衬衫""虹膜""裤子""头发"等的颜色。

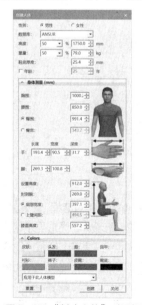

图 7-18　"创建人体"对话框

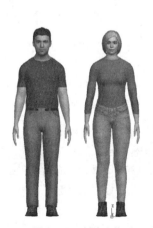

图 7-19　创建人体

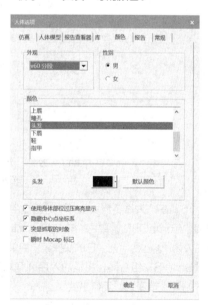

图 7-20　"人体选项"对话框

（3）单击"人体"→"工具"→"创建手"，弹出"创建手"对话框，如图7-21所示。可通过勾选"右手"或"左手"复选框，选择创建右手或左手，可更改"数据库""性别""高度"等。

（4）在对象树或图形显示区中单击创建的人体"Jack"，单击"人体"→"工具"→"人体属性"，弹出"更改人体属性：Jack"对话框，如图7-22所示，在其中可修改人体的各项属性。

图7-21　"创建手"对话框

图7-22　"更改人体属性：Jack"对话框

（5）单击"操作"→"创建操作"→"新建操作"→"新建复合操作"，单击"确定"，创建复合操作"CompOp"。在对象树中单击"Jack"，单击"人体"→"工具"→"人体姿势"，弹出"人体姿势-Jack"对话框，如图7-23（a）所示。打开"姿势库"选项卡，如图7-23（b）所示，单击"工作坐姿"，在"应用到"中勾选"全选"复选框，单击"应用"。此时，图形显示区中"Jack"的姿态从"站姿"转变为"工作坐姿"。

（a）"控件"选项卡　　　　　（b）"姿势库"选项卡

图7-23　"人体姿势-Jack"对话框

（6）在"人体姿势-Jack"对话框中，单击左下角的"创建操作"，弹出"操作范围"对话框，"范围"选择"CompOp"，单击"确定"。此时，操作树中出现"姿态"操作，如图7-24所示。在图形显示区中，右击人体"Jack"，在弹出的快捷菜单中单击"默认姿势"，将其恢复为"站姿"。在对象树中单击"CompOp"，按"Shift+S"组合键，将其加入序列编辑器，单击"正向播放仿真"按钮，可以观察到人体"Jack"的姿态从"站姿"转变为"工作坐姿"。

（7）在"人体姿势-Jack"对话框中，打开"调整关节"选项卡，如图7-25所示。调整各关节的角度，可改变人体姿态，单击"创建操作"按钮（或者单击"人体"→"仿真"→"创建姿势操作"），可以将新姿态加入"姿态"操作，进行仿真。

图 7-24　操作树

图 7-25　"调整关节"选项卡

（8）在对象树或图形显示区中单击创建的人体"Jack"，单击"人体"→"仿真"→"行走创建器"，弹出"行走操作-Jack"对话框，如图 7-26 所示。选中"选择路径"单选项，单击"线性行走"。单击"路径创建器"，弹出"路径创建器"对话框，如图 7-27 所示。单击"选择位置"，在图形显示区单击某一位置，单击"添加到路径"，添加一个位置点，重复操作，添加多个位置点。单击"确定"，返回"行走操作-Jack"对话框，单击"创建操作"，弹出"操作范围"对话框，单击"确定"。

（9）在对象树中单击"CompOp"，按"Shift+S"组合键，将其加入序列编辑器，在序列编辑器中单击"正向播放仿真"按钮▶，观察"姿态"操作、"行走"操作的仿真情况。

图 7-26　"行走操作-Jack"对话框

图 7-27　"路径创建器"对话框

【项目实施】

任务 7.1　机器人喷涂集成系统仿真

机器人喷涂包括喷漆、喷涂料、喷熔融金属（热喷涂）等。机器人喷漆在汽车制造领域应用较广。下面结合具体案例来说明机器人喷涂集成系统仿真的方法和流程。

【例 7-4】在例 7-1 定义的喷枪基础上，使用 PS 软件的"连续制造特征"等工具进行机器人喷涂集成系统仿真。

操作步骤如下。

（1）打开 PS 软件，设置系统根目录，新建标准模式研究。单击"建模"→"组件"→"插入组件"，弹出"插入组件"对话框，在系统根目录下，按住"Ctrl"键，单击 IRB1600

视频：例 7-4 操作步骤

机器人（Irb1600.cojt）、喷枪（paintgun.cojt）、机器人底座（Base.cojt）、汽车车身零件（Carbottom.cojt、Carleftinner.cojt、Carleftouter.cojt、Carrightinner.cojt、Carrightouter.cojt、Cartailcover.cojt、Cartop1.cojt、Cartop2.cojt、Cartop3.cojt、Cartop4.cojt、Cartop5.cojt、Cartopcover.cojt），单击"打开"，完成上述组件的插入。

（2）使用"通过 6 个值创建坐标系"的方法在机器人底座上部中心点创建坐标系。通过"重定位"，将机器人移动到底座中心点。通过"放置操控器"将各组件移动到合适位置，如图 7-28 所示。按照例 7-1 的方法和步骤进行喷枪的定义，然后将喷枪安装到机器人上，检查机器人定义及喷枪工具安装是否正确。

（3）为了更形象地进行喷涂仿真，可制作漆刷。在对象树中单击喷枪"paintgun"，单击"建模"→"范围"→"设置建模范围"。单击"建模"→"几何体"→"实体"→"创建圆锥体"，弹出"创建圆锥体"对话框，如图 7-29 所示。设置尺寸，"定位于"设为坐标系"guntcp0"（喷枪的顶点坐标系），单击"确定"，创建代表漆刷的圆锥体，按"F2"键，将其重命名为"brush"。

图 7-28　机器人喷涂集成系统

（4）单击"建模"→"布局"→"创建坐标系"→"在圆心创建坐标系"，弹出"在圆心创建坐标系"对话框，如图 7-30 所示，选择漆刷底部边缘的 3 个点，创建坐标系"fr1"。在对象树中单击漆刷"brush"，按"Alt+R"组合键，弹出"重定位"对话框，如图 7-31 所示，"从坐标系"设为"fr1"，"到坐标系"设为"guntcp1"，单击"应用"，单击"关闭"。在对象树中单击漆刷"brush"，按"Alt+P"组合键，弹出"放置操控器"对话框，单击"Z"，输入-15，按回车键，单击"关闭"。

图 7-29　"创建圆锥体"对话框

图 7-30　"在圆心创建坐标系"对话框

图 7-31　"重定位"对话框

（5）单击"工艺"→"连续"→"连续工艺生成器"，弹出"连续工艺生成器"对话框，如图 7-32 所示。"工艺"选择"覆盖模式"，"面"选择顶盖上表面，将顶盖两条边的中点（近似）设为"起点"和"终点"，"间距"设为 70，"前面行程数"设为 0，"后面行程数"设为 3，勾选"将线延长到边界"和"投影连续制造特征"复选框。展开"操作"选项，"操作名称"保持默认的"Paint_Robotic_Op"，设置"机器人"为"Irb1600"，设置"工具"为喷枪"paintgun"，设置"范围"为"操作根目录"。展开"连续投影"选项，"投影间距"设为 100，其他保持默认设置，单击"确定"，创建连续工艺。

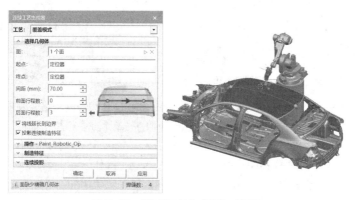

图 7-32 "连续工艺生成器"对话框

（6）如图 7-33 所示，在操作树中选中一个或多个路径点，在视图区右击选中的路径点，在弹出的快捷菜单中单击"翻转曲面上的位置"按钮，将所有路径点的位置调整为朝向车身。

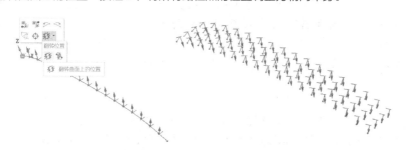

图 7-33 翻转路径点的位置

（7）单击"工艺"→"喷涂和覆盖范围"→"创建网格"，弹出"创建网格"对话框，如图 7-34 所示。单击顶盖"topcover"，将其添加到"零件"列表，单击"预览"，可观察网格划分情况，单击"确定"。

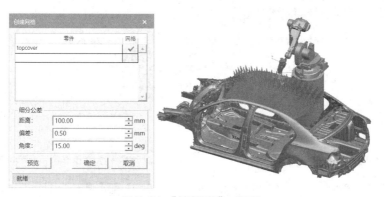

图 7-34 "创建网格"对话框

（8）在对象树中单击机器人"lrb1600"，单击"工艺"→"喷涂和覆盖范围"→"漆刷编辑器"，弹出"漆刷编辑器-lrb1600"对话框，如图7-35所示。单击"创建漆刷"按钮 ，弹出"创建漆刷-lrb1600"对话框，"实体"选择"brush"，"原点坐标系"选择"guntcp0"，单击"OK"，单击"关闭"。

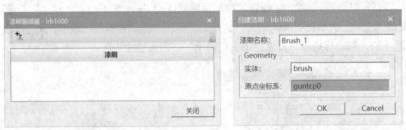

图7-35 "漆刷编辑器-lrb1600"对话框和"创建漆刷-lrb1600"对话框

（9）在操作树中单击"Paint_Robotic_Op"，将其添加到序列编辑器和路径编辑器，在操作树中单击"Paint_Robotic_Op_1_ls1"，单击图形查看器工具栏中的"单个或多个位置操控"按钮 ，弹出"位置操控"对话框，在该对话框中单击"跟随模式"，单击"Rz"，拖动鼠标指针调整机器人到合适姿态，单击"关闭"。按住"Shift"键，在操作树中选中所有位置点，单击"操作"→"编辑路径"，弹出"对齐位置"对话框，如图7-36所示。单击"Paint_Robotic_Op_1_ls1"，将其添加到"将所选位置对齐到"列表中，单击"确定"。

（10）单击"工艺"→"喷涂和覆盖范围"→"仿真期间计算覆盖范围"。在操作树中单击第1个位置点"Paint_Robotic_Op_1_ls1"，单击"操作"→"添加位置"→"在前面添加位置"，弹出"机器人调整：lrb1600"对话框，单击"X"，输入50，按回车键，单击"Y"，输入50，按回车键，单击"关闭"，添加位置点"via"。在操作树中单击最后的位置点"Paint_Robotic_Op_4_ls17"，单击"操作"→"添加位置"→"在后面添加位置"，弹出"机器人调整：lrb1600"对话框，单击"X"，输入50，按回车键，单击"Y"，输入50，按回车键，单击"关闭"，添加位置点"via1"。

📖 **注意**

实际喷涂工作中，可在每个行程的开始点和结束点之间添加过渡位置，以使喷涂更均匀，此处略。

（11）打开路径编辑器，单击"via"行右侧的"离线编程命令"列，弹出"default-via"对话框，如图7-37所示。单击"添加"→"Standard Commands"→"Paint"→"OpenPaintGun"，添加"打开喷枪"命令。单击"添加"→"Standard Commands"→"Paint"→"ChangeBrush"，添加"更新刷漆"命令。单击"添加"→"Standard Commands"→"Graphics"→"Display"，弹出"Display"对话框，在该对话框中单击漆刷"brush"，单击"确定"，单击"Close"，添加"显示漆刷"命令。

图7-36 "对齐位置"对话框　　　　　　　　图7-37 "default-via"对话框

（12）在路径编辑器中单击"via1"行右侧的"离线编程命令"列，弹出"default-via1"对话框。单击"添加"→"Standard Commands"→"Paint"→"ClosePaintGun"，添加"关闭喷枪"命令。单击"添加"→"Standard Commands"→"Graphics"→"Blank",弹出"Blank"对话框,在该对话框中单击漆刷"brush",单击"确定",单击"Close",添加"隐藏漆刷"命令。

（13）在图形显示区中右击机器人,在弹出的快捷菜单中单击"初始位置"。在序列编辑器中单击"正向播放仿真"按钮,观察仿真效果,完成喷涂机器人集成系统的仿真。

任务 7.2　机器人磨抛集成系统仿真

磨抛是指借助粗糙物体（含有较高硬度颗粒的砂轮、砂带、砂纸等）进行摩擦、打磨,以改变材料表面物理性能的一种加工方法,其主要目的是获取特定的表面粗糙度。磨抛按照力度的不同,可分为打磨和抛光两种工艺。工业机器人磨抛的效率高、精度好,能够替代人工,在铸造、厨卫等行业得到了广泛应用。下面结合具体案例来说明机器人磨抛集成系统仿真的方法和流程。

视频：例 7-5 操作
步骤

【例 7-5】使用 PS 软件的"导入 CLS 文件"等工具进行机器人磨抛集成系统仿真。操作步骤如下。

（1）打开 PS 软件,设置系统根目录,新建标准模式研究。单击"建模"→"组件"→"插入组件",弹出"插入组件"对话框,在系统根目录下,按住"Ctrl"键,单击 IRB1600 机器人（Irb1600.cojt）、砂轮机（Grinding.cojt）、曲面体零件（Grindingpart.cojt）、工作台（Table.cojt）、机器人底座（Base.cojt）,单击"打开",完成上述组件的插入。

（2）使用"通过 6 个值创建坐标系"的方法在机器人底座上部中心点创建坐标系。通过"重定位",将机器人移动到底座中心点。通过"放置操控器"将各组件移动到合适位置,如图 7-38 所示。在对象树中单击机器人"Irb1600",按"Alt+G"组合键,弹出"机器人调整"对话框,拖动鼠标指针,检查机器人定义是否正确。

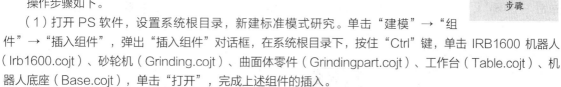

图 7-38　机器人磨抛集成系统

（3）在对象树中单击曲面体零件"Grindingpart",单击"建模"→"范围"→"设置建模范围"。单击"建模"→"布局"→"创建坐标系"→"在圆心创建坐标系",弹出"在圆心创建坐标系"对话框,如图 7-39 所示。单击图 7-39 所示的 3 个点,单击"确定",创建坐标系,按"F2"键,将其重命名为"Pbase"。

（4）在对象树中单击曲面体零件"Grindingpart",按"Alt+R"组合键,弹出"重定位"对话框,"从坐标系"选择"Pbase","到坐标系"选择"TOOLFRAME"（机器人的 TCP）,单击"应用",单击"关闭"。

（5）单击"主页"→"工具"→"附件"→"附加",弹出"附加"对话框,如图 7-40 所示。"附加对象"选择曲面体"Grindingpart","到对象"选择机器人的"TOOLFRAME",单击"确定",完成附加操作。在对象树中单击机器人"Irb1600",按"Alt+G"组合键,弹出"机器人调整"对话框,拖动鼠标指针,检查曲面体零件是否能跟随机器人运动。

（6）在对象树中单击砂轮机"Grinding",单击"建模"→"范围"→"设置建模范围"。在对象树中右击"Grinding",在弹出的快捷菜单中单击"仅显示"。单击"建模"→"几何体"→"曲线"→"创建多段线",弹出"创建多段线"对话框,如图 7-41 所示。第 1 点选择砂轮外表面中心点,第 2 点先单击外圆边上任意一点,然后手动输入 x、y、z 3 个坐标值,其中 x、y 值与第 1 点相同,z 值比第 1 点高 100,单击"确定",创建直线段"Polyline1",该直线段可以用来辅助确定砂轮的磨抛点坐标系。

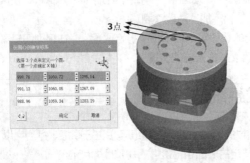

图 7-39　"在圆心创建坐标系"对话框　　　　　　　　图 7-40　"附加"对话框

（7）单击"建模"→"布局"→"创建坐标系"→"通过6个值确定坐标系"，弹出"6值创建坐标系"对话框，如图 7-42 所示。单击步骤（6）创建的直线段的上部端点，在"相对方向"的"X""Y""Z"输入框中输入 0、180、0，单击"确定"，创建坐标系，按"F2"键，将其重命名为"Tbase"。在对象树中单击"Tbase"，按"Ctrl+C"组合键以及"Ctrl+V"组合键，复制、粘贴该坐标系，按"F2"键，将其重命名为"Etcp"。

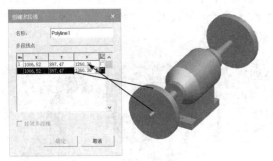

图 7-41　"创建多段线"对话框　　　　　　图 7-42　"6 值创建坐标系"对话框

（8）在对象树中单击砂轮机"Grinding"，单击"运动学设置"→"工具定义"，弹出"工具定义"对话框，单击"确定"，弹出"工具定义-Grinding"对话框，如图 7-43 所示。"TCP 坐标系"设为"Etcp"，"基准坐标系"设为"Tbase"，单击"确定"，完成砂轮工具的定义。

（9）在菜单栏的空白处单击鼠标右键，在弹出的快捷菜单中单击"定制功能区"，弹出"定制"对话框，如图 7-44 所示。先在右侧展开"工艺（定制）"，在其下方单击"新建组（N）"。再在左侧列表中单击"上传 CLS"，单击对话框中间的"添加"按钮，将其加入"工艺"的新建组，单击"确定"。

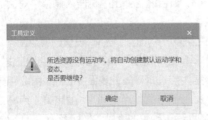

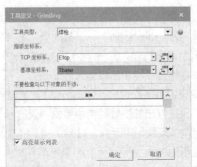

图 7-43　"工具定义"对话框和"工具定义-Grinding"对话框

（10）在对象树中单击机器人"IRB1600"，单击"工艺"→"新建组"→"上传 CLS"，弹出"上传 CLS"对话框，如图 7-45 所示。"零件料箱"选择曲面体零件"Grindingpart"，"参考坐标系"选择"Pbase"，单击"上传"，弹出"Select CLS files to upload"对话框，更改文件目录，选择"Grindingpart_jt.cls"文件，单击"打开"，导入 CLS 文件，单击"关闭"。此时，在操作树中出现图 7-46 所示的操作树。

图 7-44　"定制"对话框　　　　　　图 7-45　"上传 CLS"对话框　　图 7-46　操作树

（11）在操作树中右击"FIXED_CONTOUR_1"，在弹出的快捷菜单中单击"操作属性"，弹出"属性-FIXED_CONTOUR"对话框，如图 7-47 所示。单击"工艺"选项，"机器人"选择"Irb1600"，"工具"选择砂轮机"Grinding"，勾选"外部 TCP"，单击"确定"。

（12）在操作树中右击"FIXED_CONTOUR_1"，在弹出的快捷菜单中单击"设置当前操作"，将其加入序列编辑器。在序列编辑器中单击"正向播放仿真"按钮，观察仿真效果。在操作树中单击第 1 个位置点"FIXED_CONTOUR_1_p1"，单击图形查看器工具栏中的"单个或多个位置操控"按钮，弹出"位置操控"对话框，如图 7-48 所示，单击"跟随模式"，单击"Rz"，输入−180（具体数值以调整到位姿最佳为准，下同），单击"下一位置"，同样使位置点绕 z 轴旋转 180°，重复操作，将所有位置点都绕 z 轴旋转 180°，单击"关闭"。

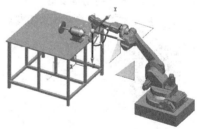

图 7-47　"属性-FIXED_CONTOUR"
　　　　　 对话框

图 7-48　"位置操控"对话框

📖 **注意**

更好的姿态调整方法是按"Shift"键，选中所有位置点，单击图形查看器工具栏中的"单个或多个位置操控"按钮，弹出"位置操控"对话框，单击"Rz"，输入−180。

（13）在第 1 个位置点前和最后 1 个位置点后分别添加过渡点"via"和"via1"。在图形显示区中右击机器人，在弹出的快捷菜单中单击"初始位置"。在序列编辑器中单击"正向播放仿真"按钮，观察仿真效果，完成磨抛机器人集成系统的仿真。

任务 7.3　人机工程仿真

　　在实际生产中，机器人尚不能完美地完成一些特别精细的工作，或者有些工作机器人虽然能够完成但是耗费的成本较高，这就需要人和机器人协作。使用 PS 软件的人机工程功能能够实现这类仿真。人机工程仿真能够帮助解决人机交互过程中的可视性及可达性问题、工人操作过程中的身体舒适度问题、工位布局的合理性及优化问题等。下面结合具体案例来说明 PS 软件人机工程仿真的方法和流程。

视频：例 7-6 操作
步骤

　　【例 7-6】使用 PS 软件的任务仿真构建器进行人体行走、人和机器人的拾放和搬运仿真。操作步骤如下。

　　（1）打开 PS 软件，设置系统根目录，新建标准模式研究。单击"建模"→"组件"→"插入组件"，弹出"插入组件"对话框，在系统根目录下，按住"Ctrl"键，单击装夹工作台（Carrier.cojt）、传输线（Conveyor.cojt）、握爪工具（Gripper.cojt）、IRB1600 机器人（Irb1600.cojt）、人体模型 HUMAN_MODELS（Jack.cojt）、飞机起落架（Landinggear.cojt）、电动工具（Powertool.cojt）、工具桌（Table.cojt）、飞机轮胎（Tire.cojt），单击"打开"，完成上述组件的插入，通过"重定位"或"放置操控器"将各组件移动到合适位置，如图 7-49 所示。

　　（2）在对象树中单击握爪工具"Gripper"，单击"建模"→"范围"→"设置建模范围"。单击"建模"→"布局"→"创建坐标系"→"在 2 点之间创建坐标系"，创建握爪的基准坐标系"tbase"和工具坐标系"ttcp"。在对象树中单击"Gripper"，单击"建模"→"运动学设备"→"运动学编辑器"，弹出运动学编辑器。创建连杆"Base"（底座）、"link1"（上夹爪）、"link2"（下夹爪）。创建两个移动关节"j1"（移动方向竖直向下）、"j2"（移动方向竖直向上），创建两个关节之间的依赖关系，如图 7-50 所示。创建两个新姿态"CLOSE"（关节值为 120）和"OPEN"（关节值为 0）。在对象树中单击"Gripper"，单击"建模"→"运动学设备"→"工具定义"，弹出"工具定义-gripper"对话框，设置如图 7-51 所示，单击"确定"，完成握爪工具的定义。

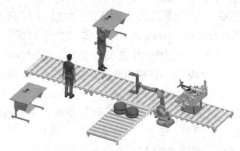

图 7-49　人机协作装配生产线

图 7-50（彩色）

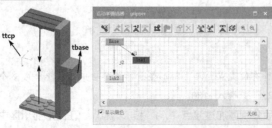

图 7-50　握爪工具运动学定义

图 7-51　"工具定义-gripper"对话框

（3）在对象树中右击机器人"Irb1600"，在弹出的快捷菜单中单击"安装工具"，在弹出的对话框中"工具"选择握爪工具"gripper"，单击"应用"，单击"关闭"，完成握爪工具的安装。单击"建模"→"范围"→"设置建模范围"。在对象树中单击机器人"Irb1600"，按"Alt+G"组合键，弹出"机器人调整"对话框，拖动鼠标指针，检查机器人定义及工具安装是否正确。

（4）单击"建模"→"布局"→"创建坐标系"→"通过 6 个值创建坐标系"，弹出"6 值创建坐标系"，设置如图 7-52（a）所示，创建拾取点坐标系"fr1"。在对象树中单击"fr1"，按"Alt+P"组合键，在弹出的"放置操控器"对话框中，单击"Z"，输入-100，按回车键，单击"关闭"，创建拾取点。重复创建坐标系操作，如图 7-52（b）所示，创建拾取点坐标系"fr2"。在对象树中单击"fr2"，按"Alt+P"组合键，在弹出的"放置操控器"中，单击"Y"，输入 100，按回车键，单击"关闭"，创建放置点。

（5）单击"操作"→"创建操作"→"新建操作"→"新建复合操作"，新建复合操作"CompOp"。在操作树中单击"CompOp"，单击"操作"→"创建操作"→"新建操作"→"新建拾放操作"，设置如图 7-53 所示，单击"确定"。在操作树中单击"拾取"，单击"操作"→"添加位置"→"在前面添加位置"，弹出"机器人调整: Irb1600"对话框，单击"Z"，输入 100，按回车键，单击"关闭"，添加过渡点"via"。重复操作，在"拾取"后添加过渡点"via1"（z 方向平移+100）。在"放置"前添加过渡点"via2"（y 方向平移-100）。在"放置"后添加过渡点"via3"（y 方向平移-100）。右击机器人，在弹出的快捷菜单中单击"初始位置"。在操作树中单击"via3"，单击"操作"→"添加位置"→"添加当前位置"，按"F2"键，将其重命名为"home"，单击"关闭"。

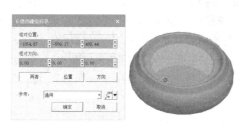

（a）创建拾取点坐标系"fr1" （b）创建拾取点坐标系"fr2"

图 7-52 创建坐标系

（6）将拾放操作"irb16001_PNP_Op"加入路径编辑器，在路径编辑器中单击"via3"行右侧的"离线编程命令"列，弹出"default-via3"对话框，如图 7-54 所示。单击"添加"→"Standard Commands"→"PartHanding"→"Attach"，弹出"附加"对话框，"附加对象"选择搬运的飞机轮胎"Tire1"，"到对象"选择图 7-55 所示的对象，单击"确定"。将拾放操作添加到序列编辑器，单击"正向播放仿真"按钮，观察仿真效果。

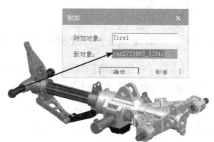

图 7-53 "新建拾放操作"对话框　　图 7-54 "default-via3"对话框　　图 7-55 "附加"对话框

（7）单击"建模"→"布局"→"创建坐标系"→"在2点之间创建坐标系"，如图7-56所示，创建起点坐标系"fr3"。在对象树中单击"fr3"，按"Ctrl+C"组合键以及"Ctrl+V"组合键，新建坐标系"fr3_1"，按"F2"键，将其重命名为"fr4"。在对象树中单击"fr4"，按"Alt+P"组合键，在弹出的"放置操控器"对话框中，单击"X"，输入-4500，按回车键，单击"关闭"。

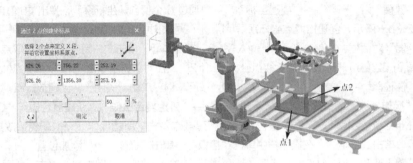

图7-56　创建起点坐标系"fr3"

（8）在操作树中单击"CompOp"，单击"操作"→"创建操作"→"新建操作"→"新建对象流操作"，在弹出的"新建对象流操作"对话框中设置如图7-57所示，"对象"为"carrier"，"起点"设为"fr3"，"终点"设为"fr4"，"抓握坐标系"设为"fr3"，"持续时间"为"3"，单击"确定"。

（9）单击"主页"→"工具"→"附件"→"附加"，弹出"附加"对话框，如图7-58所示，"附加对象"选择起落架"landinggear"，"到对象"选择夹具工作台"carrier"，单击"确定"。将对象流操作"Op"添加到序列编辑器，将其链接到拾放操作之后，单击"正向播放仿真"按钮，观察仿真效果。

（10）在对象树中单击人体"Jack"，单击"人体"→"仿真"→"任务仿真构建器"，弹出"任务仿真构建器"对话框，如图7-59所示。单击"新建仿真"，弹出"新建仿真"对话框，如图7-60所示。"范围"设为"CompOp"，单击"确定"。

图7-57　"新建对象流操作"对话框　　图7-58　"附加"对话框　　图7-59　"任务仿真构建器"对话框

（11）在"任务仿真构建器"对话框中，单击"拿取"，弹出图7-61所示的对话框，在"人体模型"右侧下拉列表中选择"Jack"，单击"右手抓取"右侧的输入框，在图形显示区中单击电动工具手柄，如图7-62所示，单击"下一步"，"Jack"走到工件桌前，如图7-63所示。

（12）可以观察到人体与工件桌产生干涉，需要调整。如图7-64所示，在"任务仿真构建器_TSB_仿真_1"对话框中，单击"更改目标"，弹出"人体部位操作器"对话框，如图7-65所示。设置"X""Y""Z""Rx""Ry""Rz"等，将人体调整到合适的位置和姿态，单击"关闭"，返回"任务仿真构建器_TSB_仿真_1"对话框。单击"更改目标"右侧的"批准"按钮 ✓，单击"下一步"，单击"完成"。

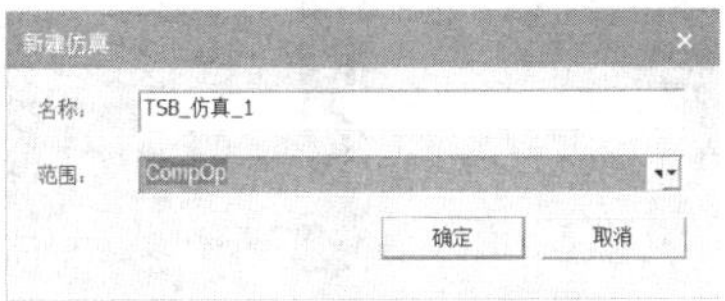

图 7-61　添加新任务：拿取

图 7-60　"新建仿真"对话框

图 7-62　电动工具

图 7-63　"Jack"走到工件桌前

图 7-64　单击"更改目标"

图 7-65　"人体部位操控器"对话框

（13）在"任务仿真构建器_TSB_仿真_1"对话框中，单击"走动"，如图 7-66 所示。"人体模型"选择"Jack"，单击"具体位置"右侧的"放置人体"按钮，弹出"人体部位操控器"对话框，设置"X"和"Ry"，调整人体的位置和姿态，结果如图 7-67 所示，单击"关闭"，单击"下一步"，单击"完成"，关闭"任务仿真构建器_TSB_仿真_1"对话框。

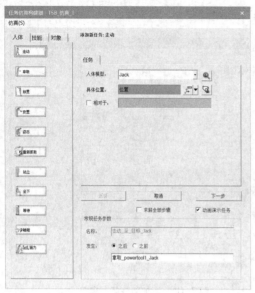

图 7-66　添加新任务：走动

图 7-67　调整人体的位置和姿态

（14）上述设置完成后，操作树如图 7-68 所示，将整个操作添加到序列仿真编辑器，设置先后顺序连接，单击"正向播放仿真"按钮，观察仿真效果，完成人机协作集成系统的仿真。

图 7-68　操作树

【项目小结】

本项目介绍了使用 PS 软件进行机器人喷涂集成系统、机器人磨抛集成系统和人机工程仿真的方法和过程。通过对本项目的学习，学生可以深入了解工业机器人喷涂集成系统、工业机器人磨抛集成系统的设备结构，了解喷涂、磨抛和人机协作的工艺、路径规划等，培养学生相关工作岗位的核心技术能力。

【扩展阅读】

案例：安全意识是工业机器人技术人才的必备职业素质。

工业机器人广泛应用于各个工业领域，代替了大量的人工，从而提高了生产效率并节约了运行成本。但机器人造成的安全事故也屡有发生，这源于机器人本身存在机械风险、电气风险等危险特性。

工业机器人集成系统可能存在的危险源有机械危险、电气危险、热能危险、噪声危害、振动危害等。工业机器人可能发生的事故包括机械伤害事故（撞击、碰撞、挤压等）、电气伤害事故和其他事故等。

工业机器人职业技术人员在安装、调试、应用、维护、维修机器人时应严格遵守安全操作规程。

（1）在不需要进入机器人的动作范围的情形下，务必在机器人的动作范围外进行作业。

（2）在进行示教作业前，应确认机器人或者外围设备没有处在危险的状态且没有异常。

（3）在迫不得已需要进入机器人的动作范围内进行示教作业时，应事先确认安全装置（如急停按钮、示教器的安全开关等）的位置和状态等。

（4）程序员应特别注意，勿使其他人员进入机器人的动作范围。

（5）编程时应尽可能在安全栅栏外进行。因不得已而需要在安全栅栏内进行时，应注意下列事项：仔细察看安全栅栏内的情况，确认没有危险后再进入；要做到随时都可以按下急停按钮；应以低速运行机器人；应在确认整个系统的状态后进行作业，以避免外围设备的遥控指令和动作等而导致使用者陷入危险境地。

【思考与练习】

【练习 7-1】在 PS 软件中创建工业机器人墙面喷涂集成系统，进行工业机器人喷涂集成系统仿真。

【练习 7-2】在例 7-5 的基础上，将曲面体固定在工作台上，利用 NX 软件设计打磨工具，并将其导入 PS 软件，进行工具定义，将该工具安装到机器人上，进行机器人磨抛集成系统仿真。

【练习 7-3】在例 7-6 的基础上，利用 PS 软件进行双人、双机器人协作搬运集成系统的虚拟仿真。

【练习 7-4】在例 7-6 的基础上，利用 TIA 博途软件和 PS 软件进行软件在环虚拟调试。

参 考 文 献

[1] 王志强，禹鑫燚，蒋庆斌. 工业机器人应用编程（ABB）：中级[M]. 北京：高等教育出版社，2020.

[2] 高建华，刘永涛. 西门子数字化制造工艺过程仿真：Process Simulate 基础应用[M]. 北京：清华大学出版社，2020.

[3] 孟庆波. 生产线数字化设计与仿真：NX MCD[M]. 北京：机械工业出版社， 2020.

[4] 张伟，张海英，巫红燕. UG NX 综合建模与 3D 打印[M]. 北京：机械工业出版社，2020.

[5] 胡金华，孟庆波，程文峰. FANUC 工业机器人系统集成与应用[M]. 北京：机械工业出版社，2021.

[6] 林燕文，陈南江，许文稼. 工业机器人技术基础[M]. 北京：人民邮电出版社，2019.

[7] 苏建，于霜，陈小艳. ABB 工业机器人虚拟仿真技术：基于工业机器人应用编程 1+X 证书考核平台[M]. 北京：高等教育出版社，2021.

[8] 王志强，禹鑫燚，蒋庆斌. 工业机器人应用编程（ABB）：初级[M]. 北京：高等教育出版社，2020.